気候変動適応技術の社会実装ガイドブック

SI-CATガイドブック編集委員会　編

技報堂出版

はじめに　SI-CATとは

SI-CAT（シーキャットと読みます）は、文部科学省により2015年度から5か年計画のプロジェクトとして立案・実行されました。SI-CATの正式名称は、「気候変動適応技術社会実装プログラム」（Social Implementation program on Climate Adaptation Technology）で、SI-CATはこのプロジェクト英名の頭文字をつなげて作った略称です。

これまで気候学者は温暖化のメカニズム理解と再現および予測のための研究を進めてきましたが、予測結果を地域社会の適応策にどのように活用するかについては、十分な経験は持っていませんでした。また、温暖化に伴う各分野の影響評価を行う研究者も、温暖化予測データの活用についての経験はこれまで十分ではないのが現実でした。このため、地方自治体などが地域の適応策を策定することには多くの困難があったと言えます。

SI-CATはこうした現状認識を踏まえて立案されました。ここで目指されたのは、全国の地方自治体などが行う気候変動適応策の策定に汎用的に生かされるような近未来の気候変動予測モデル技術を開発し、モデルで得られる近未来予測データを用いた気候変動影響評価の技術を開発することです。これにより地域特有の気候変動の影響を考慮した適応策の政策化に資する影響評価情報が得られ、適応策の社会実装に貢献できるこ

＊ニーズ自治体等
気候変動への適応に関心がある全国の自治体や民間企業などで、SI-CATへの積極的な参画や成果利用の希望のあったもの。

とが期待されます。また、気候変動に適応するためのさまざまなニーズを地方自治体等＊からくみ取り、近未来予測手法や影響評価技術開発へフィードバックすることを通じて、自治体が作成する適応計画の政策化に最適化した技術開発を行うことも目指されました。

このため、SI-CATでは、**図**に示すような三つの課題目標（近未来予測、ダウンスケーリング（DS）、影響評価）を掲げる研究・技術開発グループを組織し、それらの連携により上記目標の達成を目指すという体制を取っています。

SI-CATは、2019年度末に終了しましたが、ここで開発された手法やモデル予測結果などは、今後各地方自治体などで進められる気候変動適応策事業に引き継がれ、活用されることが期待されています。

（三上正男）

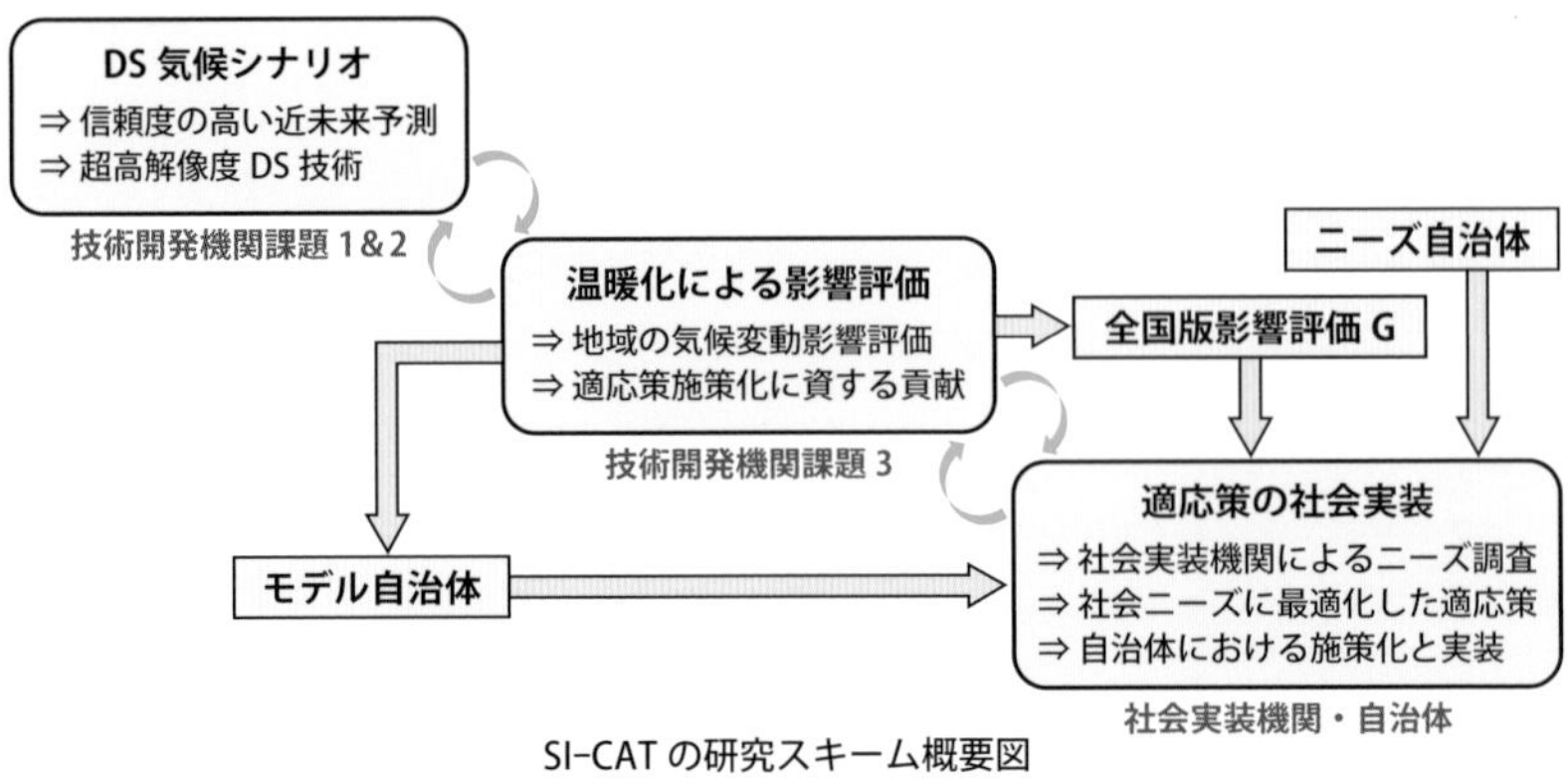

SI-CAT の研究スキーム概要図

目次

〈記号一覧〉

（1）　文献番号
＊　欄外用語説明
用語　巻末用語解説

序論

いま気候変動で起こっていること

01 気候変動適応策はなぜ必要か？

現在進行しつつある地球温暖化は、人為的起源による二酸化炭素などの温室効果ガスが主要因であると言われています（ＩＰＣＣ第５次評価報告書第一作業部会報告書、２０１３）。このため、我が国をはじめ世界各国は、二酸化炭素などの温室効果ガスの排出を抑える低炭素社会への取り組みを続けてきました。いわゆる気候変動緩和策と呼ばれるものです。

図1をご覧ください。これはＩＰＣＣ第５次報告書に示された世界各研究機関の地球システムモデルによる世界平均地上気温の将来予測を図にしたものです。２００５年のところに縦線が入っていますが、これはモデルによる将来予測を開始したときを示しています。この予測には第2部01で説明するＲＣＰシナリオが用いられていて、赤で示す時間変化は政策的な緩和策を取らなかった場合、青は世界の気温上昇を21世紀末時点で２℃に抑えるような政策的な緩和策を行った場合の世界平均気温の変化を示しています。産業革命以降、２００５年までにすでに世界は産業革命前に比べておよそ１℃ほどの気温上昇となっています。この図を見るとＲＣＰ８・５の場合には、21世紀末には産業革命前に比べて世界平均でおよそ５℃も気温が上昇する結果となっています。一方ＲＣＰ２・６の場合には、約２℃の上昇に抑えられています。これまでの研究で、世界平均気温が産業革命前に比べて２℃以上上昇すると、生態系や環境に

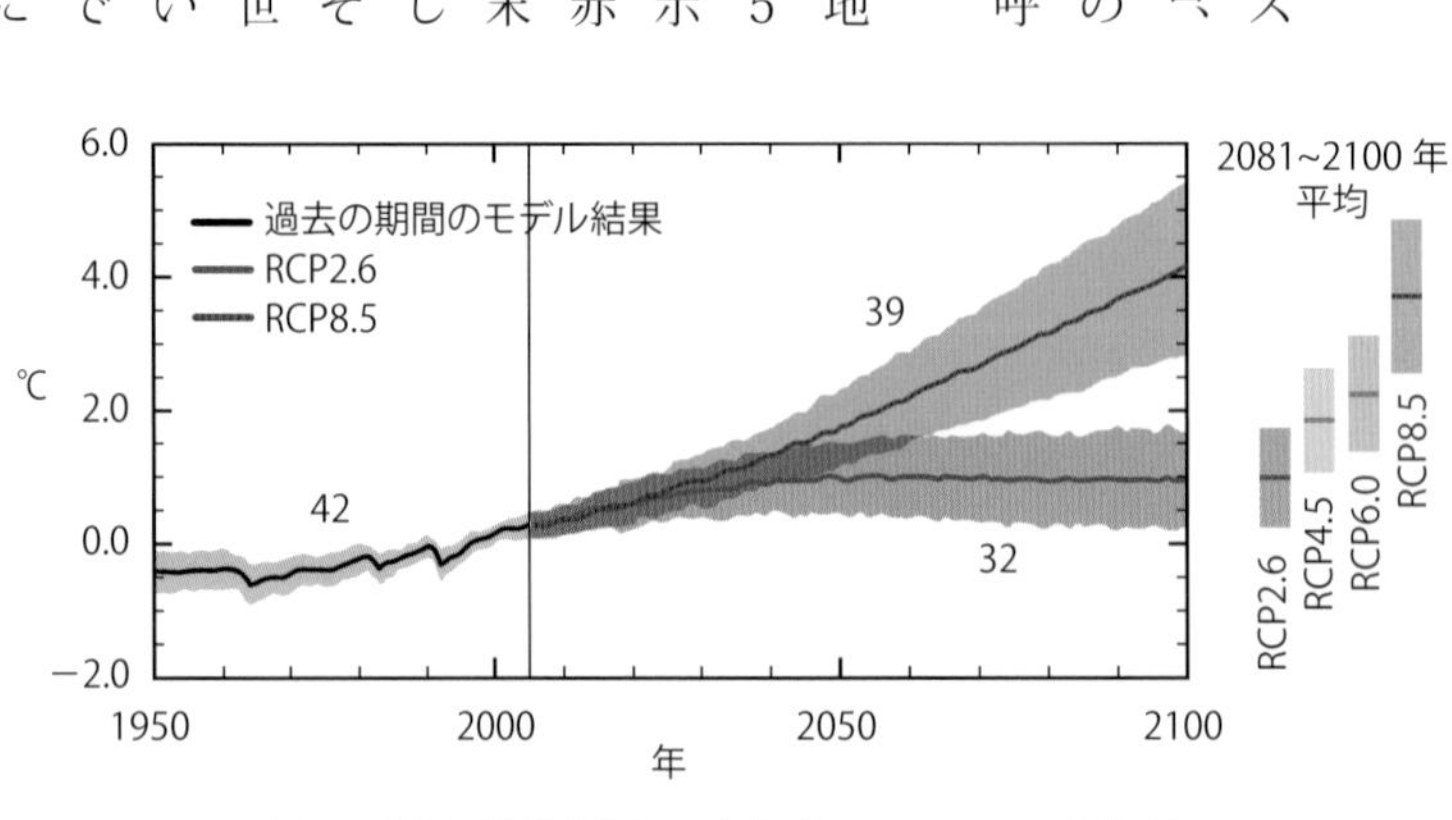

図 1　世界平均地上気温の変化（IPCC ARS, WGI 報告書）

深刻な影響が出ると言われており（ＩＰＣＣ第５次評価報告書 第二作業部会報告書、２０１３）、緩和策への努力が求められることがこの図からよく理解できます。

一方、近年、緩和策と並んで適応策の必要性も議論されるようになり、我が国でも２０１８年12月に気候変動適応法が施行されました。ここでは、人為的な環境への負荷の結果である「地球温暖化」の緩和策と、本来ある自然を要因とする気候の変動が重なった現象である「気候変動」というより広い概念に対応する適応策とを分けて、後者についてのみ取り上げています。本書においても、緩和策と適応策の用語は気候変動適応法の定義（気候変動適応法（平成30年法律第50号）逐条解説、環境省地球環境局、２０１８年11月）に基づいて使い分けていきます。

しかし、進行しつつある地球温暖化に向けて、緩和策が何よりも大切で、気候変動に「適応」する適応策は、温暖化対策としては後ろ向き、いやあえて言えば戦線後退ではないのか？　と感じられる方もいらっしゃるかも知れません。

実は、そうではないのです。このことは先ほどの**図１**にも示されています。この図に示された気温予測の変化を見てください。最善の緩和策とでも言うべきＲＣＰ２・６シナリオと、緩和策を事実上放棄した野放図とも言えるＲＣＰ８・５シナリオの全球平均気温予測は２００５年から２０３０年の期間はほぼ重なっています。これは何を意味するのでしょう？

実はこの図が意味するのは、各国が温暖化の緩和に最善の努力を払っても、緩和策の効果が地球全体すなわち全球スケールで顕在化するまでには20～30年もの時間がかかるということです。したがって、それまでの間は、最善の緩和策を推進した場合も、緩和策を事実上放棄したＲＣＰ８・５シナリオの気温変化との差は明瞭には現れない、と予測されています。

これは、温暖化にストップをかけるために努力している私たちの世代にとって、厳しい結果と言えましょう。とはいえ、今を生きる私たちにとって、現在進行しつつある温暖化に適応し、私たち世代の社会や環境を安心安全なものとして持続していくことは、次世代やそれ以降の世代のために温暖化緩和策への努力を払うことと同様に大切な課題です。最善の緩和策に向けた努力を行いつつも、それが全球レベルで効果を現すまでの間は、現に進行しつつある温暖化や気候変動に向き合い、それに適応していくための生活や社会を作っていくことが、温暖化による影響が次第に顕在化しつつある今に生きる私たちに求められています。

また、適応策はこうした現に進行しつつあるリスクの増加に対する緊急的対応（豪雨防災体制強化など）のみならず、堤防の整備など各分野で中長期的に生じうる影響に対する適応策も大切です。こうした適応策の実施には長い期間にわたる取り組みが必要とされ、そのためには、近未来の温暖化予測に加えて、世紀末の長期的な予測情報も必要とされます。また、気候変動適応法では、概ね5年ごとに気候変動による影響評価を行うこととされ、そのためにはモデルによる温暖化予測も逐次アップデートされることが求められます。

適応策への取り組み

それでは具体的に気候変動の適応策に求められる課題とはどのようなものでしょうか？　実は、適応策は、緩和策とはかなり異なる取り組みが必要であることがわかっています。緩和策の場合は、地球温暖化のメカニズム理解と予測に基づいた対策を行うため、主に全球スケールの温暖化予測情報が用いられます。一方適応策では、私たちの生活拠点である地方自治体レベルで進行しつつある温暖化に対し、農業などの各産業分野、洪水などの防災分野、暑熱や感染症などの環境影響などさまざまな分野や課題ごとにどう適応していくかが課題となります。温暖化予測情報も地方自治体内の影響評価分布を踏まえた適応策が必要となるため、20～30年先の近未来の空間的により細かな解像度の予測情報が求められます。

表1は、緩和策と適応策が必要とする情報やしくみの違いをまとめたものです。これを見ておわかりのように、同じ温暖化への対策とはいえ、適応策の場合に必要とされる情報やそのために用いられる数値モデル、実施主体などの内容は、緩和策とは異なったものが必要だと考えられます。特に、防災、各産業、健康、環境や生態などさまざまな分野における近未来の都道府県や市町村レベルの細かい空間解像度の温暖化影響評価のためには、後節で説明するダウンスケール手法を活用したきめ細かい気候予測情報が必要です。このためには数値気候モデルに関する知識と経験を持つ人的資源と膨大な計算を行うためのスーパーコンピュータなどの物的資源が必要ですが、地方自治体がそれらを担うのは現実的ではありません。では地域における適応策をどのように策定していけばよいのか？　その問題への解決策を見いだすために立案・実行されたのがSI-CATです。

（三上正男）

表1　緩和策と適応策

	緩和策	適応策
時間スケール	近未来～世紀末（子や孫の世代）	近未来（私たちの世代の緊急的対応） 世紀末（中長期的な適応策対応）
空間スケール	全球～数十 km （地球全体～大陸～国～都道府県）	数 km～数 m （都道府県～市町村～街区～道路・圃場）
主要要素	気温、降水量	気温、降水量と日射量など種々の要素
利用されるモデル	全球気候システムモデル	ダウンスケール技術＋地域気候モデル
強制力	パリ協定、温暖化対策法	気候変動適応法

02 気象と海洋に見られる気候変動のシグナル

●世界で観測された気候変動

「気候変動の観測・予測及び影響評価統合レポート」２０１８年版では、世界の年平均気温が19世紀後半以降１００年あたり０・72℃の割合で上昇しており、海面水温は、１８９１～２０１６年において１００年あたり０・53℃の割合で上昇していると述べられています。また、北極域の海氷面積が、１９７９年以降、有意に減少しているとも述べられています。

世界各地の気象・気候には数日～数週間、季節、数年、10年規模といった時間スケールで生じるゆらぎ（変動）があることが観測事実として知られていますが、ここで紹介した長期的な地球温暖化が、そうしたゆらぎにも影響を与え、私たちがかつて経験したことのないような極端な高温や大雨などをもたらす要因となっているといった分析が、近年可能になってきました。21世紀に入って北半球中緯度に異常な高温をもたらす熱波が頻発していますが、それらの多くが地球温暖化の影響なしには生じ得なかったと分析されています。

日本で観測された気候変動（気象）

日本では何が起こっているでしょうか？　先に引用したレポートでは、日本で観測された気温の変化（**図1**）について以下のように述べられています。「日本の年平均気温は、世界の年平均気温と同様、変動を繰り返しながら上昇しており、長期的には100年あたり1・19℃の割合で上昇しています。顕著な高温を記録した年は、概ね1990年代以降に集中しています。」「日最高気温30℃以上の真夏日と日最高気温35℃以上の猛暑日の年間日数は、統計期間1931～2016年で増加傾向が表れており、猛暑日は10年あたり0・2日の割合で増加しています。」

降水量や積雪量の変化については、以下のように述べられています。「日降水量が100mm以上の大雨の日数が増加しています。また、アメダスの観測による1時間降水量50mm以上の短時間強雨（滝のように降る雨）の発生回数も増加しています。一方で日降水量1・0mm以上の日が減少しており、弱い降水も含めた降水の日数は減少しています。」「年最深積雪は、1962～2016年の期間で、東日本の日本海側と西日本の日本海側で減少しています。」

気温の上昇に伴って大気が含みうる水蒸気の量が増加するため、大雨が降ったときの降水量が増えるという関係が知られています。1℃の気温上昇あたり7％かそれ以上の増加が見込まれており、2018年7月に生じた西日本豪雨（平成30年7月豪雨）の際の降水量の増加にも地球温暖化の影響が現れていたという研究報告があります。大雨に対する備えは今後も重要性を増していくことでしょう。

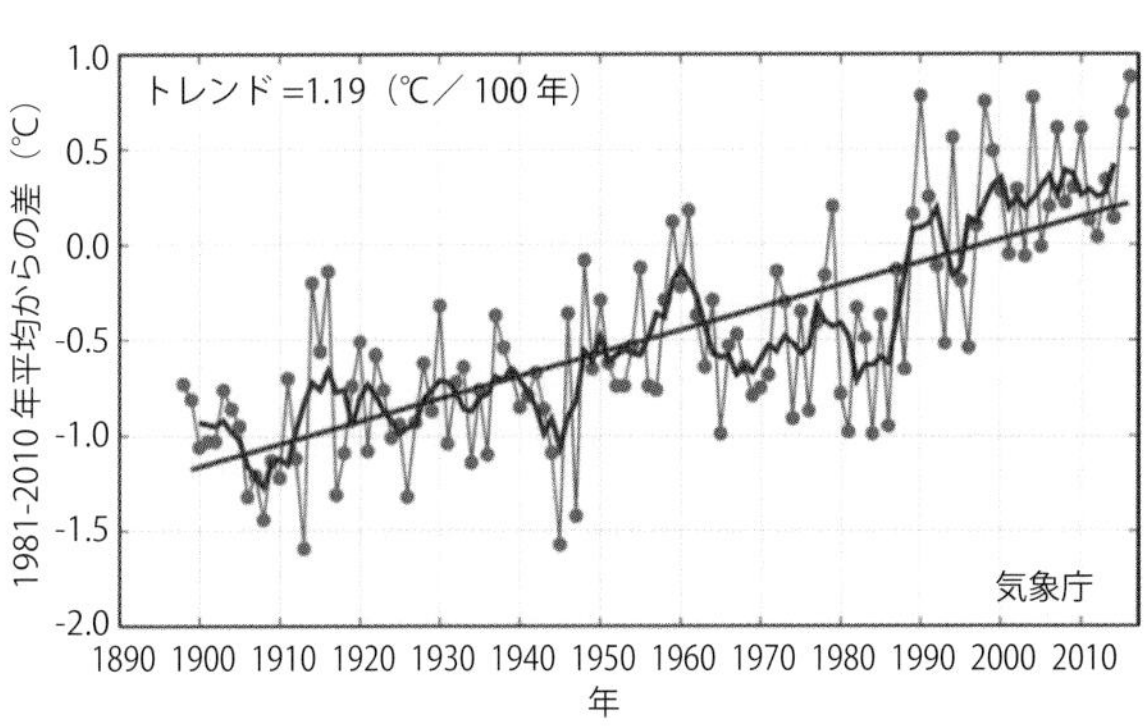

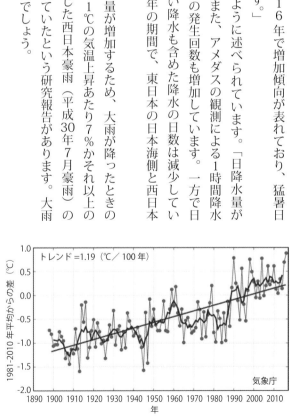

図1　日本の年平均気温の経年変化
黒線は平年偏差、青線は5年移動平均、赤線は長期変化傾向

日本で観測された気候変動（海洋）

観測された地球温暖化に伴う変化は地上の気温や降水だけにはとどまりません。**図2**は1900年から2018年までの平均海面水温の上昇率を海域ごとに示したものです。日本近海の平均上昇率は100年あたり1・12℃となっており、この値は北太平洋全体の100年あたり0・52℃よりも大きくなっています。

一方、海面水位に関しては、日本沿岸の潮位計データからは1908年から2018年の期間では統計的に有意な上昇傾向は見られません。IPCC第5次評価報告書によると1901年から2010年の期間で世界平均の海面水位は1年あたり1・7mmの上昇傾向があると報告されていますが、日本沿岸では10年から20年周期の変動の影響がより大きく、温暖化による海面上昇の傾向が明らかには見られないと考えられています。

SI-CATでは、観測事実としてすでに現れている気候変動について整理・把握するとともに、日本全国の適応策の検討に役立つような汎用的で信頼度の高い近未来気候の予測情報を創出するための技術開発を進めてきました。さらに地域詳細なオーダーメードの予測情報を創出するための取り組みも進めてきました。第1部では、気候予測情報の利用者である地方自治体などの関係者と、その作成にあたった研究者との間でどのようなコデザインが進められたのか、具体例をご紹介します。第2部では、SI-CATで開発された気候予測技術の詳細を網羅的にご紹介します。

（石川洋一・渡辺真吾）

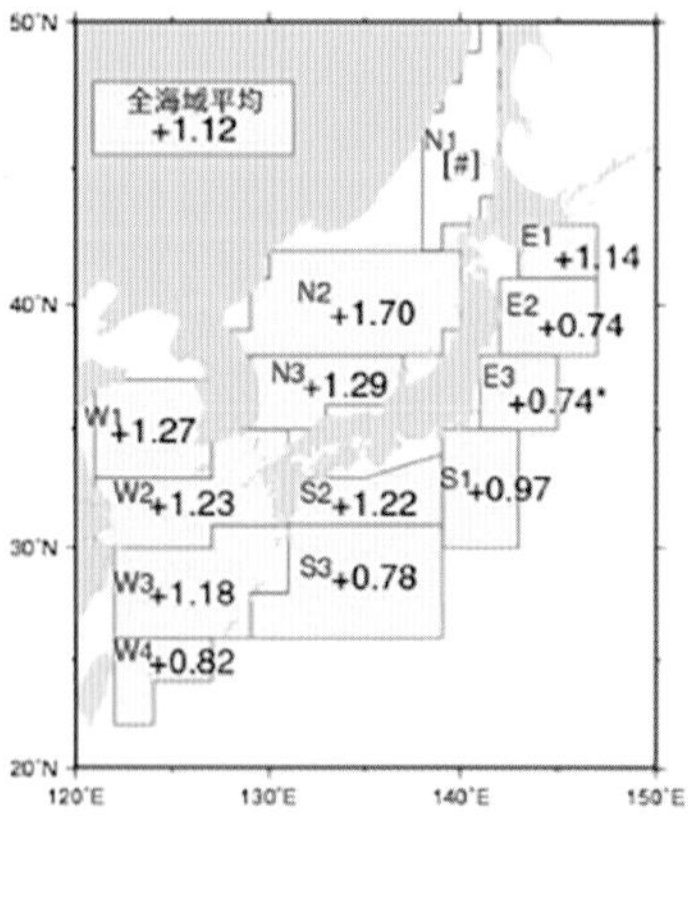

図2　日本近海の海域平均海面水温（年平均）の変化傾向（℃／100年）

03 顕在化している分野別影響

世界中で気候変動による影響が現れつつあります。日本も例外ではありません。温室効果ガスの排出による地球温暖化の寄与も考えられる降水量の変化や、異常気象の増大、海面上昇も相まって、さまざまな分野で多数の気候変動影響が報告されています。

２０１８年の猛暑では、５月から９月まで全国で９万２７１０人が熱中症で救急搬送され、１５９人が熱中症により死亡しています。救急搬送人員数としては、２００８年の調査開始以来最多となりました（**図１**）。このように暑熱環境の悪化を受け、暑さに対応した市民マラソンの規定が定められたケースもあります（例えば、ＷＢＧＴ指数＊が28℃以上となった場合には走るのをやめ、歩いてフィニッシュを目指す。ＷＢＧＴ指数が31℃以上になった場合、日陰への積極的誘導、給水所での休息、収容車での収容など係員から指示が出る場合もある、など）。

記録的な大雨による被害も頻発しています（**図２**）。平成30年７月豪雨（２０１８年）では、長時間の総降水量において、多くの観測地点で観測史上１位を更新しました。24時間雨量は76地点、48時間雨量は１２４地点、72時間雨量は１２２地点で観測史上１位を更新しています。このとき、岡山県・広島県・愛媛県を中心に、広域的かつ同時多発的に、河川の氾濫、がけ崩れなどが発生しました。過去20年の水害による平均被害額と比べて、平成30年７月豪雨による被害額は約２・２倍にも達しました。

＊ＷＢＧＴ指数
熱中症を予防することを目的として提案された指標で、人体の熱収支に与える影響の大きい①湿度、②日射・輻射（ふくしゃ）など周辺の熱環境、③気温の三つの値から決定されます。

図１　熱中症による救急搬送人員数の経年変化

日本における農作物への影響も多数報告されています（**表1**）。これらの影響は地域によってさまざまです。また水産物への影響も見逃せません。例えば長崎県では、海水温上昇に伴う藻場の大規模な衰退が発生し、藻場を生息場とするアワビの漁獲量の減少が確認されています。兵庫県や徳島県では、気候変動による海水温の上昇により、種苗不足や魚による養殖開始時期の食害が報告されています。

日本における季節感にも変化が現れています。1953年以降、サクラの開花日は、10年あたり1・0日の割合で早くなっており、カエデの紅（黄）葉日は、10年あたり2・8日の割合で遅くなっています。このような生態系の変化はサクラとカエデにとどまらず、多様な植生の分布変化が報告されています。また、海洋生態系の分布変化も報告されています。

健康影響は暑熱だけではありません。感染症については、現状では患者数の増加としては現れていないものの、2014年の代々木公園を推定感染地とするデング熱国内感染事例にみられるように、デング熱などの媒介蚊であるヒトスジシマカの生息域北限が北上し2016年には青森県に達しました。

水環境に関しては、全国の公共用水域の過去約30年間の水温変化によると、70％以上の地点で水温の上昇が認められており、それに伴う水質の変化も指摘されています。このような変化は人為的要因も関係しますが、気温変化もその一因と考えられています。水資源に関しては、降水量の多い年と少ない年の差が拡大する傾向にあり、渇水と洪水の発生リスクが高くなっています。例えば、1986年から2015年の30年間において、四国地方を中心とする西日本や東海、関東地方で上水道の減断水が頻繁に発生しました。

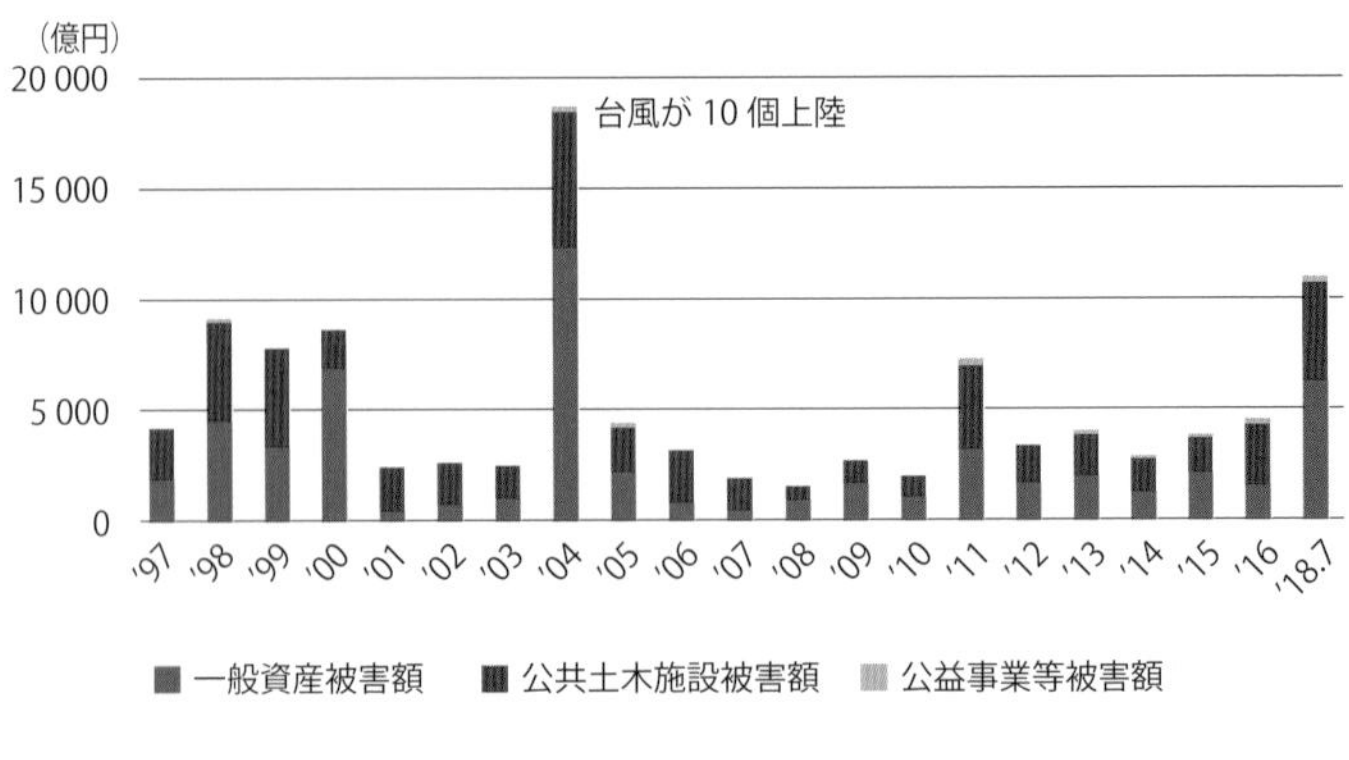

図2　水害による被害額の経年変化

温室効果ガスの削減が進まなければ、気候変動による影響はますます悪化することが懸念されます。そして緩和策を実施しても避けられない影響に対応する「適応策」の迅速な計画と実施が求められます。

そこでSI-CAT課題③「気候変動の影響評価技術の開発」では、自治体レベルにおいて気候変動の影響評価や適応策の検討を科学的に支援する技術開発を目的として、防災と農業を主な対象とし全国を対象とした汎用的な影響予測モデルを開発しました。また、モデル自治体を対象とした詳細な影響評価を実施しました。得られた大きな成果は分野別将来影響評価技術の開発とその社会実装です。詳しくは第1部「社会実装のかたち」と第2部その2「分野別将来影響評価と使える実践メニュー編」に記載されています。

（肱岡靖明）

《参考文献》

（1）消防庁救急企画室「平成30年度の熱中症による救急搬送状況」https://www.fdma.go.jp/publication/ugoki/items/3011_05.pdf.

（2）小布施マラソン実行委員会「大会概要」http://www.obusemarathon.jp/agreement.php.

（3）気候変動適応情報プラットフォーム「インタビュー」http://www.adaptation-platform.nies.go.jp/jichitai/interview/in

表1　既に現れている日本の農作物への影響

農作物への影響	原因となる気候要因
コメの白未熟粒の発生	出穂後約20日間の平均気温が26〜27℃以上
コメの胴割粒の発生	出穂後約10日間の最高気温が32℃以上
ブドウの着色不良・着色遅延	着色期から収穫期の高温など
リンゴの日焼け果，着色不良・着色遅延	梅雨明け以降の強日射，果実着色期の高温
ウンシュウミカンの浮皮の発生	果実肥大期から収穫期の高温、多雨
ナシの発芽不良	秋冬季の気温が高いと花芽の耐凍性が十分高まらずに凍害を受ける.
モモの果肉障害	夏の気温が高く、降雨が多い条件で発生が多い
トマトの裂果・着色不良等	開花期から収穫期の高温
ナスの結実不良	夏季の高温による花粉不稔などが原因
イチゴの炭そ病の多発	生育期間全般の高温

04 国際動向と自治体政策

気候変動問題：二つの対策をめぐる国際的な動向

２０１８年12月に気候変動適応法（適応法）が施行されました。これにより我が国の気候変動対策は、地球温暖化対策推進法（温対法）と適応法という二つの法律を礎に進められることになりました。これらの法律はそれぞれ地球温暖化の緩和策＝温室効果ガスを削減する対策と、適応策＝気候変動の影響を軽減する対策について定めたもので、両者は車の両輪に例えられます（**図１**）。

国際的に重要な動きとして、２０１５年12月の第21回気候変動枠組条約締約国会議（ＣＯＰ 21）で採択されたパリ協定が挙げられます。同協定では、世界全体の平均気温の上昇を工業化以前の水準と比べて２℃より十分に下回るよう抑えること、また１・５℃までに制限するための努力を継続するという緩和に関する目標に加え、気候変動の悪影響に適応する能力および気候変動に対する強靭性を高めるという適応に関する目標も明記され、気候変動の脅威に対する世界全体での対応を強化することが目的とされています。各締約国には適応に関する計画の策定および実施が推奨されており、日本では２０１５年に閣議決定された気候変動適応計画が、適応法に基づく計画として改めて位置づけられました。

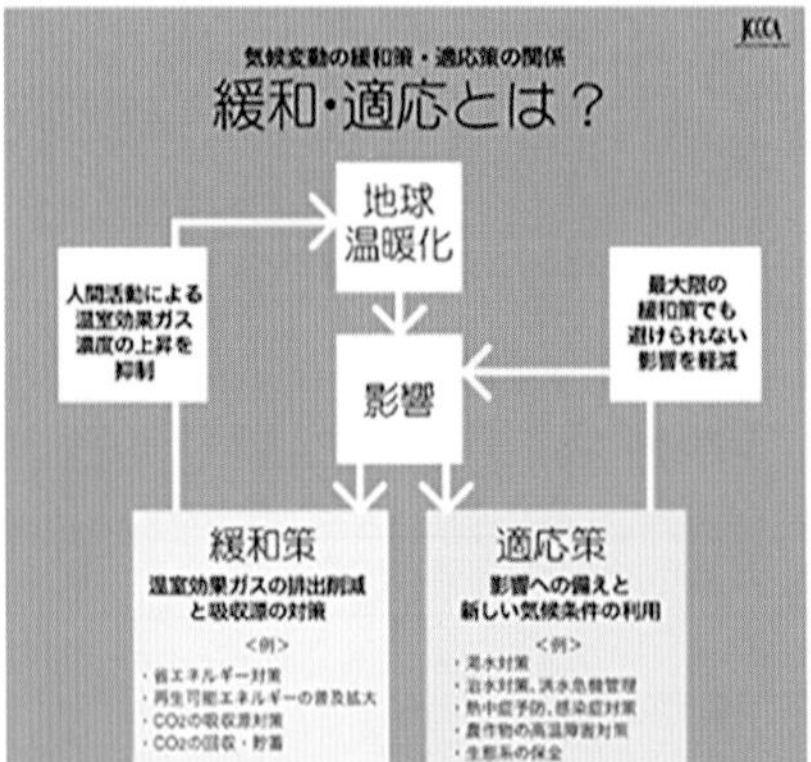

図１　気候変動の緩和策と適応策と関係 (1)

また、同年9月に国連総会にて採択された持続可能な開発目標（SDGs）、さらに同年3月に第3回国連防災世界会議において採択された仙台防災枠組2015-2030も挙げられます。いずれも気候変動に対応できる強靭で持続可能な社会を構築するという、共通する目標・方向性を有しており、国際社会では、これらの目標などの間で連携を図ることの重要性の認識が広がりつつあります。

加えて、民間企業の気候変動への対応についても、金融安定理事会（FSB）により設置されたTCFD（気候関連財務情報開示タスクフォース）が2017年に公表した報告書において、企業の年次財務報告にて財務に影響のある気候関連情報の開示を推奨する記述がなされました。すなわち、ESG投融資*を行う機関投資家・金融機関は、企業が気候変動のリスク・機会を認識し経営戦略に織り込むことを重視しており、このような観点から、同報告書は企業活動を気候変動へ適応させることの必要性について言及しています。

気候変動適応をめぐる政策と科学的知見

気候変動への適応については、その影響の幅広さから、国土交通省や農林水産省でもそれぞれの分野に関わる気候変動適応計画を2015年に策定しています。2008年に環境省が「気候変動への賢い適応」という各分野における影響と適応策の基本的な報告書を公表してから、国土交通省や農林水産省でも取り組みが活発になっています。

気候変動の科学的知見については、2015年3月に、当時の最新のものとして、「気候変動影響評価報告書」が中央環境審議会において取りまとめられました。これ以外に

＊ESG投融資
環境（Environment）・社会（Social）・ガバナンス（Governance）要素を考慮した投融資。

も、気象庁が１９９６年から数年ごとに発表している「地球温暖化予測情報」があり、最新刊は２０１７年に発刊された同第9巻となっています。さらに、環境省、文部科学省、農林水産省、国土交通省、気象庁が作成する「気候変動の観測・予測及び影響評価統合レポート」も２０１８年に最新版が出されています。

本書は文部科学省・気候変動適応技術社会実装プログラム（ＳＩ－ＣＡＴ）で生み出された科学的知見をベースに書かれていますが、我が国では気候変動に関連した複数の大型研究プロジェクトが実施されており、以上に挙げたレポートをはじめ気候変動の現状と将来の予測および気候変動が及ぼす影響について体系だった情報が提供されています。

地方自治体における適応計画の実情

地方自治体は、これまで、温対法に基づいて策定義務が課されている都道府県と政令指定都市などで、緩和策を中心とする地球温暖化対策実行計画の策定を行ってきました。適応計画については、２０１５年に政府の気候変動適応計画が閣議決定されて以降、各自治体において策定が加速しました。そのパターンには大別すると次の三つがあります。

①方針や戦略などの形式で独立した行政文書として記述しているもの
②地球温暖化対策実行計画の一部に含まれるもの
③環境基本計画の一部に含まれるもの

そして、適応法で努力義務が課された２０１８年12月以降は、すでに策定した適応に関する計画を法に基づく地域適応計画として位置づける例が広がっています。筆者らの調査では、これらの計画の中で利用されている科学的知見として、気象庁地球温暖化予測情報第8巻と第9巻、気象庁・管区気象台・地方気象台から提供された地域の将来予測情報（「気候変化レポート」を含む）、環境省「S-8 温暖化影響評価・適応政策に関する総合的研究」データ、環境省・気象庁「21世紀末における日本の気候」などの公表データが多く挙げられている一方、大学・研究機関などと連携した自治体独自の影響評価予測の活用は非常に限定されています[3]。また、全国の自治体環境部局を対象として2016年に実施したアンケート調査結果によれば、計画の検討・推進にあたり想定される課題として、「行政内部での経験・専門性の不足」「行政内部での予算措置の困難・資源不足」「行政内部署間での職務分掌や優先度をめぐる認識の相違」が半分以上の自治体から、「科学的知見の行政ニーズとのミスマッチ」が2割程度の自治体から指摘されています（**図2**）。

政府の気候変動適応計画（法定計画）では、農林水産業、水環境・水資源、自然災害・沿岸域、自然生態系、健康、産業・経済活動、国民生活・都市生活の七つの分野を対象としているように、自治体の適応計画も全庁にまたがる非常に包括的なものとなります。このため、各部局との調整は環境部局にとって最も重要な課題と認識されていることが多いようです。また、地域における詳細な科学的知見の入手可能性が低いことも課題と捉えられています。

S-ICATでは、これらの課題を解決すべく数々の試みを行ってきました。本書では、まず第1部において、北海道、岐阜県をはじめとするモデル自治体・ニーズ自治体において専門家と行政が、気候の将来予測や気候変動影響評価などの科学的知見をどの

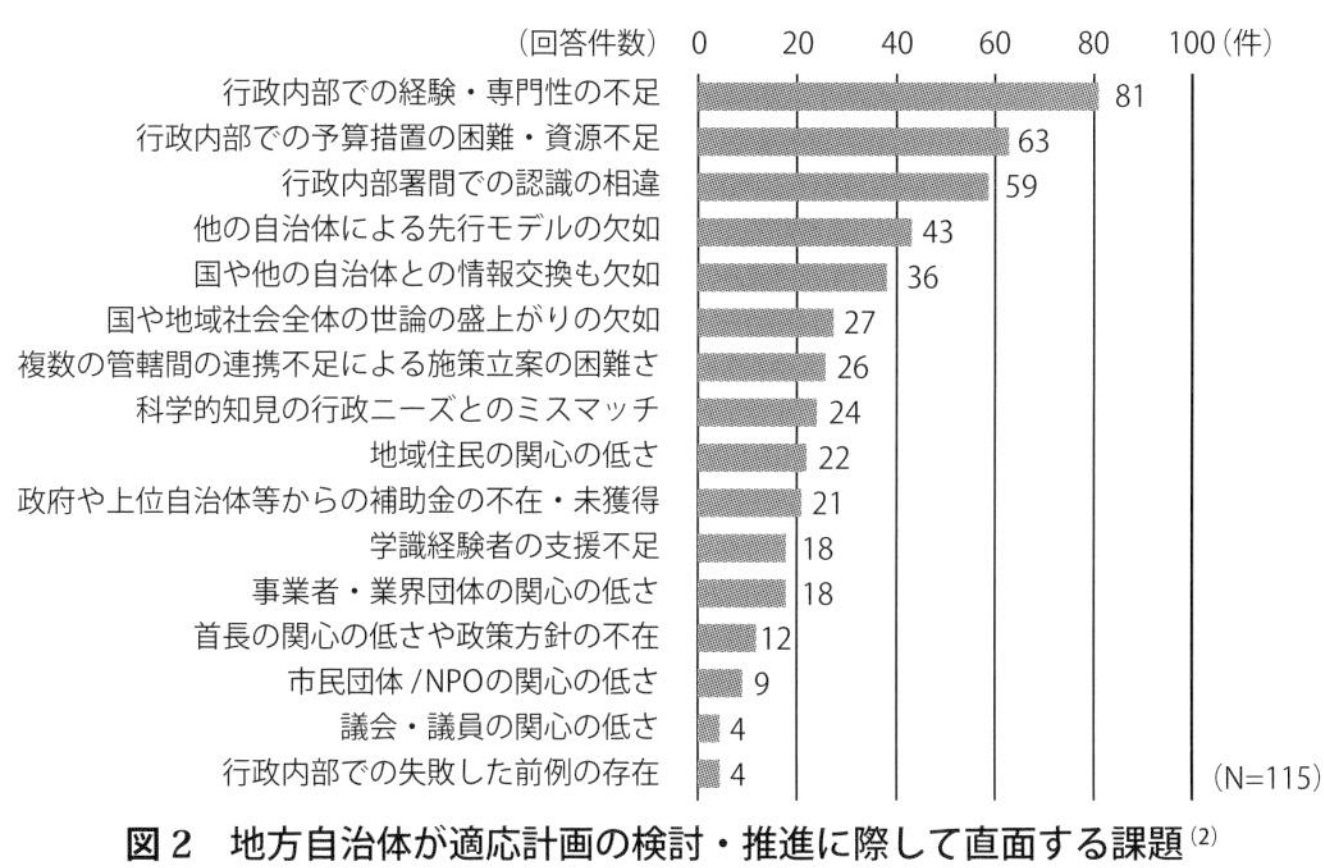

図2　地方自治体が適応計画の検討・推進に際して直面する課題[2]

ように活用して社会実装を進めようとしたのかについて紹介します。次に第2部において、それぞれのモデル自治体・ニーズ自治体に投入された技術の詳細について技術開発機関より解説し、最後に社会実装機関による自治体への支援の概略について紹介します。

（三上正男・田中　充・馬場健司）

《**参考文献**》

（1）ＪＣＣＣＡ、ＩＰＣＣ第５次評価報告書特設ページ
https://www.jccca.org/ipcc/ar5/kanwatekiou.html
（2）馬場健司ほか「地方自治体における気候変動適応技術へのニーズの分析と気候変動リスクアセスメント手法の開発」『土木学会論文集Ｇ（環境）』第74巻第５号、Ｉ-４０５～Ｉ-４１６頁、２０１８
（3）馬場健司ほか「地方自治体の気候変動適応計画における科学的知見の活用に関する分析」『土木学会論文集Ｇ（環境）』第76巻第5号、10頁、２０２０（印刷中）

第1部

その技術はどのようにして社会に実装されようとしているのか

01 社会実装のかたち〔防災編1〕北海道

気候変動を踏まえた新しい氾濫リスク評価と適応策検討

● 検討の契機と経緯

「治水論を変えていくというメッセージを北海道から発していく、パラダイムシフトを起こしていく。」2016年度に北海道で開催された有識者委員会[1]の一幕で冒頭の発言がありました。2016年8月、北海道に4個の台風が相次いで上陸・接近し、各地に記録的な大雨と河川氾濫や道路・橋梁などの被災による甚大な被害をもたらしました。北海道に年3個以上の台風が上陸したのは観測史上初めてであり、北海道のアメダス（地域気象観測システム）地点の約4割で月降水量第1位を更新し、年間に相当する降水量を記録した地域もありました。中でも台風第10号は、東北地方の太平洋側に最初に上陸した観測史上初めての台風となりましたが、近年、太平洋寄りの経路から勢力を保ったまま北海道に接近する台風が増えていることが指摘[2]されています（**図1**）。

北海道開発局と北海道は、災害の検証と今後の水防災対策のあり方を検討するため、冒頭の有識者委員会[1]を設置し、「気候変動の影響による水害の激甚化の予測と懸念が現実になったものと認識」し、「気候変動の影響を科学的に予測」して「具体的な

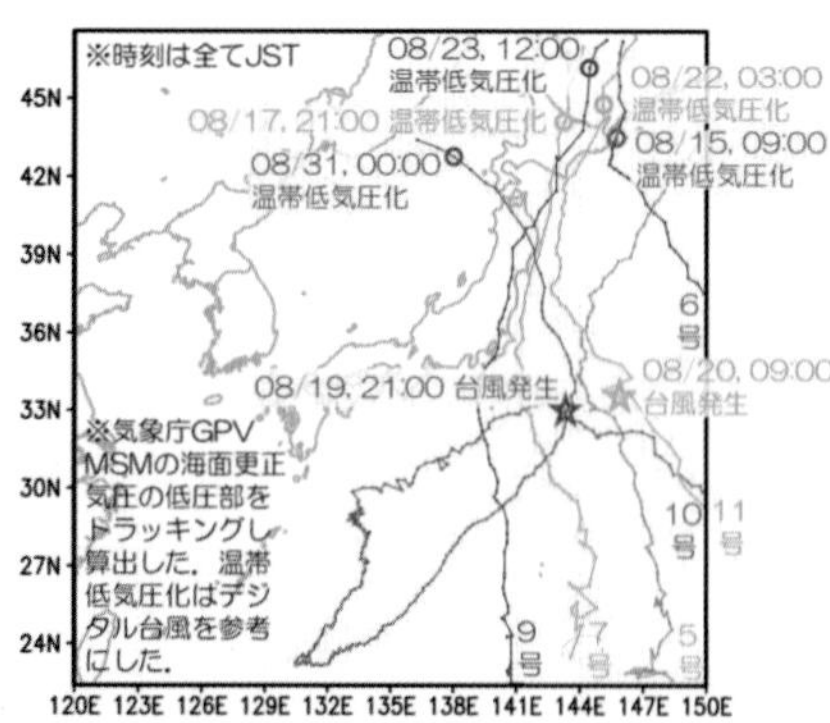

図1　2016年8月に北海道に上陸もしくは周辺を通過した台風の経路[2]

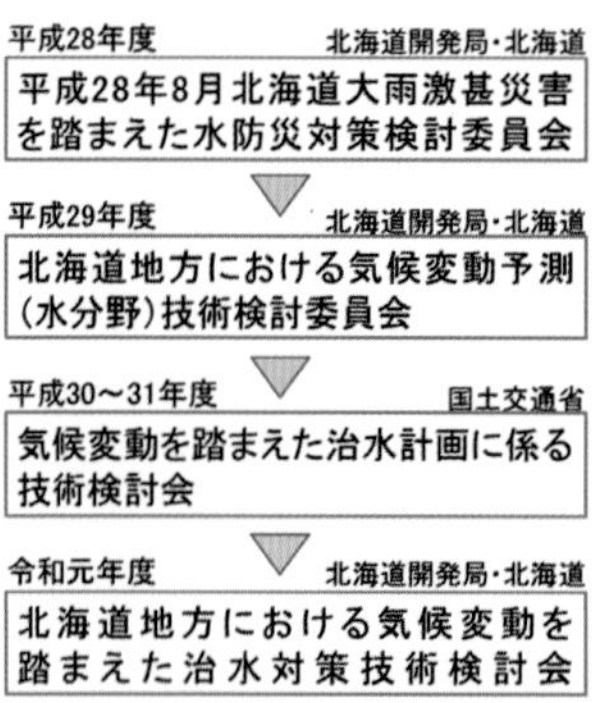

図2　北海道における水防災対策の検討

リスク評価をもとに、治水対策を講じるべき」との内容をとりまとめました（**図２**）。この内容を受けて、２０１７年度には大量アンサンブル気候データ（詳細は第２部08参照）に基づく気候変動影響予測と洪水リスク評価(3)が行われ、２０１８年度〜２０１９年度の国土交通省における気候変動を踏まえた治水計画の検討(4)、および北海道の流域を対象とした社会実装を目指した適応策の検討(5)につながっています。大量アンサンブル気候データは、過去や将来の気候において物理的に生じうるさまざまな気象現象を豊富に含むため、非常に稀に起こるような極端に大きな降雨も、発生確率を踏まえて定量的に評価することが可能となります。これら一連の検討は、全国に先駆けた検討であるだけでなく、２０１９年６月20日にドイツ・ボンで開催された国際連合気候変動枠組の定例会合(6)、(7)で報告されるなど世界的にも注目されるものとなっています。

d4PDFとダウンスケーリング

本検討では、北海道開発局と北海道大学が協力し、地球温暖化対策に資するアンサンブル気候予測データベース（d4PDF）(8)の過去実験および２℃、４℃上昇実験（水平格子間隔20km）を基に北海道周辺領域において５kmへの高解像度化を行い、道内の主な流域における気候変動による降雨の変化を予測しました（**図３**）。高解像度化にあたっては、日本周辺領域において実績がある気象庁気象研究所の地域気候モデルNHRCMを用いて力学的ダウンスケーリング用語（以降、力学的DS）を実施しました。これらの過去・将来実験は合計１万年を超える大量アンサンブル気候データと

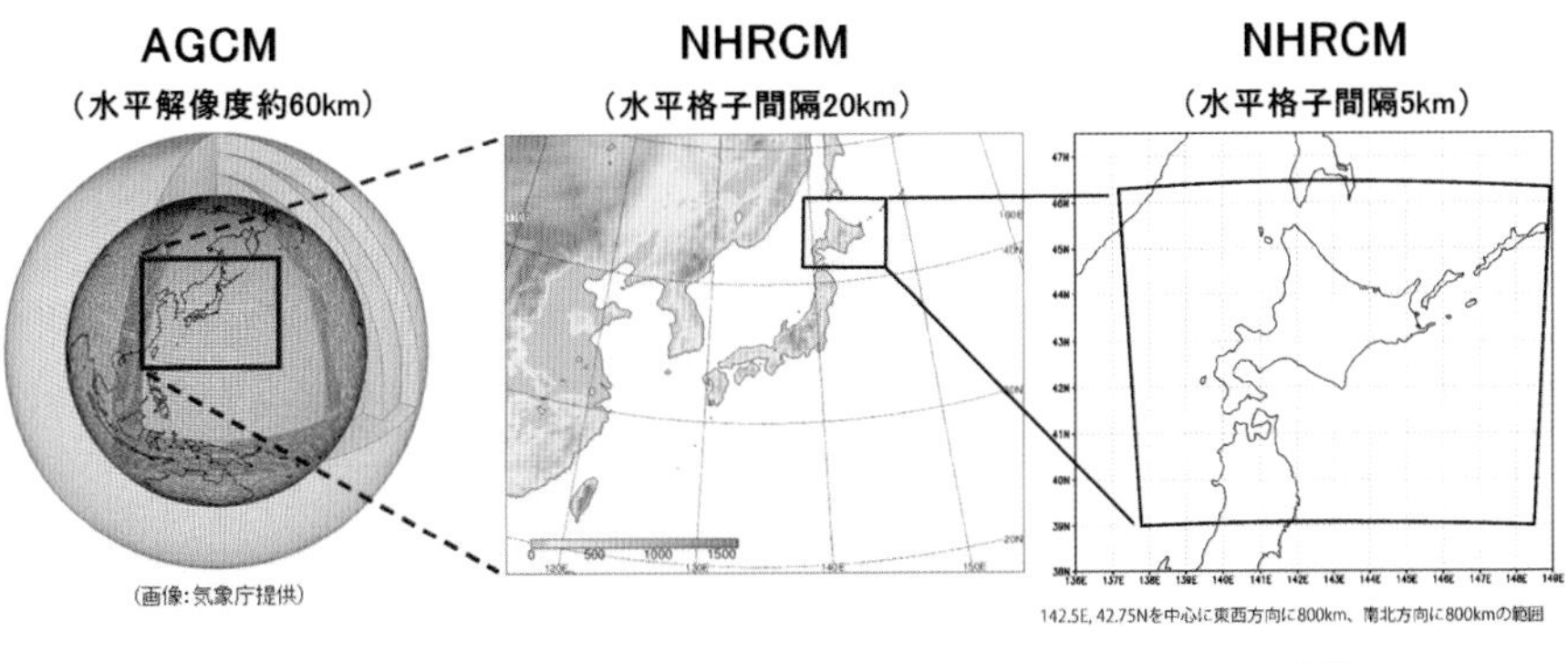

図３　d4PDFの水平解像度と北海道における力学的ダウンスケーリング(4)(9)

なっており、その力学的ＤＳには膨大な計算量が必要となるため、文部科学省ＳＩ－ＣＡＴの支援の下、国立研究開発法人 海洋開発研究機構の協力を得て地球シミュレータを用いて力学的ＤＳを実施しました。

ＩＰＣＣ第５次評価報告書の予測の裏づけである第５次結合モデル相互比較プロジェクト（ＣＭＩＰ５）(9)に登録された世界各国のモデル解像度は、概ね１００～３００km程度ですが、力学的ＤＳによって、より精細に地形形状を反映した気象現象の物理的な予測が可能となり、地形性降雨などの強い短時間雨量の再現性が高まること(10)が知られています。本検討において過去実験を力学的ＤＳした十勝川帯広地点集水域の流域平均雨量のバイアス補正値は、観測実績の０・99倍となり、ほぼ補正が不要なレベルで観測された降水量と一致しました。

なお、力学的ＤＳの詳細については第２部を参照してください。

降雨リスクの変化

従来の日本の治水計画では、過去数十年程度の観測実績を統計解析し、時に異常値を分析対象から除外するなどして確率降雨量を決定論的に表現する（ある年超過確率(用語)に対する降雨量が一つに定まると考える）ことで、年超過確率１／１５０などの極端降雨を推定してきましたが、大量アンサンブル気候データを用いることで、過去60年間×50通りおよび将来60年間×90通りの予測情報に基づく、より確かな確率降雨量の推定が可能となります。

過去の観測実績は観測期間のうちに偶発的に発生した事象の集合ですが、大量アンサ

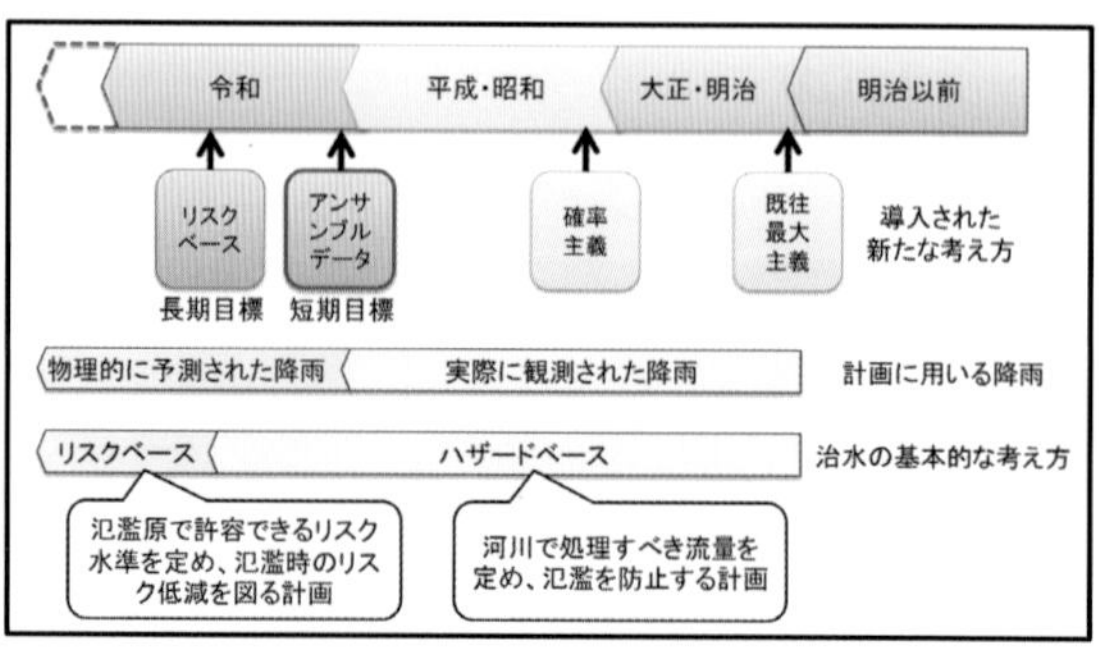

図４　日本の治水計画の変遷と今後の展望
（令和以降は本研究で検討中のイメージ）

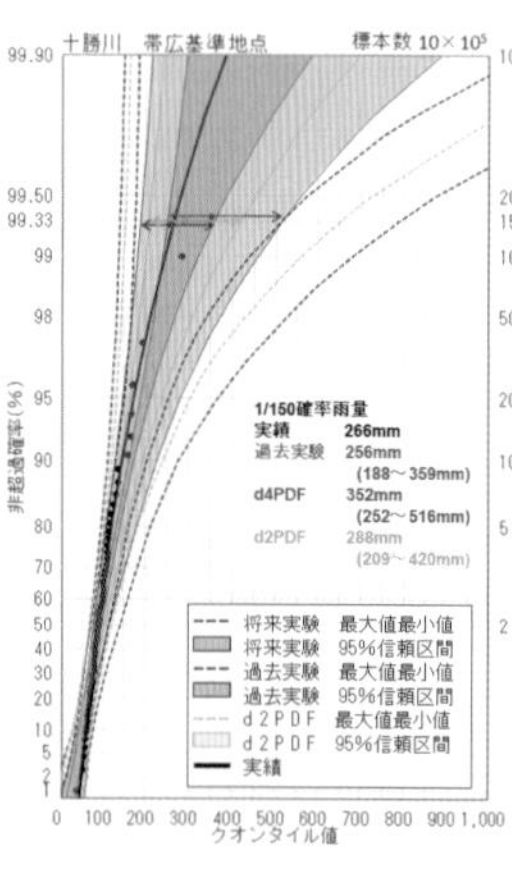

図５　十勝帯広地点集水域 1/150 年超過確率

ンブルデータには数十とおりの過去・将来の気候条件下において起こりうる事象が豊富に含まれ、同一の年超過確率降雨量の取り得る幅を把握することができます。これまでは、過去に発生した最大の洪水流量を計画対象流量とする既往最大主義や、年超過確率によって基本高水を設定する確率主義が採用されてきました(1)（**図４**）。今後、新たに、こうした予測値を計画論に導入することで計画規模の降雨量の取りうる幅や過去の大雨実績からは見えなかった危険な降雨パターンを考慮した治水対策が可能となります。これはパラダイムシフトともいえる新しい計画論となるもので（**図４**）、２０２０（令和２）年1月現在、前述の検討会(5)において活発に議論がなされています。

十勝川の帯広地点集水域における１／１５０年超過確率雨量の95％信頼区間（**図５**）は、過去実験では１８８～３５９mm／72hr、４℃上昇実験では２５２～５１６mm／72hrに増加し、中央値は過去実験の２５６mm／72hrから４℃上昇実験の３５２mm／72hrへ１・38倍に増加します。降雨量が全体に増加するだけでなく、分布の幅が多雨側に広がる（**図６**の赤い分布が右側へ広がる）点も重要であり、極端に大きな降雨が起こる可能性が増すことを示唆しています。また、過去と将来の分布は一部で重なっており、気候変動への対応は、現在気候[用語]でも生じる中央値以上の降雨に対しても有効であると言えます。２℃上昇実験の結果は、過去実験と４℃上昇実験の中間的な分布となりました（**図６**）。なお、力学的ＤＳによる非超過確率に対する雨量の幅は、新しい極値統計理論による信頼区間の推定結果と調和的(12)、(13)で、数値実験の結果が数学的に厳密な解と整合しています。

ここで、２℃や４℃上昇[用語]とは19世紀中ごろの産業革命以前からの全球平均気温の上昇幅を指しており、ＩＰＣＣ１・５℃特別報告書によれば２０１７年時点ですで

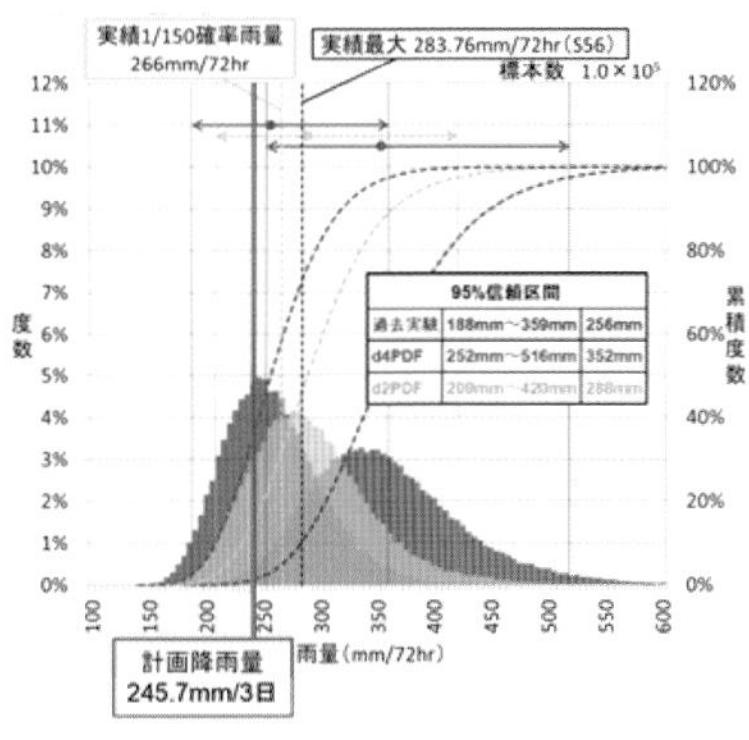

図６　十勝川帯広地点集水域での 1/150 年超過確率雨量の度数分布

に1・0℃上昇しているため、2℃上昇まで約1℃程度しか残されていないことに注意が必要です。

同様の解析を北海道内の1級水系全13水系の各計画基準地点で行い、d4PDFの5kmDSデータを用いて計画降雨継続時間の降雨量を対象とした確率評価を実施し、過去実験と将来実験の計画規模降雨量の中央値の変化倍率を算定しました（**図7**）。計画規模降雨量の変化倍率は概ね1・1〜1・5倍程度の値となっており、特に道東地方などで大きな値となる流域が見られました。これは、計画規模降雨量は4℃上昇時に最大1・5倍に増えることを意味します。計画規模降雨量の変化倍率は十勝川の帯広地点集水域で1・38倍、常呂川の北見地点集水域で1・42倍、石狩川の石狩大橋地点集水域で1・16倍となります。

降雨の変化倍率に地域性が見られることは、今後、ほかの地域で同様の検討を行うことを視野に入れると大変興味深い点ですが、なぜこのような地域性が見られるのか現時点で詳細は不明であり、台風の経路や前線の影響など気象要因についての分析が期待されます。

洪水ピーク流量の変化

大量アンサンブルデータに基づく降雨予測の利点は、幅を持った確率評価が可能となることだけにとどまりません。過去や将来の気候で起こりうる大量の降雨事例の時間的・空間的分布が入手可能となることも特筆すべき点です。これはさまざまな降雨の時空間分布によって引き起こされる河川への多様な流出パターンが予測可能となることを意味

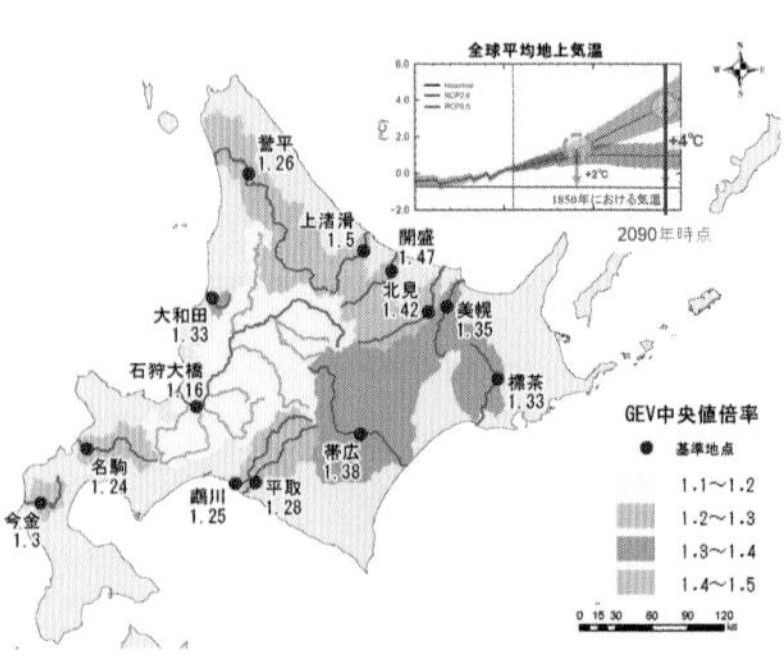

図7　計画規模降雨量の変化倍率

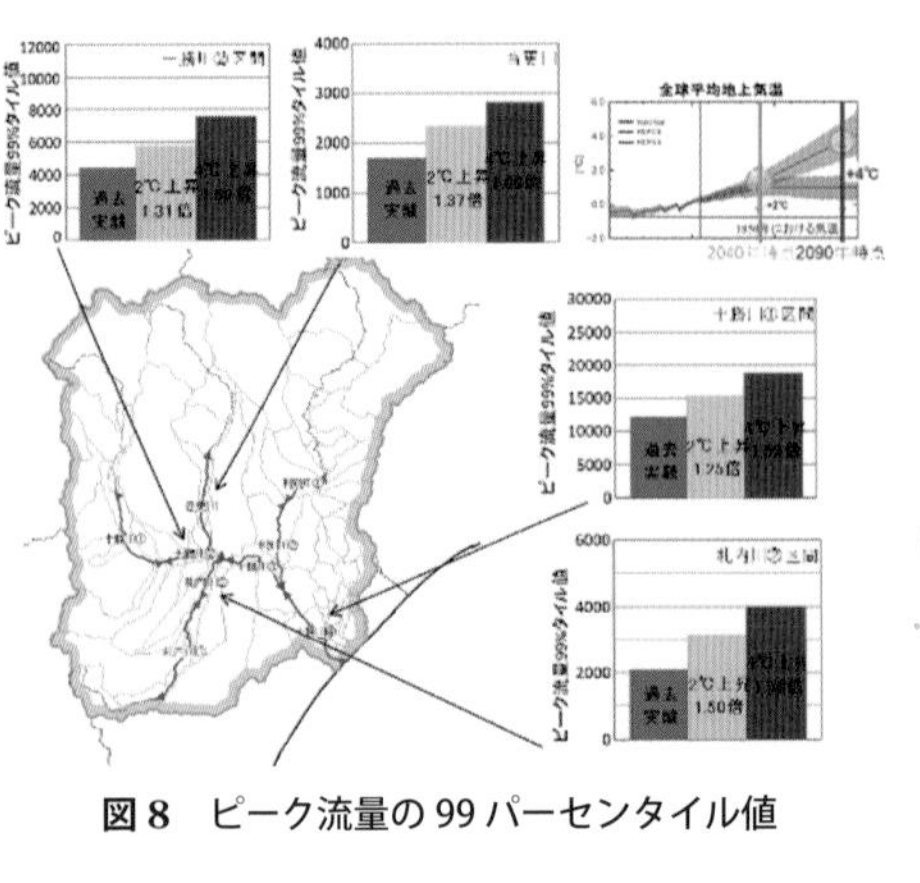

図8　ピーク流量の99パーセンタイル値

しています。

将来の降雨は、時間的にも空間的にも集中化することが指摘(14)されており、洪水ピーク流量もこの影響を受けます。**図８**は十勝川流域の各基準地点における過去、２℃および４℃上昇実験の洪水ピーク流量の上位１％を表す99パーセンタイル値とその変化倍率を示しています。４℃上昇実験では過去実験に比べておよそ１・５～１・９倍の洪水ピーク流量となりますが、本川下流域よりも上流域や支川などでその倍率が大きくなっています。

氾濫リスクの変化

大量アンサンブルデータが持つさまざまな降雨の時空間分布と多様な流出パターンは、氾濫リスクの評価（氾濫被害の確率的な評価）をも可能にします。具体的には大量アンサンブル気候データの降雨・流量データを用いて気候変動前後における氾濫シミュレーションを実施することにより、評価する浸水深に応じた浸水確率をメッシュ＊ごとに算出することができます。

図９は過去および将来の十勝川流域において、浸水深１ｍとなる確率を図示したものです。過去実験の最大浸水域は、十勝川および音更川、札内川、利別川沿いなどに広がっています。ＲＣＰ８・５シナリオで４℃上昇が想定される２０９０年時点では、浸水面積が増加するほか、同一地点であっても浸水頻度が増加する傾向にあります。なお、この分析は河川水位が計画高水位に達した時点で破堤するものと仮定し、各計算メッシュの過去・将来実験全ケースの浸水深を用いて、浸水深ごとの超過確率を算定したものです。

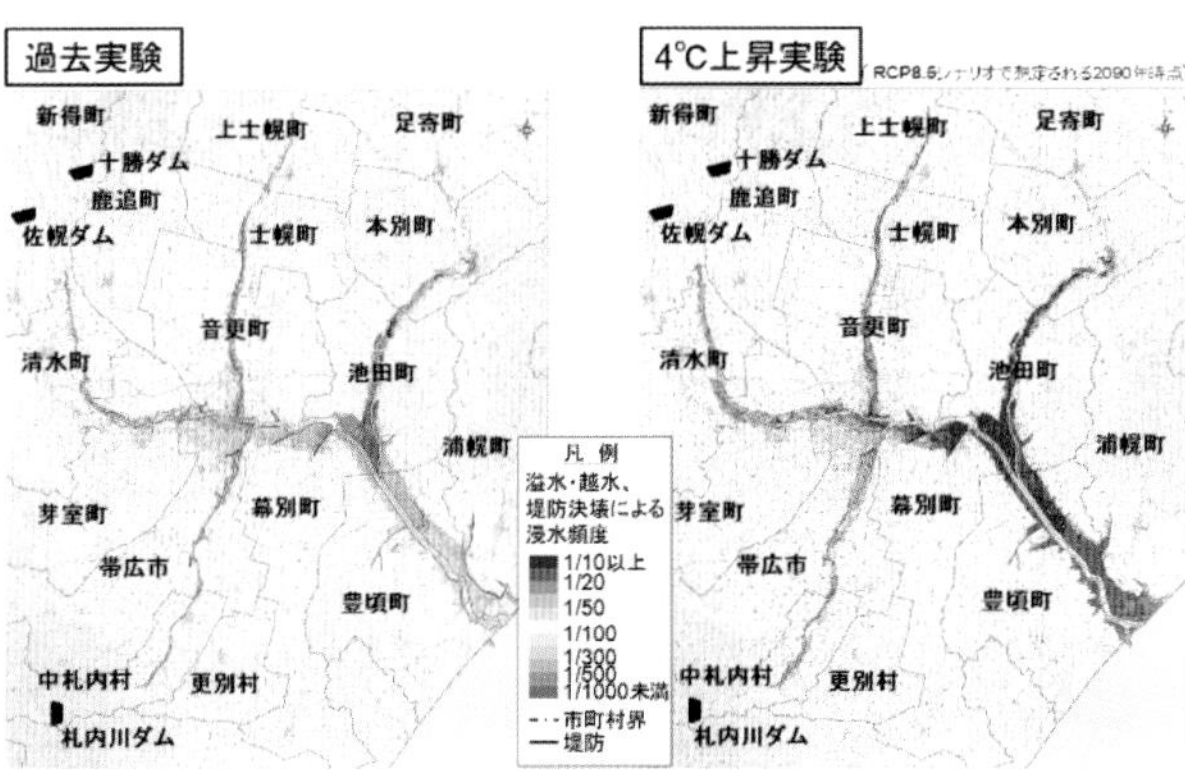

図９　床上から 50cm 浸水深となる確率（浸水深 1m）

＊メッシュ
計算メッシュのこと。計算格子あるいは格子とも呼ばれ、物理現象を表わす微分方程式を空間的に離散化し数値解を求めるために使用される。数値シミュレーションの空間解像度はこのメッシュの解像度に依存する。

海外の知見の活用

氾濫リスクの評価とその対策に関しては、諸外国ではリスクベースアプローチと呼ばれる手法が講じられています。これは、リスクを氾濫発生確率と氾濫による被害とを掛け合わせた期待値で表し、定量的に評価するものです。諸外国の中でもオランダは、早くからリスクベースアプローチに基づいて、複数シナリオにおける堤防の決壊確率と水位確率から氾濫発生確率を算出し、気候変動影響をも踏まえ、氾濫による人的被害と経済的被害のリスク評価に取り組んでいます（**図10**）。そのうえで、氾濫による死亡確率を２０５０年までにオランダ全土で10万分の１以下に抑えることを政策決定[14]、[15]し、そのために必要となる堤防の安全性を定め、リスクに応じた堤防強化などの対策を実施しています。

オランダのリスクベースアプローチによる氾濫リスクの確率的評価の取り組みは、多数の氾濫ケースを定量的かつ総合的に評価しており、北海道で進められている大量アンサンブルデータを用いた多様な降雨・流出パターンに基づく氾濫リスクの分析と親和性が高いものです。このため、北海道ではオランダの専門家らと継続して技術交流と検討を進めています。さらに、２０１９年８月からは、オランダ企業庁の Partners for water プログラム[17]の支援の下に、日本・オランダの民間コンサルタントや研究機関が共同で、オランダのリスクベースアプローチを北海道の流域に応用する研究プロジェクトを発足しており、両国の先進技術を融合した新しい洪水リスク評価手法の開発が期待されます。

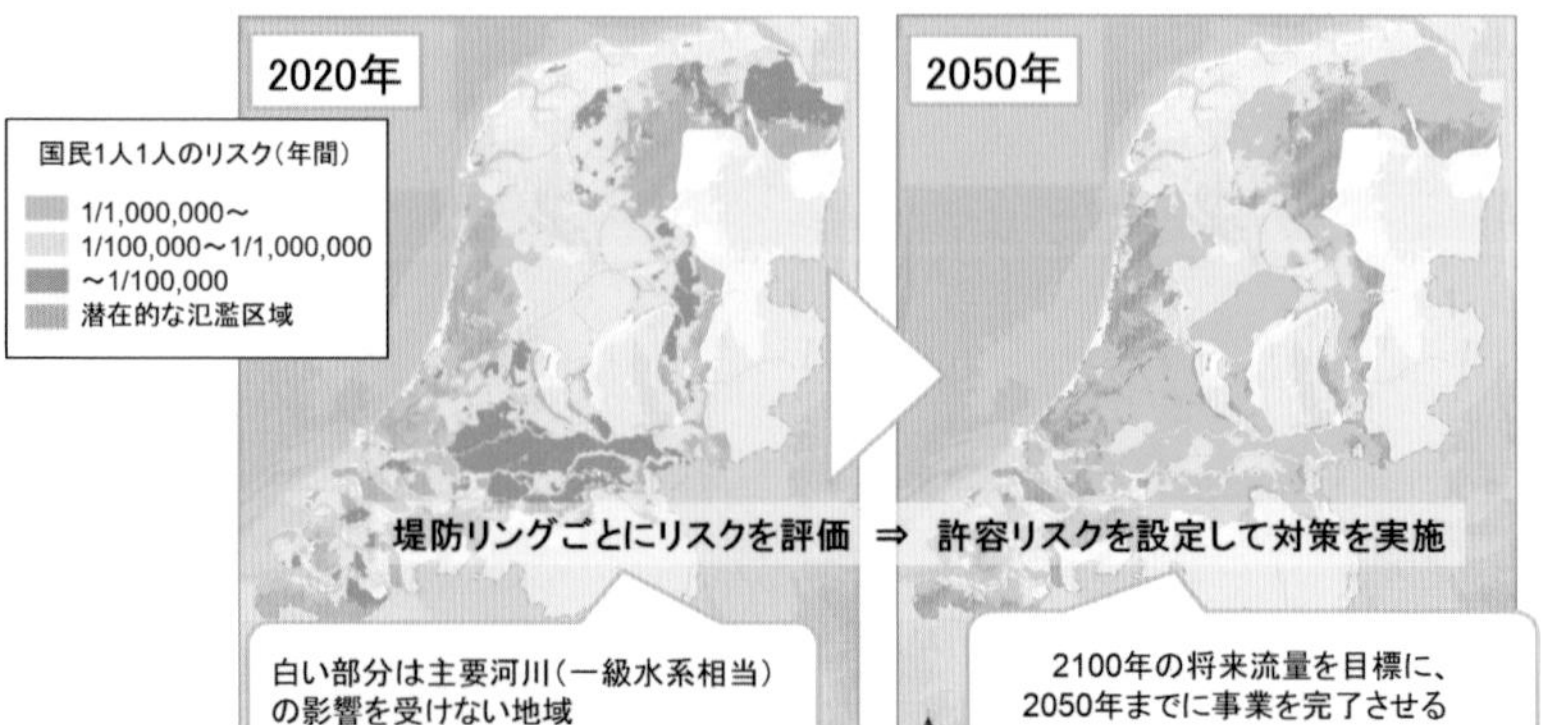

図 10　リスクベースアプローチ（オランダでの取り組み）

●適応策の検討

気候変動影響による氾濫リスクの増加が明らかとなり、近い将来に予測される降雨外力の増加に対して後悔しない適応策の展開が望まれます。予測には一定の不確実性が含まれますが、ＩＰＣＣ第５次報告書によれば２０５０年ごろまでは各シナリオによる気温の変化に大きな違いは見られません（**図11**）。

このため北海道では、シナリオの違いによる手戻りを極力少なくしつつ迅速に適応策を展開するため、ＲＣＰ８・５に相当する４℃上昇の外力を視野に入れたリスク評価を行うと同時に、切迫した氾濫リスク増加に対応できるようＲＣＰ２・６相当の２℃上昇の外力を想定した当面の適応策を計画し、迅速に対策を実施していくことを目指しています。概ね30年後の２０５０年ごろを当面の対象期間として、流域のリスクを軽減する適応策の社会実装を進めていく予定です。

（山田朋人）

《参考文献》

（１）平成28年８月北海道大雨激甚災害を踏まえた水防災対策検討委員会、２０１７

（２）北野慈和ら「２０１６年８月豪雨事例を含む過去56年間に北海道周辺を通過・上陸した台風の統計的解析」『土木学会水工学論文集B1（水工学）』第73巻第４号、Ｉ-１２３１～Ｉ-１２３６頁、２０１７

（３）北海道地方における気候変動予測（水分野）技術検討委員会、２０１８

（４）気候変動を踏まえた治水計画に係る技術検討会、２０１９

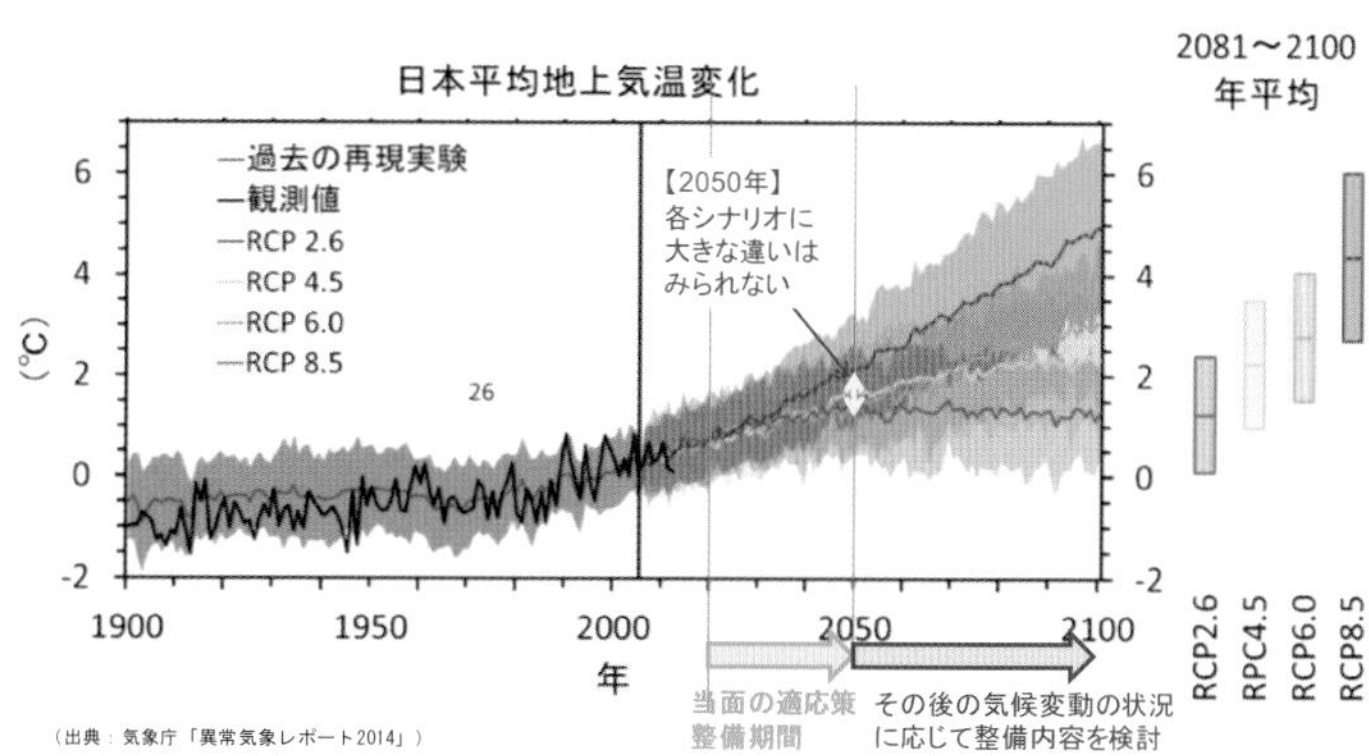

図 11　気温上昇シナリオと適応策の整備

（５）北海道地方における気候変動を踏まえた治水対策技術検討会、２０１９

（６）Tomohito Yamada, Adaptation measures for extreme floods using huge ensemble of high-resolution climate model simulation in Japan, Bonn Climate Change Conference, 2019. https://unfccc.int/sites/default/files/resource/2.5Tomohito_Yamada_presentation_ver1.5plus.pdf

（７）山田朋人「国連気候変動枠組条約（ＵＮＦＣＣＣ）第50回補助機関会合（SB50）参加報告」２０１９ https://www.hkd.mlit.go.jp/ky/kn/kawa_kei/splaat000001ofky-att/splaat000001pcj9.pdf

（８）地球温暖化対策に資するアンサンブル気候予測データベース、２０１９

（９）CMIP5 : Coupled Model Intercomparison Project Phase 5, 2013, https://esgf-node.llnl.gov/projects/cmip5/

（10）Hidetaka Sasaki et al.: Reproducibility of Present Climate in a Non-Hydrostatic Regional Climate Model Nested within an Atmosphere General Circulation Model, SOLA, 2011, Vol. 7, 173 – 176, doi:10.2151/sola.2011-044, 2011

（11）中村晋一郎「博士論文 基本高水の制度化に関する歴史研究」２０１４

（12）清水啓太ら「確率限界法検定に基づく信頼区間を用いた確率洪水ピーク流量の不確実性評価」『土木学会論文集Ｇ（環境）』第74巻第５号、Ⅰ-２９３～Ⅰ-３０１頁、２０１８

（13）山田朋人ら「北海道における気候変動に伴う洪水外力の変化」『河川技術論文集』第24巻、３６１～３６９頁、２０１８

（14）星野剛ら「大量アンサンブル気候予測データを用いた年最大降雨の時空間特性の将来変化の把握～十勝川流域を対象として～」『土木学会論文集Ｇ（環境）』第74巻第５号、

Ⅰ-25～Ⅰ-31頁、2018

(15) The Ministry of infrastructure and The Ministry of Economic Affairs, Delta Programme 2015, 2014.9

(16) 千葉学ら「オランダの治水分野における気候変動適応策の検討・実施状況に関する調査報告」『河川技術論文集』第24巻、463～468頁、2018

(17) Partners voor Water, Rijksdienst voor Ondernemend Nederland, unit Partners voor Water, https://www.partnersvoorwater.nl/

＊洪水リスク評価の一連の流れに関して以下に詳細が記載されています。

国土交通省北海道開発局、北海道、北海道大学監修『気候変動を踏まえた新しい洪水リスク解析』北海道河川財団、2019

02 社会実装のかたち〔防災編２〕岐阜県
気候変動と人口減少の同時進行に我々はどう備えうるのか

●日本の地方が抱える共通の不安に正面から向き合う

岐阜県は日本のほぼ中央に位置し、標高ゼロメートル地帯と呼ばれる低平地から、標高３０００ｍを超える急峻な山岳地帯を有しています。急峻な地形に加えて、主に太平洋側からの台風や前線による降雨、日本海側からの冬季の降雪が多く、日本でも降水量が多い地域であるため、昔から多くの水害・雪害や土砂災害を被ってきました。木曽三川によって形成された濃尾平野に位置する都市、中山間地の谷底平野に開けた市街地や集落に県民は広く分散しており、中山間地域では人口の減少と高齢化がとりわけ強く感じられるなかで、気候変動と人口減少の同時進行が何をもたらすのか、漠然とした不安感が漂っていました。この不安感は、岐阜県だけのものではないでしょう。日本の大部分は「地方」であり、地方に暮らす市民が共通して持っている不安感ではないでしょうか。将来に対する不安を払拭するためには、これから一体何が起こるのかを可能な限り正確に予測し、その結果を直視して社会的に講じうる最善を模索しなくてはなりません。手遅れになって後悔する前に。

大学と県の協働の枠組みを通じてプロジェクトに参画

ＳＩ-ＣＡＴは２０１５年に始まりました。そのちょうど同じ年に、岐阜県と岐阜大学は共同で「清流の国ぎふ防災・減災センター」を岐阜大学内に設置しました（**図１**）。このセンターは、豪雨や地震などによる大規模災害に対する地域防災力の強化を目的とした実践的なシンクタンク機能を担うセンターとして設置されたもので、大学研究者は、県の人材育成・普及啓発事業に講師などとして協力するほか、防災・減災技術の開発などの研究面からも貢献する計画でした。このセンターの設置の過程でＳＩ-ＣＡＴへのエントリーが計画されました。すなわち、モデル自治体岐阜の取り組みは、最初から岐阜県と岐阜大学の協働の体制を土台として始まったのです。実際は、地球温暖化対策の枠組み（県環境生活部環境管理課担当）と、先に述べた防災・減災の枠組み（県危機管理部防災課担当）の二つのチャンネルを通じて、大学研究者と県行政との協働がなされました。

モデル自治体岐阜が設定したメインテーマは、主に豪雨に起因する洪水・土砂災害の規模・頻度が将来どのように変動していくのかを評価すること、これと同時進行する人口減少・高齢化の地域別の傾向を見極めたうえで、地域の実態に即した処方箋としての適応策を見いだしていくことでした。また、ＳＩ-ＣＡＴではさまざまな分野における影響評価がなされる計画であったことから、岐阜県におけるさまざまな気候変動影響に関する評価情報をＳＩ-ＣＡＴを通じて得ながら、各方面での適応策を社会実装していくことも、モデル自治体のミッションでした。そこで、ＳＩ-ＣＡＴモデル自治体として採択された直後に、温暖化対策を所掌する環境生活部と相談して、県庁に部局横断的

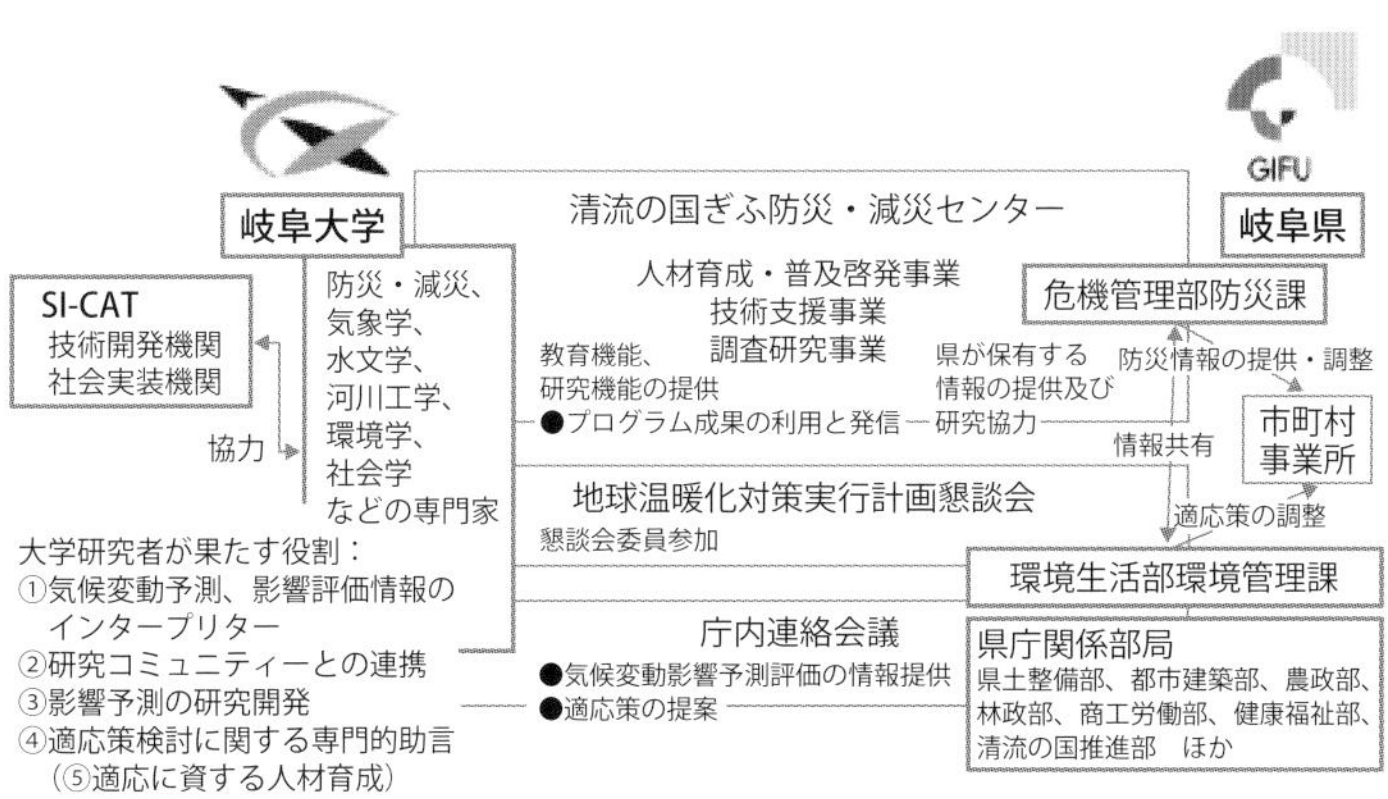

図１　SI-CATにおける岐阜大学と岐阜県の協働の枠組み

な会議体「庁内連絡会議」を設置することになりました。気候変動の影響は実に多方面に及ぶことから、庁内連絡会議には関係部局から計35課（のちに県の研究機関も参加して増加）が参加することとなって、第1回の会議が開催されました。

「適応」ってなんですか？　潜在的適応策を入り口にして

岐阜県庁が設けた庁内連絡会議は、ＳＩ-ＣＡＴの事業期間を通じて、実に有効に機能したと言えます。まず、そもそも気候変動に対する緩和と適応という概念を関係者が理解するための説明の場が必要です。第1回会議でこれを説明したときには、大部分の参加者が初めて聞いたような様子でした。そして同時に、「何か面倒な新しい仕事を増やそうとしているのでは」という警戒感がそこにありました。気候変動に対して何らかの対応が必要であるという危機感を持っていたのは、主に防災、土木、農林水産に関する部局でした。しかし、各部局それぞれ何らかの考えを持って粛々と事業に取り組んでいるので、気候変動への適応策として新たに何かを行うことや、既存施策を気候変動適応策と位置づけることに対しては抵抗感があるようでした。

ＳＩ-ＣＡＴ社会実装機関（馬場健司教授・東京都市大学）らは、岐阜県庁に足しげく通って、気候変動適応に対する各部局のニーズを探るためのヒアリングやアンケートを粘り強くしてくださいました。社会実装機関で実施した多数の自治体へのヒアリングとアンケート結果を通じて、岐阜県以外にも多くの自治体が似たような雰囲気であることを知りました。このような状況では、いくら現在の科学技術で可能な影響予測が示されたとしても、何の適応策にもつながらないのではないか、と危機感を強くしました。

これを突破するヒントは、同じくモデル自治体として SI-CAT に参画していた埼玉県環境科学国際センターの嶋田知英さんからいただきました。嶋田さんは行政が気候変動適応に取り組むための考え方として、「潜在的適応策と追加的適応策」についてよく述べておられました。潜在的適応策とは、気候変動適応を主目的とはしていない施策や事業だが、適応策としての側面を有するものを指します。そこで、庁内連絡会議の講師として、馬場教授と嶋田さんをお招きし、馬場教授から各自治体の気候変動に対するニーズ調査結果をご報告いただくとともに、嶋田さんから潜在的適応策と追加適応策の考え方についてご講演いただきました。その後、筆者らはまず岐阜県の事業施策を仕分けして潜在的適応策を見つけ出し、すでに岐阜県が持っている適応策を明示することをまず行い、これを各部局で意識的に強化してもらうことによって岐阜県における気候変動適応を進めてはどうかという提案をしました。加えて、影響評価結果が得られ次第、必要に応じて追加的適応策を講じることもセットにした提案をしました。すでにある施策が適応策としての側面を有するのであれば、「気候変動適応のために新たに何かをしなくてはならない」という心理的なハードルは相当下がるはずです。

環境生活部の担当者である杉山英夫係長（当時）と相談し、まずは岐阜県の事業に含まれる潜在的適応策を仕分けることになりました。蓋を開けてみれば、県が実施している事業の細項目数はなんと1万を超えていました。大学の研究者がなんとかできる内容ではありません。この状況を助けていただいたのは、清流の国ぎふ防災・減災センターの浦野事務局長でした。浦野さんは県行政に長く関わられた経験から、県事業の内容の大部分を把握しており、1万を超える事業の中から潜在的適応策である可能性のある数百の事業項目を抽出してくださいました。環境生活部はそのリストを精査し、各部局に照会をかけて、岐阜県事業における潜在的適応策のリストを完成させました。この過程で、各部局担当者の考え方の違いなどからずいぶんと項目は削除されてしまったものの、このプロセス自体は、全部局が気候変動適応策を検討するマインドセットを醸成するうえで非常に有効であったと言えます。

異分野研究者の協力によって地域の影響評価のための気候シナリオを探る

モデル自治体岐阜は、気候変動によって極端化する豪雨とこれによる洪水や土砂災害の将来予測を、山間地域の中小河川ごとや市町村ごとに議論できるようにするための研究開発を実施しました。気候変動予測の一環として行われる全球モデルシミュレーションの計算格子は平面解像度数十km程度で、地球全体の気候を表現するには良いのですが、地域の気象現象の議論をするには一般的には粗すぎます。また、日本で洪水や土砂災害を発生させる降雨は、1日2日という日単位の時間解像度では見ることができないため、せめて1時間単位の降水量（時間降水量）が知りたくなります。そのようなニーズに応えるために、SI-CAT技術開発機関の主に防災科学技術研究所、気象研究所、JAMSTECの方々に、豪雨に着目した空間解像度の高い気候モデルシミュレーション（力学的ダウンスケーリング）を実施していただきました（**図2**）。気候モデル研究者の方々と気候モデル計算結果のユーザーであるモデル自治体の研究者の関係は、シーズとニーズの関係にあたります。私たちは何度も会合を重ねながら、力学的ダウンスケーリング計算の仕様を詰め、テスト計算結果が目的に適うかをユーザー側で試し、フィー

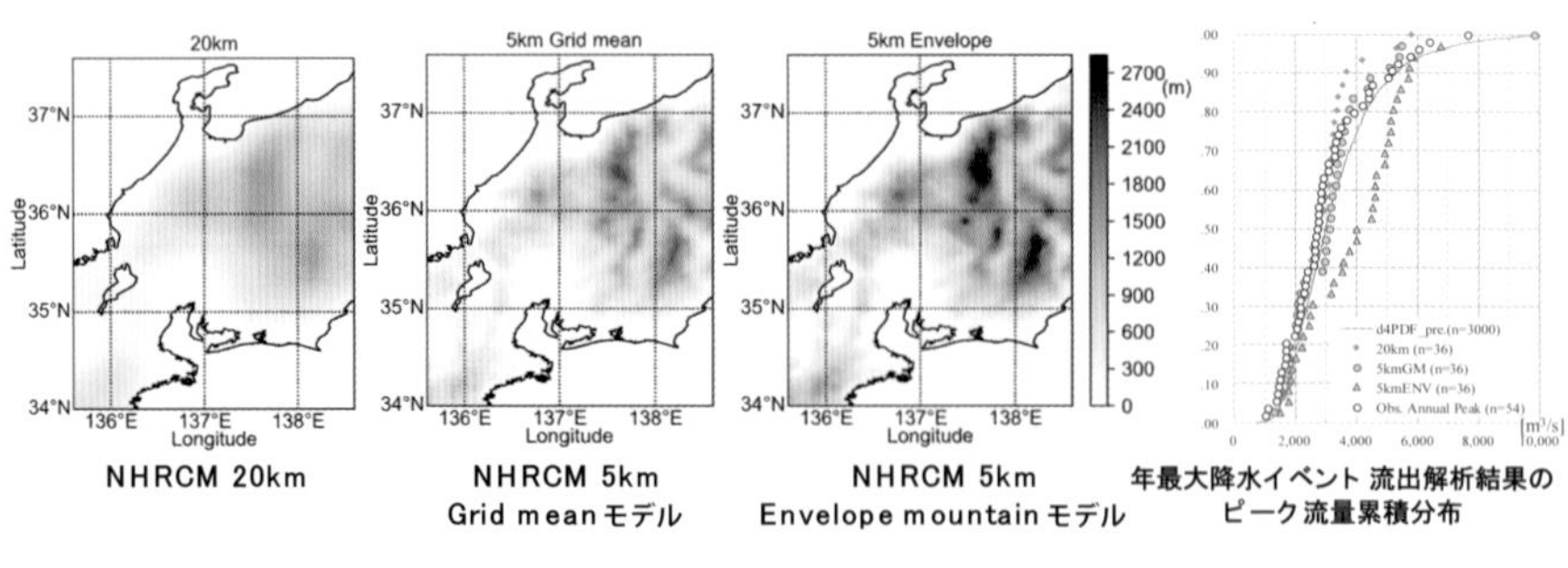

図2　力学的ダウンスケーリングによる洪水流量評価の変化

ドバックし、ニーズとシーズのすり合わせを繰り返しながら仕事を進めていきました。私たちモデル自治体は良きユーザーたろうとしましたが、気候モデル研究者の方々はそれ以上に大変な忍耐をもってこの仕事にあたっていただきました。気候変動予測、影響評価、適応策の社会実装という一連のミッションを実行するためには、異分野の専門家の協働が必要となります。その際、共通の目的に向かう歩み寄りの姿勢が大変重要であることを学んだと同時に、この過程を通じて、豪雨事例を対象とした力学的ダウンスケーリングに関する有益な知見も研究成果として得ることができました。

河川管理者が受け止めやすい形で洪水の規模・頻度の将来変化を示す

モデル自治体岐阜の実施責任者である筆者は、土木工学出身の河川工学者であり、県や国土交通省の河川管理者とはさまざまな形で仕事をしてきた経験があったため、河川管理者にとって、不確実性のある未来予測に対して対策を検討することが、しくみ上とても難しいことをよく知っていました。しかし、２０１１年に発生した東日本大震災以来、行政の中でも危機管理・防災関係部局では、多少の不確実性があったとしても将来起こりうる巨大地震災害に対して最善の備えをとろうという機運が高まっていました。し、水防災分野でも２０１５年に水防災意識社会再構築ビジョンが示され、大規模な氾濫の可能性を想定した社会側の受け止めが求められるようになりました。このころから、国内各地域に設定した「想定最大規模降雨」を外力とした氾濫浸水想定区域図が示されるようになり、そのあまりに酷い浸水状況の想定は、各地域の河川管理者のみならず、地域社会に強いショックを与えました。そのような状況のなか、筆者らは岐阜県県土整備部河川課の資料提供などを受けながら、河川管理者や市民にもわかりやすい形で、気候変動による洪水の規模・頻度の変化を示す手法を構築しました（**図3**）。これは河川管理者が河川整備計画の策定に用いた洪水流出解析モデルに、d4PDFから抽出した数千年分の年最大降雨イベントを与え、過去の洪水の規模・頻度の再現性を観測値とともに示したうえで、温暖化が進んだ将来に、洪水の規模・頻度がどの程度増大するかを示す手法です。例えば「今までは100年に一度だった洪水が30年に一度になる」といった評価が可能であり、現在の河川の整備水準を超える洪水の発生頻度などについて、地域差を踏まえた議論を可能にしました。

災害曝露人口の将来予測が描きだす地域の「なりゆきの未来」

地域防災を専門とする岐阜大学の小山真紀准教授の目線は常に社会弱者の側にあり、起こる災害よりも災害の被害を受ける側の地域社会や個人の痛みに向けられています。人口減少は災害に曝される頭数が地域社会の側から災害を見たらどうなるでしょうか。人口減少は災害に曝される頭数が減ることを意味しており、極端なことを言えば、だれも住んでいなければどんなに激しい自然現象が起こっても災害にはなりません。小山准教授は洪水・土砂災害ハザードマップと人口予測メッシュを組み合わせて、中山間地域の災害曝露人口とその年齢構成に着目した分析をしました（**図4**）。その結果が示したのは、人口減少に伴って、確かに災害に曝される人口は減るけれども、それ以上に要援護者の割合が大幅に増加するという事実でした。つまり、災害時に助けに向かうことができる人は大幅に減り、助けを必要とする人の割合は相対的に増えるという、地域防災力の脆弱性の高まりを示す結果でし

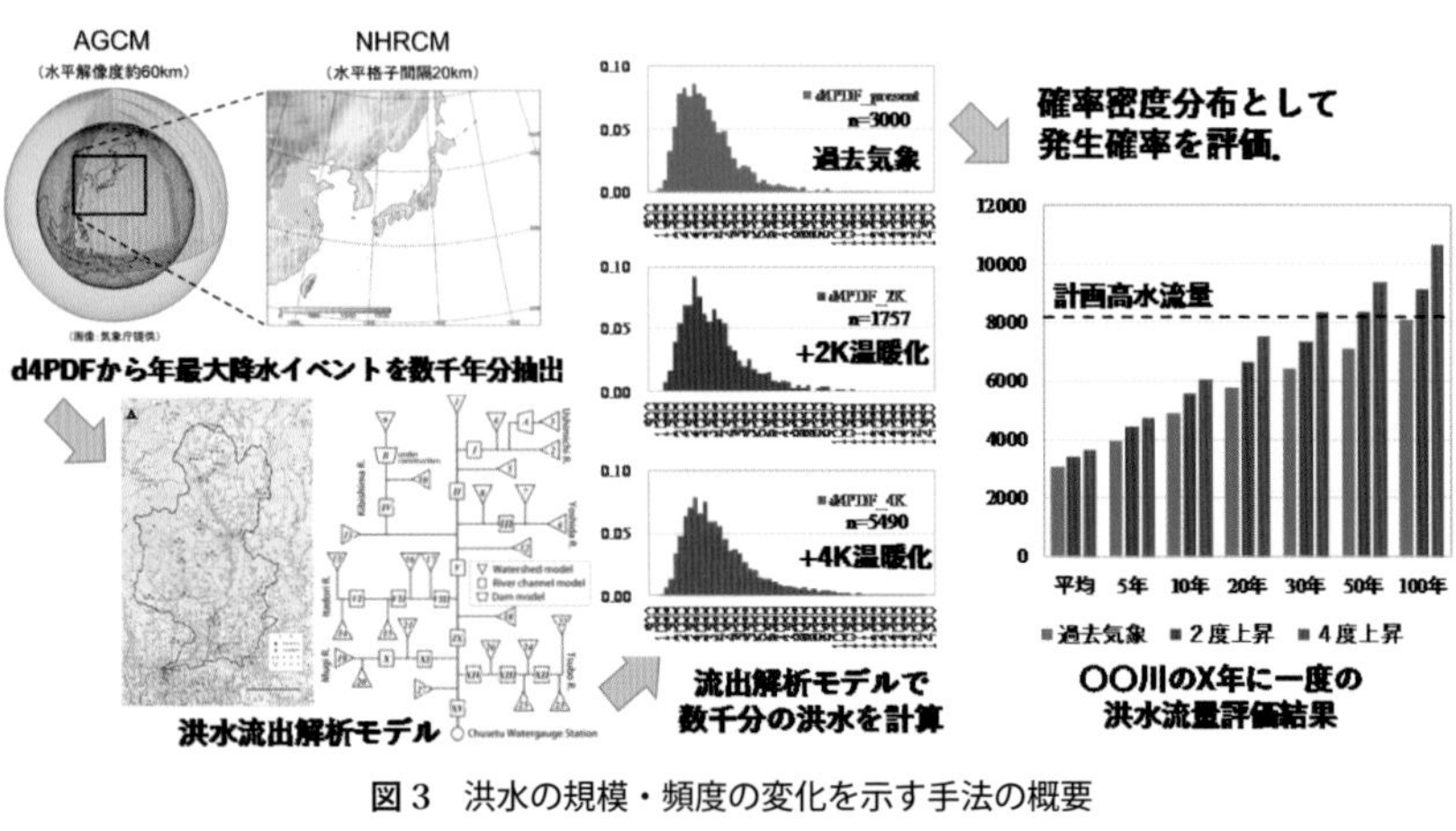

図3　洪水の規模・頻度の変化を示す手法の概要

た。この傾向は当然地域によって異なるでしょう。リアリティのある地域の未来像を描き出しながら、「なりゆきの未来」を悲観するのではなく、それを出発点として、より希望が持てる未来に修正する努力がこれから各地で必要とされるでしょう。

SI-CATを通じて構築した連携のしくみを「地域気候変動適応センター」へ

SI-CATに取り組んだこの5年間の間に、気候変動への適応という社会と科学の協働ミッションを取り巻く環境は大きく変化しました。毎年のように各地で発生する痛ましい豪雨災害、猛暑や豪雪といった異常気象は、気候変動に対する適応が待ったなしであることを強く印象づけています。気候変動適応法が施行され、地域での適応の推進が自治体の努力義務となり、法的にもバックアップされた取り組みになりました。SI-CATを通じて岐阜に構築された協働の枠組みは、気候変動適応法に基づく地域気候変動適応センターとして続いていく見込みです。地域をよく知る地方の研究者が適応に果たす役割と期待はますます高まっています。岐阜での取り組みが今後も各地域の取り組みの参考になるよう、地域の協力者、全国の仲間と連携しながら取り組んで参ります。

（原田守啓）

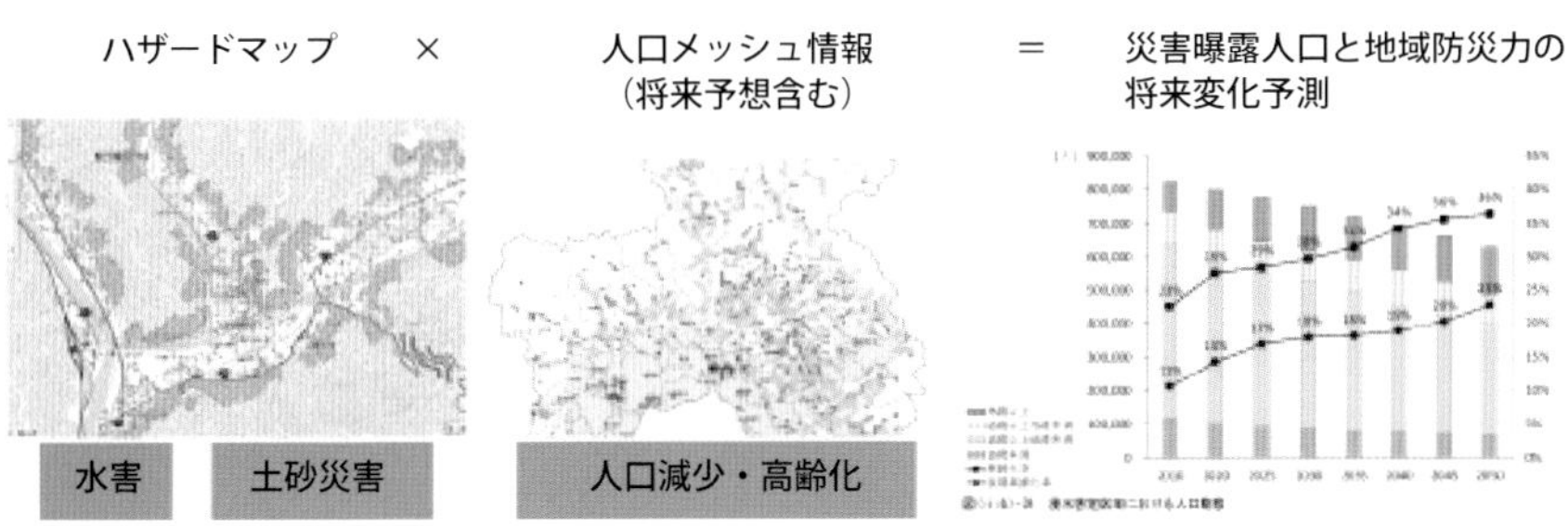

図4　災害曝露人口と地域防災力の将来予測

《参考文献》

（1）原田守啓・丸谷靖幸・伊東瑠衣・石崎紀子・川瀬宏明・大楽浩司・佐々木秀孝「JRA-

55 再解析データのダウンスケーリング実験における地形モデル選択が洪水流出解析に及ぼす影響」『土木学会論文集B1（水工学）』第74巻第5号、I-103〜I-108頁、2018

（2）原田守啓・丸谷靖幸・児島利治・松岡大祐・中川友進・川原慎太郎・荒木文明「アンサンブル気候変動予測データベースを用いた洪水頻度解析による長良川流域の温暖化影響評価」『土木学会論文集B1（水工学）』第74巻第4号、I-181〜I-186頁、2018

03

社会実装のかたち〔防災編３〕鳥取県・茨城県
海辺の安全を考える

静穏な海は、訪れる人々に安らぎを与え、また、海の幸をおすそ分けしてくれる貴重な場所です。一方で、海が荒れたときは、私たちの命や財産を奪う怖い存在となります。海辺を安全で快適な場所とし、なおかつ、海の恵みを失わないためには、海を知り、皆で守ってゆくことが必要です。ここでは、鳥取と茨城の沿岸で行われたＳＩ‐ＣＡＴの検討を交えながら、主に海辺の安全を守ることについて紹介します。

鳥取と茨城の沿岸

ＳＩ‐ＣＡＴでは、ＪＡＭＳＴＥＣ、京都大学防災研究所が海象（海洋流動と波浪）の計算を行い、これを活用して、鳥取と茨城沿岸の海洋流動、波浪、砂浜海岸の現在の姿と将来の変化を分析しました。鳥取県は日本海、茨城県は太平洋に面しており、海の性格はかなり異なります。

鳥取県は約１２９kmの海岸を擁しています。約６割が砂浜であり、この中には全国的に有名な鳥取砂丘海岸も含まれます（**写真１**）。夏季の海は穏やかであることが多いのに対して、冬季には北西〜北の季節風が強く、大時化（しけ）となることがしばしばあります。

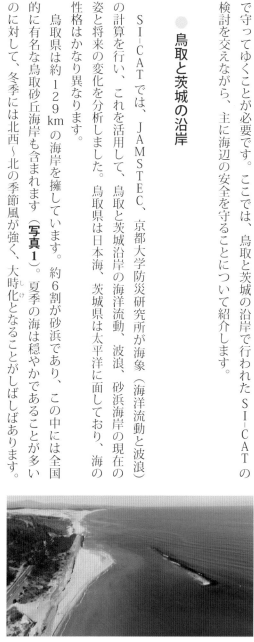

写真１　鳥取砂丘海岸（2016年３月撮影）
奥に見えるのが鳥取砂丘。離岸堤（写真の右側上方の黒い影、斜めの構造物）が波を減衰させ、その背後に砂が貯まっている。砂浜が狭まっている箇所には護岸が設置されている。

近年では、河川から海域へ流出する土砂減少、海辺の開発などにより、侵食で苦慮している海岸が多くあります[1][2]。このことは、日本全国の海岸で発生しています。

茨城県の海岸延長は約194kmです。その南部には長さ約70kmの長大な砂浜、鹿島灘海岸があります。現在は、鹿島港がこの海岸を分断しており、残念ながらその北側では侵食が進み、ヘッドランドにより砂浜を守っています（**写真2**）。茨城沿岸には、夏季から秋季にかけては台風、冬季は低気圧による暴浪（台風や低気圧などにより生じる大きな波）がしばしば襲来します。また、2011年には東日本大震災の発生により沿岸部（市街地、港湾区域など）では、津波と地震による大きな被害がありました。

SI-CATが行われた5年間、毎年1回はメンバーが一同に集まる会合を開催しました。その際に、研究者側および両県の技術担当者で意見を交わし、ニーズとシーズの確認、課題の難しさの認識、今後の自治体における気候変動計画・適応策の考え方の検討を行いました。

海岸法の理念と海岸の管理

海岸法＊に基づき、日本には91の沿岸区分が設定されています。各沿岸区分の海岸管理者（多くは知事・市町村長）は海岸保全基本計画を定め、この中に、防護、環境、利用のそれぞれについて、当面（例えば、30年間）の施策を示します。これらは、例えば、沿岸住民の安全性を向上させるための対策（例：海岸堤防の整備、砂浜の保全）、保全したい自然環境の特定と保全の方針（例：磯場、干潟の保全）、海辺の利用を促進するための取り組み（例：海辺へのアクセス向上）などになります。

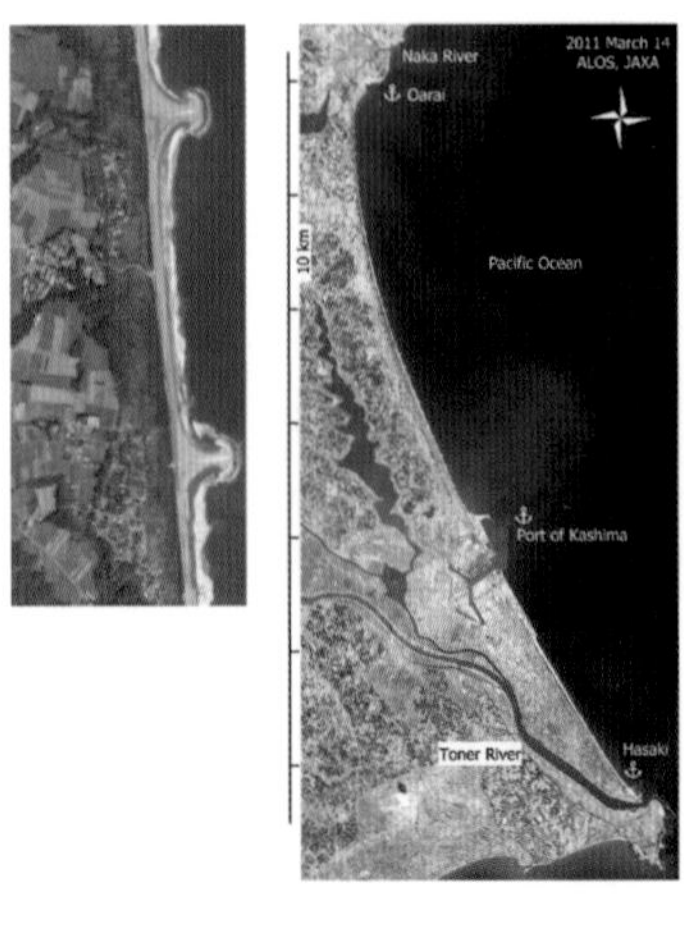

写真2　鹿島灘（写真右）　北端に那珂川と大洗港（茨城港）、中央に鹿島港、南端に利根川と波崎漁港。大洗港から鹿島港の間には、海岸侵食対策とし28のヘッドランドが設置されています（写真左）。

＊海岸法

津波、高潮、波浪その他海水または地盤の変動による被害から海岸を防護するとともに、海岸環境の整備と保全および公衆の海岸の適正な利用を図るための根拠法。

海岸法の理念

海岸保全基本計画は現在と過去の海象記録、策定時点の沿岸域の利用状況などに基づいて策定されます。現時点で、海岸法は、将来の海象と社会の変化を見込んだ計画とすることを求めていません。現在は、ＳＩ-ＣＡＴも含め、さまざまな機会に気候変動下での海象変化が予測され、その影響を評価し、対策を考えるための検討が行われている段階です。これらの議論が成熟した時点で、海岸法に将来の海象変化を見込んだ計画策定の考え方が示されると考えます。

防災に関わる海象

海辺の安全を考える際に検討の対象となるのは、海水位（潮汐変動と長期的な平均海面位置）、波浪、高潮であり、これに加えて津波があります。

海面の高さは潮汐により、時々刻々変動しています。これは太陽‐地球‐月の位置関係により定まるもので、ほぼ正確に予測ができ、将来にわたってもほぼ同じことが生じると理解されています。これに対して、平均的な海水位は、地球の温暖化により上昇することが懸念されています（海面上昇）。これは二つの要因からなります。一つは海水温の上昇による膨張と陸域の氷床融解によるほぼ不可逆的な水位上昇、他方は、海流の季節的、経年的な変動によって生じる海水位の変化で、これには上昇と下降があります。ＳＩ-ＣＡＴでは、後者について、日本沿岸に生じる海洋流動の詳細な検討が行われ、将来に生じうる変化を理解しました。

茨城沿岸では東日本大震災の後に、今後襲来しうる津波の高さの想定検討が行われました。この値と、これまでの観測記録に基づき想定される暴浪の規模を比較したところ、多くの海岸で、暴浪の高さが津波の高さを上回りました。したがって、現在、茨城の海岸にある多くの海岸堤防の高さの設定は暴浪に対応したものです（**写真3**）。将来の海象変化によっては、現在の想定を超える暴浪の襲来により、沿岸域の被害が増加することが懸念されます。SI-CATでは、沿岸に到達する波の高さ、周期、向きについても詳細な検討を行いました。

鳥取沿岸、茨城沿岸はそれぞれ海岸侵食で悩んでいます。砂浜は海辺らしさを象徴するだけでなく、襲来する波を徐々に減衰させるという防災機能も持ち合わせており、その保全は重要な課題です。海岸侵食は、第二次世界大戦後の社会の発展とともに顕在化し、長い年月をかけて進行してきました。その原因については概ね整理がついており、主に流域の開発による河川から海域への土砂供給減少、海域の港湾、構造物などの設置が原因と考えられています。いずれも、原因とされていることは現在の社会活動、経済活動を支える重要な営為で、簡単に解決策を見つけられない点にこの問題の難しさがあります。侵食の対策は、砂が移動する範囲（陸域の流砂系と海域の漂砂系）全体で考える必要があります。しかしながら、実際には局所での対策である海岸構造物（離岸堤、護岸、突堤・ヘッドランドなど）の設置、不足している砂を補給する養浜などがかなりのコストをかけて行われています。将来の気候変動下での河川流量の変化、海水位と海象の変化が砂浜海岸に及ぼす影響については、不明な点が多く残されています。

将来の海象と沿岸の姿は？

SI-CATでは、海象の計算結果（海洋流動と波浪）を県の海岸担当技術者と研究

写真3　海岸堤防の例（茨城県鹿島灘神向寺地区、鹿島港の北側。2019年1月撮影）上：海岸堤防の陸側。海への眺望がなくなる高さに設定されている。嵩上げ工事により、海岸堤防の色合いが違っている。下：海側の様子。海岸堤防の前面には養浜が行われている。遠方にヘッドランドが見える

者で理解し、その後に沿岸に生じる変化について確認するというプロセスで検討を進めました。計算結果は次の手順で分析しました。まず、過去を再現した計算結果（再解析）と観測記録を比較しました。これは、気候変動下の計算（将来予測）も再解析と同じ方程式により行われるので、その信頼性を確認するために必要なステップです。

海洋流動の計算はＪＡＭＳＴＥＣと京都大学が担当しました。まず、ＪＡＭＳＴＥＣが作成した再解析結果＊ＦＯＲＡ＊＊の再現性を確認しました。具体的には、茨城沿岸の潮位記録とＦＯＲＡで計算された海水位を三つの時間スケール、すなわち、年々変動、季節変動、台風・低気圧が接近しているときの変動に分けて比較しました。ＦＯＲＡの計算結果はいずれの時間スケールにおいても観測結果を良好に再現しており、両県の技術者の十分な納得を得ました。京都大学は、ＦＯＲＡの計算結果を使用したダウンスケーリング計算（空間解像度が10kmから670mに、時間解像度が1日から1時間に向上）により、沿岸の浅い領域の流動を詳細に再現しました。茨城沿岸では２００６年10月に大きな低気圧が沿岸を北上し、既往最大の潮位偏差を記録しました。**図1**に低気圧通過に伴う水位上昇の再現結果を示します。この計算では、水深約20mの地点で2m/sにも達する大きな流速があったことも再現されており、この低気圧通過に伴い生じた鹿島灘の大規模な海岸侵食の一因となったことが考えられます。ダウンスケーリング計算により、今までは知ることのできなかった海洋流動の姿が見えるようになりました。

波浪の計算は京都大学が行いました。ＪＲＡ55という気象庁が作成した大気運動の再解析結果を用いＪＲＡ55Ｗａｖｅ(4)という波浪情報（波高、周期、波向）のデータセットが作成されました。海洋流動と同様、まず、過去の再現性を、年々変動、季節変動、

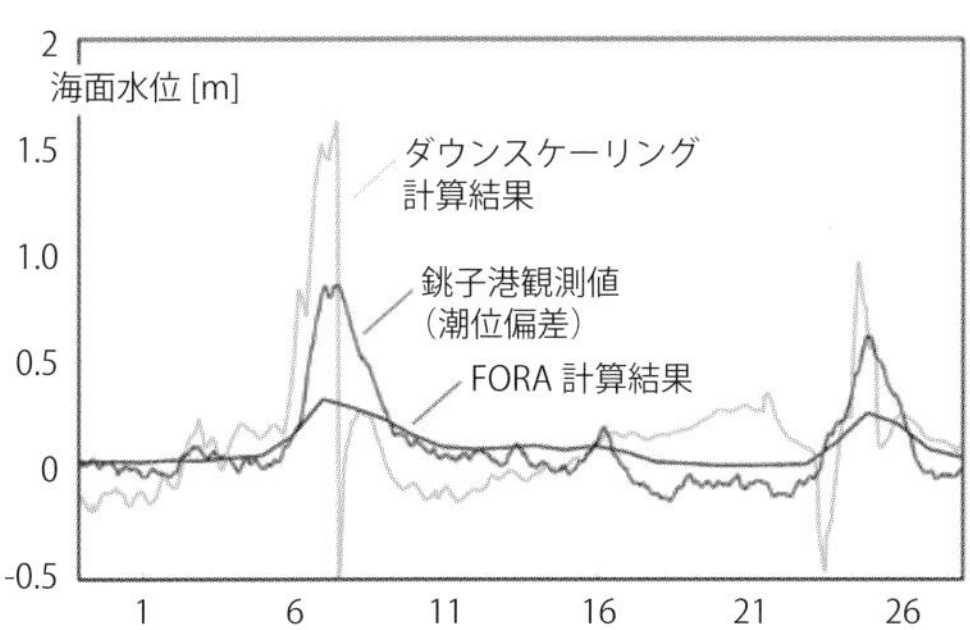

図1　低気圧通過時の水位変化
（計算結果と銚子漁港観測結果の比較）

＊再解析結果
過去の大気や海洋場の変化を、観測データと数値モデルを使って計算機で再現した結果。数値モデルは、将来の変動を予測する際にも使用される。

＊＊ＦＯＲＡ(3)
北西太平洋海洋長期再解析データセット。日本周辺の約30年にわたる海洋環境を水平解像度０・１度（約10km）という高分解能で再現。

暴浪時の変動の三つの時間スケールで検討し、観測結果を良好に再現できることが確認されました。

砂浜の変動については、鳥取砂丘海岸、浦富海岸（鳥取沿岸）、鹿島灘南部において詳細な検討を行いました。それぞれの海岸で、異なる手法を用い、また、ＪＡＭＳＴＥＣと京都大学により計算された海象データを用い、近年に観測された海岸地形の変化を再現しました。いずれの検討結果も、砂浜の変動を概ね再現できるものでした。海岸地形データが取得される頻度は、多い場合で年に数回、ほとんどの海岸では年に1回程度です。検討で使用されたデータは、海象データが日々の情報であるのに対して、海岸地形データが取得される頻度はかなり低く、海象に比較すると検討の精緻さが劣ることに注意が必要です。

以上の現況の海象と砂浜の変動が分析された後、将来の検討に移りました。さまざまな検討が行われ、以下には代表的な結果について紹介します。

（**海洋流動**）鳥取県の境港付近の海水位（日平均値）の頻度をＲＣＰ８・５シナリオの下で調べたところ、現在よりも約０・２ｍ高い海水位が観測される日が約5％増加する可能性が示されました。これは、対馬暖流の日本海への流入パターンが変化することによるものです。

（**波浪**）茨城県の鹿島港付近の将来の波浪をＲＣＰ８・５シナリオの下で調べたところ、現在に比べて、大半の方角からの入射波エネルギーが減少する可能性が示されました（**図2**）。これは、この地点に到達する台風の数が減少すること、大気循環のパターンが変わり、低気圧に由来する波が減ることなどによります。この場合、既存の海岸堤

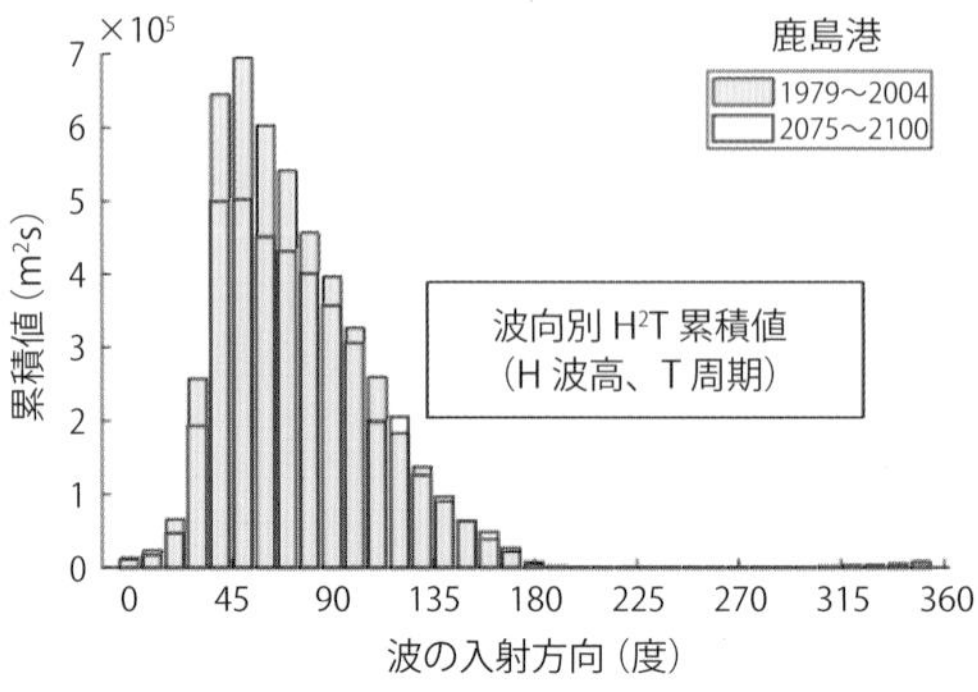

図2　波エネルギーの入射方向別の変化
（茨城県鹿島港付近）

防、護岸などを適切に維持修繕して沿岸の防災に対応することが肝心となります。（砂浜）鳥取砂丘海岸の汀線（水際）位置の将来変化をＲＣＰ８・５シナリオの下で予測したところ、波浪の変化（波高、周期、波向）によりもたらされる変動に比較して、海面上昇による一方的な後退がかなり大きくなる可能性が示されました。これは、次節に説明するように、有効な侵食対策が限られている現状を考えると、かなり悲観的にならざるを得ない結果となりました。

沿岸防災と気候変動適応

水に関わる防災では、人間活動が行われている区域に浸水を生じさせないことが一つの目標になります。沿岸では、高波、高潮、津波（イベント）により海水が陸域に上がってくることを防ぎます。そのためには、これらにより生じ得る浸水の程度を定め、必要な対策の規模（海岸堤防、護岸などの防災施設の計画高さ）を定めます。これは、海水位、高波、高潮、津波に関する十分な期間の観測記録を入手し、統計解析により超過確率*を求めることが理想的です。社会にとって重要な地域では、稀に生じる大きな規模のイベントに対処できることが必要です。

海岸堤防は越波、津波の浸入を防ぐための施設です。これを高く設定することにより規模の大きいイベントに対応することが可能となりますが、一方で日常的には海への眺望が妨げられ、また、海辺の利用が難しくなります。両者の兼ね合いは、地先の住民と周辺の関係者で合意を得て定めることになります。気候変動により、海水位が上昇し、大きな波の襲来が増えた場合、海岸堤防をより高くすることで対処が可能です。この場

＊超過確率
防災上、重要となる量（例えば、波高、降雨量等）の観測記録の解析を行い、ある値が平均的に何年毎に観られるかを分析する確率的な考え方。

合、観測記録を蓄積し、海岸構造物のライフサイクル、維持修繕のコストなどを交えてその規模を検討することが必要になります。すでにこの考え方に関する議論は始まっており、順応的管理＊というコンセプトで対応してゆくことがコンセンサスとなっています。

一方、侵食対策についてはは残念ながら良いアイデアがありません。海面上昇が現実のものとなると、水際位置が砂浜の傾斜に沿って上昇（幾何学的な後退）するのに加え、砂浜自体の形が上昇した海面位置に合わせた変形をすることにより、海岸侵食が一段と進むと予測されています(5)。現状の局所的な対応（海岸構造物の設置、養浜(6)）は非常にコストが高く、これを一層推し進め継続することについては、関係者の間で疑問が持たれています。抜本的な策は、流域と海域の土砂移動の連続性を確保することですが、これにはさまざまな要素技術の開発、さまざまなセクター間の連携が必要です。また、実施できた場合にも、効果が現れるまでに長い時間がかかることが予想され、非常にチャレンジングな課題です。

（武若　聡）

＊順応的管理
計画、想定、未来予測には不確実な点があることを認め、順次対応していくという考え方。このために継続的なモニタリングを行い、その度の評価結果に応じて計画を柔軟に見直していく。

《参考文献》

（1）安本善征・宇多高明・松原雄平・佐藤愼司「鳥取沿岸の総合的な土砂管理ガイドラインの策定と実施」『海洋開発論文集』第22巻、４１５～４２０頁、２００６
（2）安本善征・宇多高明・松原雄平「鳥取沿岸の侵食実態と総合的な土砂管理の検討―千代川右岸流砂系の例」『海岸工学論文集』第53巻、６４１～６４５頁、２００６
（3）北西太平洋海洋長期再解析データセットＦＯＲＡ-ＷＮＰ30

http://synthesis.jamstec.go.jp/FORA/
（４）澁谷容子・田口裕也・森信人・志村智也「JRA－55－waveによる汀線の再現計算と気候変動に伴う影響評価―鳥取砂丘海岸への適応」『土木学会論文集B3（海洋開発）』第75巻、２０１９
（５）有働恵子・武田百合子「海面上昇による全国の砂浜消失将来予測における不確実性評価」『土木学会論文集G（環境）』第70巻、Ｉ-１０１～Ｉ-１１０頁、２０１４
（６）栗山善昭『海浜変形―実態、予測、そして対策』技報堂出版、全１５７頁、２００６

04 社会実装のかたち〔防災編４〕四国地方
災害常襲地帯四国での自治体との協働

●四国の河川はどのような災害に悩まされてきたのか？

四国の中心を流れる吉野川は、古くは「四国三郎」と呼ばれ暴れ川として恐れられていました。太平洋から流れてきた雨雲が吉野川の源流にあたる四国山地にあたり強い雨を降らせるうえに、下流ではあまり雨が降っていないのに突然大きな洪水が来る現象もあり、情報伝達の手段が乏しかった昔は「土佐水」として恐れられていました。対して、四国山地より北側の瀬戸内海側は、山地によって雨雲が遮られ水不足に悩んできました。そのため、雨の多い上流部に早明浦ダムを筆頭に多数の多目的ダムが建設され、洪水を防ぎつつそこから四国山地を貫くトンネルによって水不足に悩む瀬戸内海側の香川県や愛媛県東部に水を供給するプロジェクト「吉野川総合開発」が昭和30年代（１９５５～１９６４）から進められました。これにより、多くの洪水被害が防がれるとともに、渇水も緩和されることが期待されました。

しかし、早明浦ダムでは運用開始直後から計画規模を超えるような洪水が発生したり、逆に長期の渇水でダムの底が見えるまで水位が低下するなど苦闘が続いています。また２００５年には4月以降少雨が続き、ダムの貯水量がほぼなくなる状況になりましたが、９月の台風14号によってダムが一気に満杯になるほどの大洪水が発生しました。もしダムの水位が低下していなければ洪水を貯めきれなかったということになります。このように運用が難しい早明浦ダムに代表されるように、吉野川流域は治水面でも利水面でも極めて複雑な状況となっています。（**図１**）

また、四国南部の高知県内の河川も洪水に悩まされてきました。周囲を山地に囲まれ、狭い浦戸湾沿いに市街地が広がる高知平野では、１９９８年の高知豪雨時に、市内で24時間に８００mm以上の降雨を記録し、内水氾濫や東部の国分川で大規模な氾濫が発生しました。また、２０１４年の台風12号では、台風が九州の西の海を通過するのと同時に高知県の上に線状降水帯が発生し、市街地中心部を流れる鏡川では氾濫するぎりぎりのところまで追い込まれました。

土佐湾から高知平野の奥に入り込んでいる浦戸湾沿いの河川は、台風によって太平洋に開けた土佐湾から入り込む高潮にも悩まされています。１９７０年の台風10号では３mもの異常な高潮が発生し、浦戸湾周辺や河口に近い地区には浸水が発生しました。また河川の水位も上がったままになり、より少ない降雨量で洪水になってしまいます。このように、線状降水帯や台風による高潮と洪水など複合災害に悩まされているのが高知平野の河川なのです。

四国の河川は気候変動によってどうなっていくのか

四国において記憶に新しいのが２０１８年の西日本豪雨です。愛媛県の肱川では上流のダムが満杯となり、流入量と同量を放流する特別防災操作（いわゆる緊急放流）を

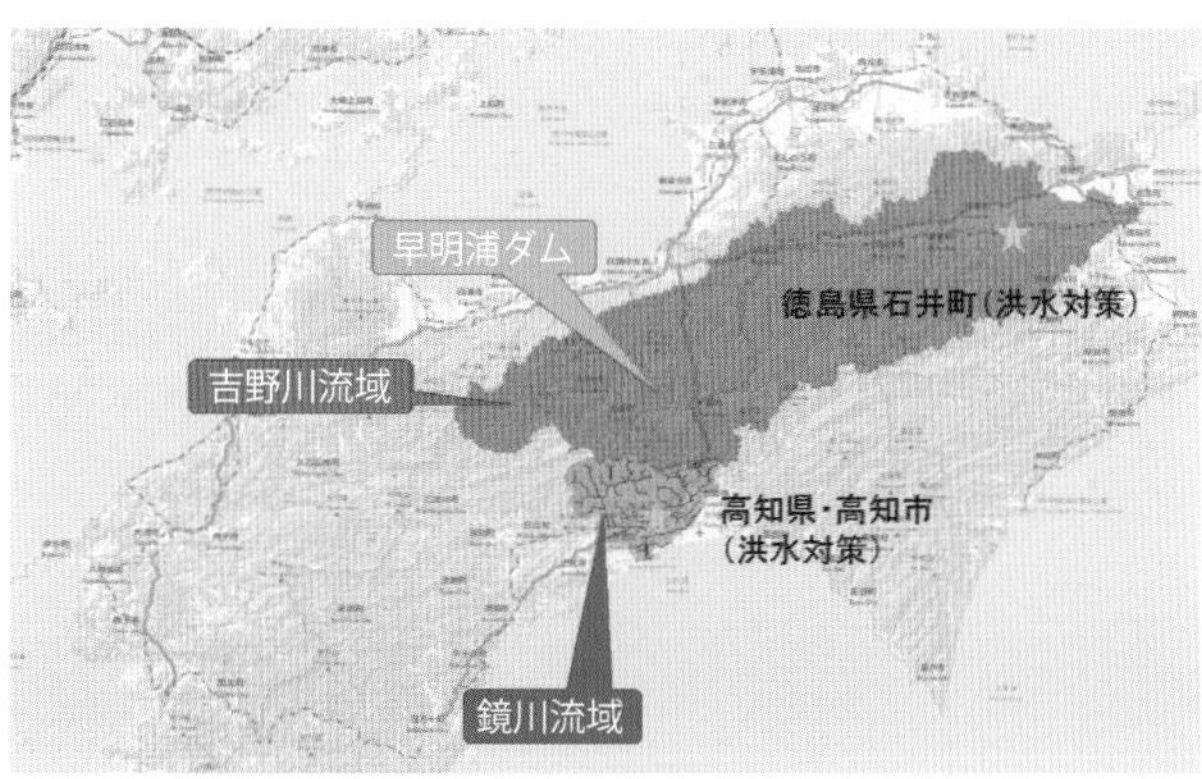

図１　四国における対象自治体と河川

実行せざるを得ず、大きな洪水被害が発生しました。高知県でも従前から強い雨が集中する四国山地の魚梁瀬で、日本全国でも上位になるような降雨が記録されました。では、四国山地の多雨地帯を源流にする吉野川や鏡川ではどうだったのでしょうか。高知市内の市街地では1時間降水量77mmの雨でも排水できるポンプ場があり、過去に経験した洪水に比べれば全体として降雨量が少なかったこともあり、大きな洪水被害を避けることができました。また吉野川でも流域の一部で強い降雨が発生したものの、台風時と異なる中下流域での降雨が少なく、大きな洪水被害には到りませんでした。

これは、過去に大規模な洪水を経験してきたことで備えが強化されつつあることの現れと言えるでしょう。逆に言えば、過去に経験した最悪規模の降雨や洪水が、気候変動によって規模が拡大して再度発生したら、これまでの備えでは十分ではなく、大きな洪水被害が発生し得るということになります。

また、ダムの運用についても、普段の降雨日数が減少するなど振れ幅が大きくなれば、渇水と洪水の両面で悩まされることになります。さらに、高潮などとの複合災害についても台風の強大化により、より複雑な現象になることが予想されます。

気候変動に立ち向かう適応策を支えるつながり

高知工科大学は、10年前から四国4県、国土交通省、関連市町村と連携して、SI-CATの前身であるRECCAの枠組みなども活用しながら四国、吉野川流域に及ぶ気候変動の影響や洪水・渇水リスクの将来予測を行い、市民との対話などを通じて気候変動適応策に取り組んできました。SI-CATが開始されてからは、徳島県石井町および高知県・高知市とは防災関連の協議会を設置して、気候変動の影響予測とともに適応策の検討を実施し、防災政策立案に具体的に貢献してきました。（**図2**）

高知市は前述したように水害リスクが高く、徳島県石井町は吉野川下流の低平地にあり、内水氾濫が頻発しており、吉野川本川からの氾濫では大きな洪水被害が発生することが懸念されています。この二つの自治体とともに、後述するように気候変動下での自治体の防災政策の立案には、洪水規模の想定や実行可能な洪水対策などの課題があり、それらを克服したうえで、具体的な気候変動適応策としての防災政策を立案する取り組みを実施しています。

水防災政策は気候変動に立ち向かえるものだったのか？

従来の河川防災の考え方ではどのように洪水の規模を推定するのでしょうか。まず、過去の洪水の記録に基づき数十年から２００年に一度発生する可能性のある規模の降雨量を推定します。次に、過去の洪水で流域内の雨量の時間変化から河川流量を再現する数値計算モデルを設定して、その規模の降雨で河川を流れる水量を推定します。これが基本高水流量と言われる値であり、上流のダムで洪水調整を行ったあと、下流の河川に流す流量を計画高水流量といいます。しかし、ここで想定した洪水規模に対してダムや堤防の河川改修を行うことは現実的には困難であり、例えば当面30年程度の間に実施する河川改修の内容を河川整備計画として定める二段構えとなっています。河川整備計画では、戦後最大の洪水に備える、などとされることが多く、また、河川整備計画に記載された堤防などの整備も達成するには長い時間が必要となります。

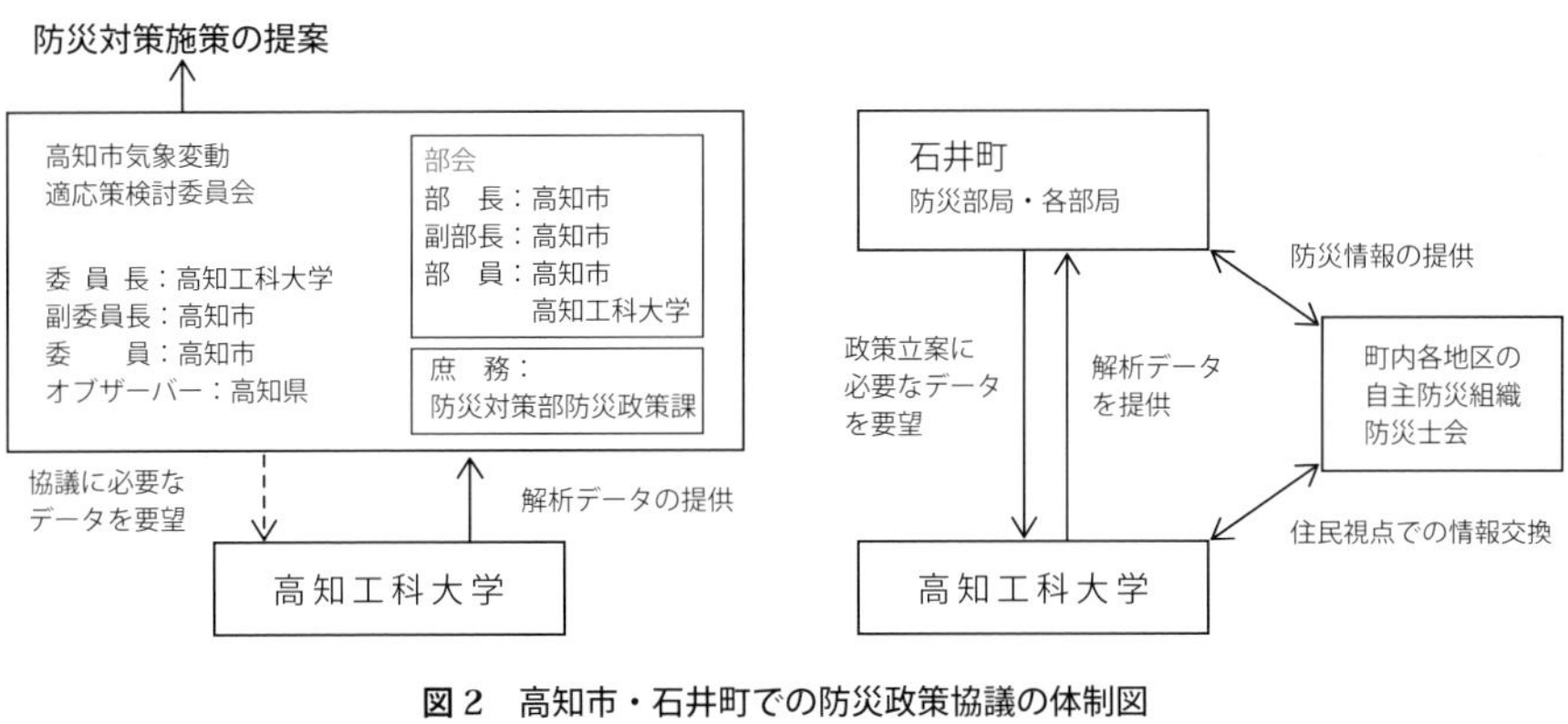

図２　高知市・石井町での防災政策協議の体制図

河川管理者である国や都道府県などは、現状のダムや堤防などの整備状況のなかで、仮に数十年から200年に一度発生する可能性のある洪水が発生し堤防が決壊した場合、河川流域がどの程度浸水するのかを地図で示す洪水浸水想定区域図を作成して、市民を守る義務のある市町村に情報提供します。市町村は、この洪水浸水想定区域図に避難に必要な情報（避難場所など）を加えたハザードマップを作成し、広く市民に公表するとともに地域防災計画を立案します。

市町村の防災担当者は、ダムや堤防などのハード整備で防ぎ切れずに発生した洪水に対しても、河川管理者が作成した浸水想定を踏まえて防災を考えますが、その洪水被害を最小限にし、何よりも市民の生命を守る必要があります。なお、これらの計画を検討する際には気候変動による洪水規模の拡大は考慮されていません。ゴールが逃げるように災害規模が拡大するなかで、ハード整備だけでは追いつけず、行政主導でも対応できない領域では、残余のリスクがあり、市民の自助共助の重要性が増します。（**図3**）

想定最大の降雨に対応する防災のあり方とは？

気候変動の影響を考慮する前に、突きつけられている課題があります。それは、2015年に国土交通省から発表された防災・減災の考え方の見直しと水防法*の改正でした。2011年の東日本大震災や、2015年の鬼怒川での洪水被害をはじめ、国内で頻発する想定を超える災害に対応するため、国から出された対策です。これまでの河川整備基本方針が前提としていた数十年から200年に一度発生する可能性のある洪水に対応するだけではなく、想定される最大の降雨量と洪水に対応することが求め

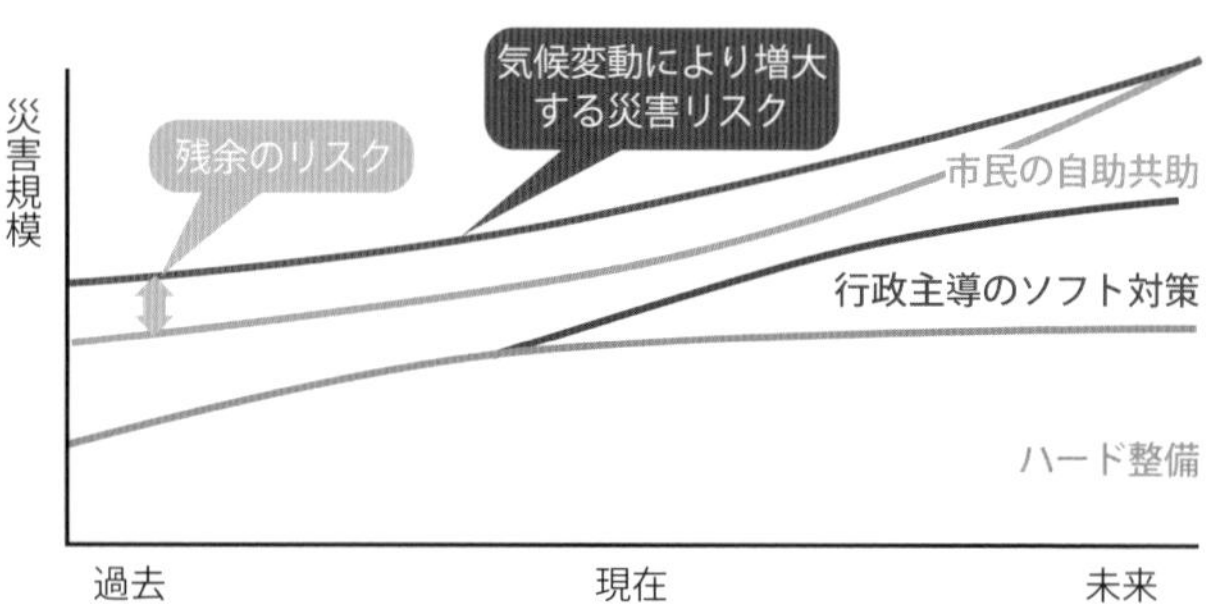

図3　悪化する洪水被害と行政主導のハード・ソフト対策の関係

＊水防法
洪水または高潮による水災害の発生を防止もしくは軽減し、公共の安全を保持することを目的として制定された法律のこと。

られたのです。これに応じて、暫定的にその周辺地域の最大降雨、あるいは、１０００年に一度の降雨によって発生する洪水を想定した洪水浸水想定区域図が河川管理者から公表されました。つまり、これまで以上にダムや堤防などのハード整備で防ぎ切れない被害に対応する必要が生まれたと言えます。

さらに国は２０１９年に「気候変動を踏まえた治水計画のあり方」という提言をまとめ、気候変動予測モデルを参考に、降雨量の拡大を指摘しつつ、気候変動による降雨量の増大を考慮した河川計画の見直しを求めました。より大きな洪水への具体的なハードでの対策については、新規整備する構造物については手戻りなく能力向上できる構造にすることを提案しています。しかし、すぐに結果が得られる施策ではなく、現状での整備水準を超える洪水に対して、市民の命を守る方策を考える必要があります。

地方自治体に突きつけられた問題

地方自治体の責任は重くなったと言えます。市民の生命を守るために、避難に関わる指示は市町村長が判断する必要がありますが、想定最大の降雨に対応するということは、これまでとどのように違った状況になったのか、を考えるということにもなります。

ＳＩ-ＣＡＴで連携を行っている石井町にとって、国土交通省が公開した想定最大降雨での洪水浸水想定区域図は衝撃的なものでした（**図４**）。これまでは１５０年に一度の洪水で吉野川が氾濫した場合の浸水想定区域図を前提に防災対策を立案し、現実的には数年に一度発生する降雨が町内に溜まることで起きる内水氾濫に対応してきました。しかし、防災・減災の考え方の見直しにより作成された新たな浸水想定区域図では、石

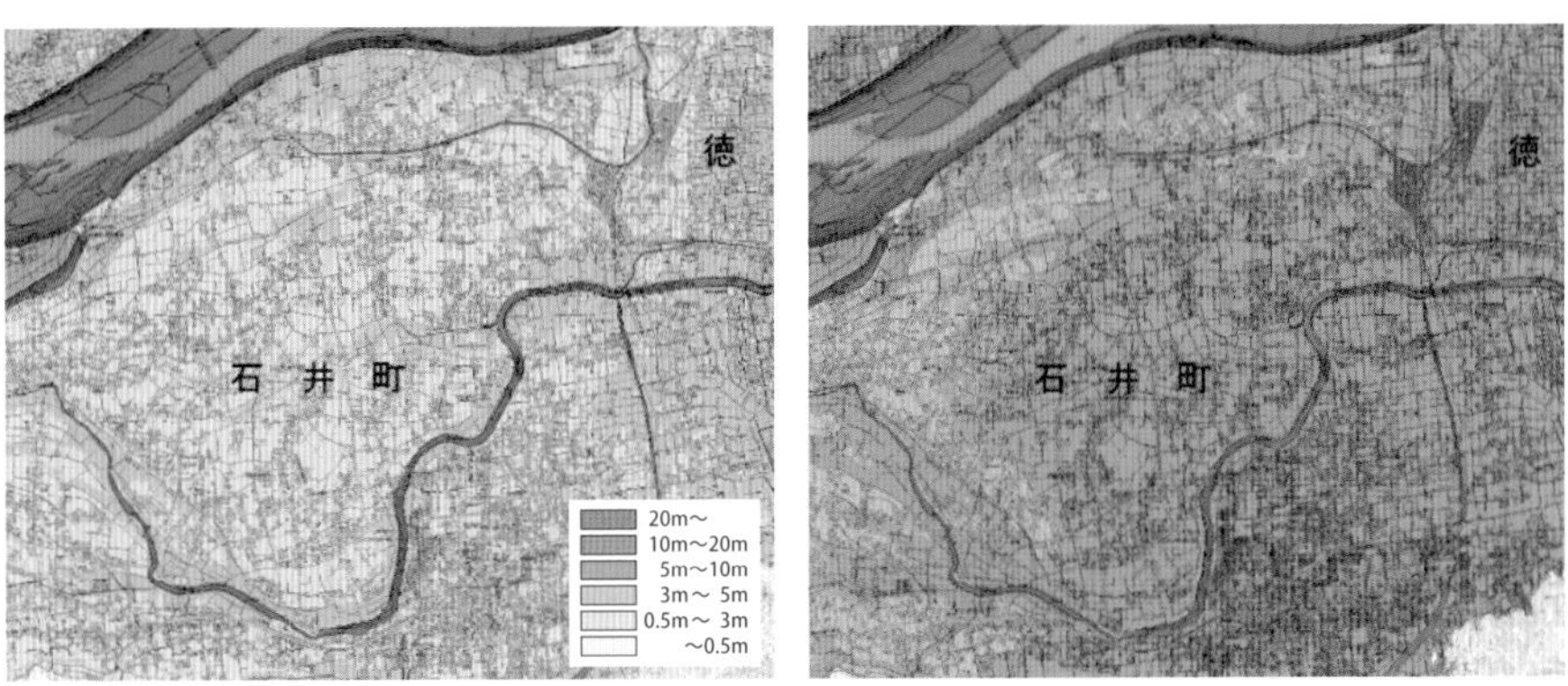

図４　従来の150年に一度の計画規模（左）と想定最大規模洪水（右）

井町の全域が数ｍの深さで浸水し、自治体が指定している避難所を含む全域が危険エリアとなってしまったのです。周辺丘陵地も地滑り地帯であり、避難所になる施設も少なく避難できません。もはや町内に逃げる場所が存在しない、という状況になったのです。

ハザードマップの特徴と課題

ハザードマップの元になっている洪水浸水想定区域図は、洪水時にいずれかの場所で堤防が決壊したときに、堤内地（市民が居住している地域）に流入する河川水により浸水する区域とその深さを表します。しかし、堤防がどこで決壊するかわからないので多数の場所でのケースで決壊を想定し、そのすべてのケースの最大浸水深を重ね合わせたものとなっています。つまり起きうる最大の浸水あるいは被害を表現しており、市民が自分の住む区域の危険度がわかります。しかし、洪水による氾濫で実際に河川水がどのような速度と水深で流れ込んでくるかなど、避難誘導などを考えるための情報は不十分です。

防災・減災の考え方の見直しにより想定最大規模降雨での洪水浸水想定を公開することになり、最悪の洪水でも安全な避難所を指定するなどの対応が可能となります。しかしこの想定最大規模降雨は、これまでの１５０年に一度発生する降雨の約2倍と、従来の想定とは隔絶したものであったため、これまでの防災の考え方の延長上で考えることができなくなりました。例えば、従来であれば危険な場所の情報さえあれば、あらかじめ避難所への避難を指示することで危険から市民を守ることができました。しかし、全域が危険となれば、河川のどの場所の堤防が決壊したときに、どのように河川水が堤内地に流れ込んでくるのかを把握して、避難方法や避難経路、タイミングを考える必要があります。

つまり、単に想定する洪水の規模が大きくなっただけのことではなく、市町村としての対応方法や防災の考え方も想定する洪水の規模とともに変えていく必要性が生じてきたと言えます。

気候変動による降雨と洪水の変化をどう評価するか

市民の命を守るために重要となる想定最大規模降雨については、現在気候での最大降雨を意味することになります。対して、治水計画で重要となる何十年に一度といった降雨の規模についてや、最大規模降雨が気候変動によってどう変化するかについては、並行して分析する必要があります。流域スケールでの気候変動適応としての水防災を考えるには、流域スケールでのリスク評価に利用可能な気候変動予測データが必要です。**図５**は、適応策としての防災政策や、気候変動予測モデルや影響評価モデルとしての水文モデルに必要な空間解像度を表したものです。

世界中の研究機関が研究を進めている気候変動予測モデルは、地球規模でのシミュレーションを行う全球気候モデル（ＧＣＭ）と言われ、数百km単位のメッシュとなっています。これでは空間解像度が粗いため、地域に災害をもたらす気象現象を再現できず、統計的ダウンスケーリング（ＳＤＳ）や地域気候モデル（ＲＣＭ）を使ってより詳細な現象を再現する力学的ダウンスケーリングといった手法で、地域スケールでの解像度に補正することが重要となります。前者はＧＣＭである発生確率だった降雨のデータを、

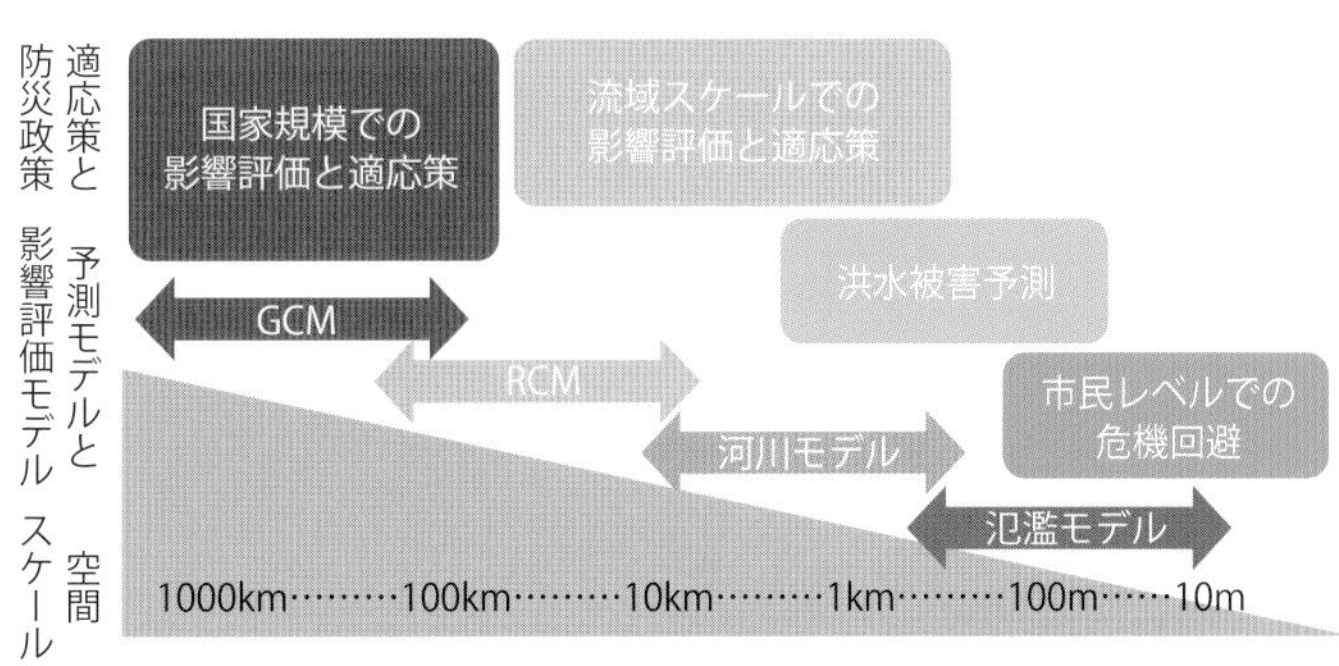

図５　気候変動予測モデル・影響評価モデルと適応策・防災政策

地上観測点で同じ発生確率だった雨量に置き換えるというしくみです。各地点での月雨量や年雨量は観測データとＳＤＳで補正された予測データで合わせているため、長期の雨量を基準に分析する河川流況なども再現が可能であり水資源管理にも寄与します。対してＲＣＭでは再度の補正を行わないと流況分析は難しくなります。また、洪水につながる強い降雨が計算結果として表れていたとしても、実際に同じ雨量の現象が発生するという意味ではないため、具体的な洪水の規模を確実に推定できるというわけではありません。そのため、その先の氾濫モデルについても具体的な洪水規模の設定が困難という課題があります。さらに氾濫モデルによって市民の危険回避に寄与するには、道路単位・建物単位でのリスクを可視化する必要があり、解像度を高める必要があります。

そのため、ＲＣＭなどでは、同規模の洪水の頻度がどう増えるか、最大規模の洪水がどう拡大するか、といった相対的な情報を提供することになりました。それと同時に「現状の計画規模の降雨による洪水」と「想定最大規模降雨による洪水」、そして段階的な洪水被害の拡大を分析するため、「その中間レベルでの洪水」の３種類を対象としました。

成果：自治体に貢献できたこととこれから

我々は、高知市に対して、気候変動による降雨規模の拡大の解析に加えて、最大規模の洪水流量を合理的に推定する手法を提案しました。それに基づき、高知市では、計画規模降雨→高知豪雨が市街地を貫く鏡川流域全体で発生した場合→想定最大降雨による洪水の３段階で氾濫シミュレーションを実施しました。さらに、丘陵と防潮堤・河川堤防で囲まれた市街地で大規模な氾濫が発生した場合には、浦戸湾側への長期間の湛水も考えられ、樋門やポンプの操作による効果的な浸水軽減策も検討しました。

また個別の建物や道路が再現できるように高解像度化した氾濫マップを提供し、どの道路が危険かなど、より詳細で市民に近い立場での危険情報を提供することもできました。

石井町では計画規模での水位と、最大規模の洪水が発生した場合に最高水位となる実際の堤防高、その中間の3種類の想定でのシミュレーションを行いました。また複数の破堤点を設定し、破堤点により氾濫域の広がりがどう異なるかを提示しました（**図6**）。吉野川の河川管理者である国が公開した洪水浸水想定区域図では、各破堤地点ごとの最大浸水深を重ねたものでしたが、破堤点や洪水規模を変えて洪水流の挙動がどう変わるかを提示しました。また、町内で複数の河川があり、管理者ごとに別々にハザードマップが公開されましたが、それらの関係性はわかりにくいものとなっています。そこで、実際にそれぞれの河川の洪水の流下時間を考えて、洪水の発生に大きな時間差があることや、雨雲の動きによって、どの河川で洪水が発生するのかというリスクが異なることを共有しました。石井町としては、このデータなども参考に市民や自主防災組織への説明会などを行うことを検討しています。

最終的な目標は、最大規模の降雨であっても市民の命を守ること、そのための自治体の防災政策を立案することです。自治体にとっては、気候変動適応策としての防災政策が国から定められ、研究機関が予測データを公開しても、実際の防災の実務につなげることは困難でした。我々のグループはその両者をつなぐ役割を果たしたと言えるでしょう。

（那須清吾・吉村耕平）

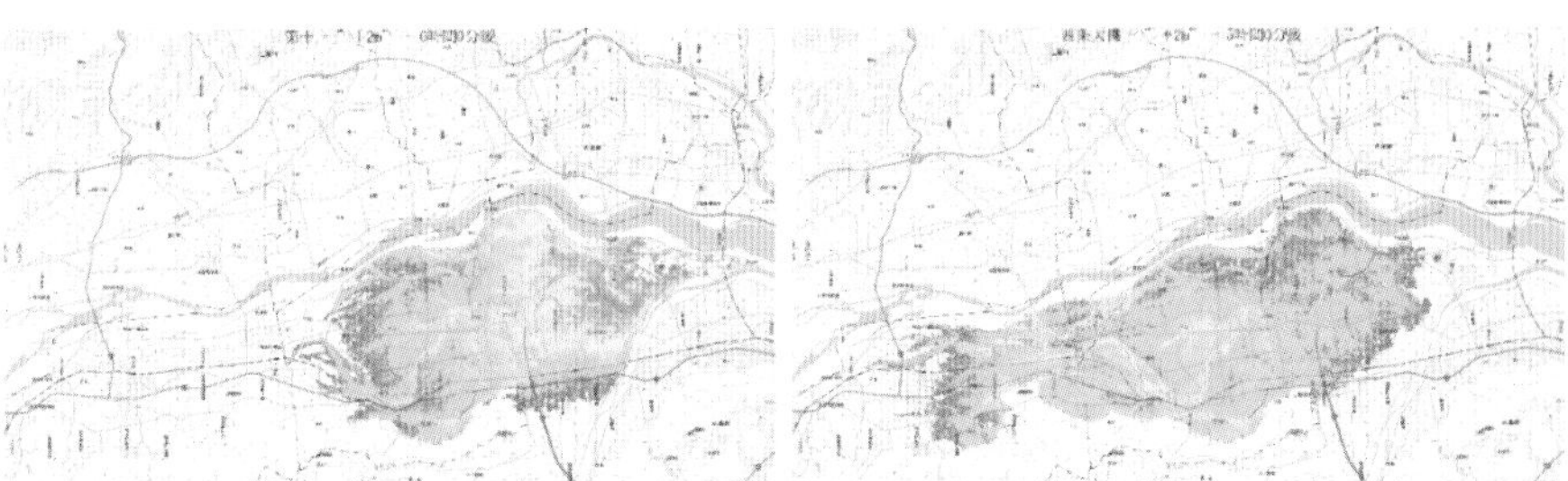

図6　石井町での氾濫解析、破堤点の違いによる浸水域の変化がわかる

05

社会実装のかたち〔防災編5〕佐賀県
気候変動下で激甚化する水・土砂災害に向けた適応策の検討

【その1】人の物語

●事象：1℃の地球温暖化で、何が起こっているか／何が起こったか

佐賀平野は面積約700km²で、佐賀県の総面積の3分の1を占めています（**図1**）。佐賀県の人口の半分である約40万人がここに暮らしています。佐賀平野は河川の土砂が堆積して拡大した沖積平野で、多くの河川が平野内を流れています。また、干満差が最大で6mにもおよぶ有明海がその南側に位置しています。佐賀平野は軟弱地盤で、日本でも有数の地盤沈下地帯であり、海抜ゼロメートル地域も散在しています。したがって、洪水や高潮による氾濫が生じると広域的かつ長期間にわたり浸水が続き被害が大きくなります。実際に、佐賀平野ではこれまでにも大雨に伴う洪水や台風に伴う高潮の氾濫が発生し甚大な被害を被ってきました。近年では、2012年7月と2017年の7月および2019年8月の九州北部豪雨災害のように、九州北部では豪雨の増加傾向がみられ、高潮を引き起こす台風についても温暖化による強大化が懸念されています。有明海湾奥部では、高潮災害を防ぐため計画天端高T.P.+7.5mの強固な海岸堤防が築造さ

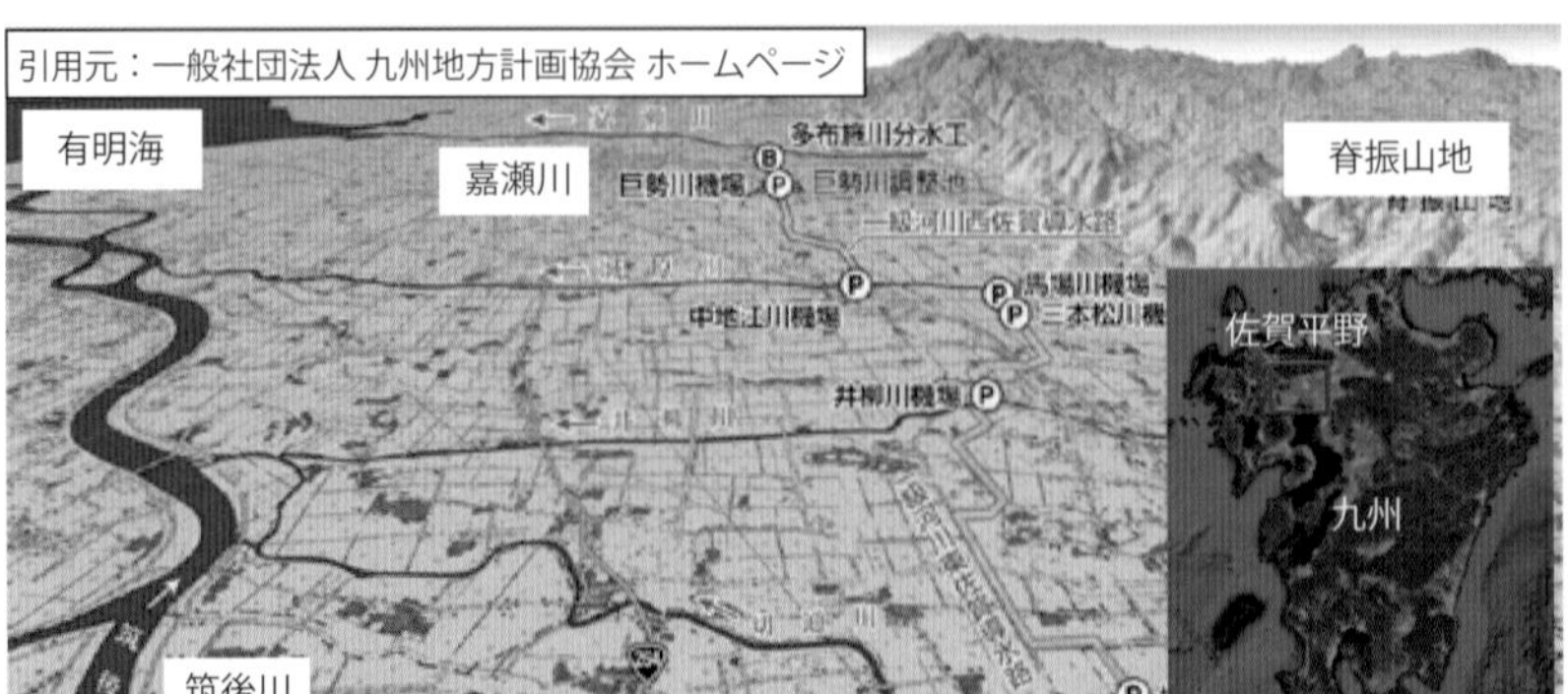

図1　佐賀平野

れ、現在も整備が進められています。さらに、佐賀平野における大規模浸水時の被害最小化を目的として、２００６年に県、市町、民間および国の各機関から構成される「佐賀平野大規模浸水危機管理対策検討会」が設立され、住民避難、河川・道路などの公共土木施設の緊急復旧、住民への情報提供などを各機関が連携して取り組む「佐賀平野大規模浸水危機管理計画」が策定されました。現在も関連するワークショップ、研修会、活動報告会などが毎年継続して開催され、危機管理計画を検証・改定しながら内容の充実が図られています。

行動：人々はどう動いたか。

私たちが所属する九州大学大学院工学研究院附属アジア防災研究センターでは、２００５年から将来気候データ（用語）を利用して、将来の九州沿岸の高潮や波浪の出現特性を研究してきました。しかし、当時は数十年の将来気候データのみが利用可能で、発生頻度が低い極端現象については、精度の不確かさが大きいことから、研究の継続に限界を感じていました。そんな中、２０１２年9月、大型で非常に強い台風16号が鹿児島県や熊本県、長崎県などを暴風域に巻き込み東シナ海を北上しました。台風は有明海から遠く離れた海上を通過したにもかかわらず、有明海湾奥部で１ｍ以上の潮位偏差を観測しました。そこで、この台風が２００km東にずれて通過した場合を想定して高潮を計算しました。その結果、久保田では現行計画の潮位偏差（2・36ｍ）を大幅に上回る３・７ｍの最大潮位偏差が出力されました。この計算結果は２０１４年1月4日に西日本新聞の1面で報道され、佐賀県（元）知事の目に留まり、（当時の海岸事業を所管する）佐賀県農村漁港課の職員が九州大学にヒアリングに来られました。私たちは計算の精度や信頼性を説明するとともに、将来の温暖化に伴う台風の強大化が懸念されるなか、現状においても甚大な高潮災害が発生しうることを示唆する結果であることを伝えました。このようなことが契機となり、２０１５年度からＳＩ-ＣＡＴで佐賀県をモデル自治体として気候変動適応策の社会実装に関する研究を開始しました。

私たちは、佐賀平野における水・土砂災害、特に高潮・洪水災害と地盤災害を対象として、気候変動の影響を評価し、佐賀県と協働で検討して、実効性の高い適応策を提案することを目標としました。高潮・洪水氾濫の検討では適応策の効果が定量的に評価できる高解像で高精度なモデルの開発・改良を行いました。研究の実施にあたっては、まず佐賀県と協議し、**図2**に示す県の要望を把握したうえで、それらに沿って研究を進めました。

私たちは、高精度で汎用性のある成果を上げることを目的として、技術開発機関である海洋開発研究機構（ＪＡＭＳＴＥＣ）と北海道大学の協力を得ながら研究を行いました。ＪＡＭＳＴＥＣからは大規模アンサンブル気候データの提供を含む多くの指導をいただきました。また、北海道大学にはｄ４ＰＤＦをもとに九州周辺の気象データをダウンスケーリングしていただき、台風や降雨などに関する研究交流を行いました。佐賀県では河川砂防課を窓口として、農山漁村課、消防防災課、環境課などとも情報共有を図りました。また、適応策の社会実装に関する検討では、民間企業（コンサルタント）の経験を生かして実効性が高められるように、民間企業とも情報交換、研究協力を行いました。

研究を円滑に推進するため、佐賀県の担当課と研究機関との会合を年に2～3回行い

検討項目①：危険な台風コースの検証
台風がどのようなコースを通った場合が最も危険なのか検証し、適切な水防活動や避難行動に役立てる。
検討項目②：堤防の重要水防箇所の抽出
有明海岸堤防は、計画堤防高に満たない危険箇所が複数存在する。高潮氾濫時にどこから順番にあふれだすのかを明らかにして、重要水防箇所の優先順位づけを行い適切な水防活動や避難行動に役立てる。
検討項目③：旧堤防・有明沿岸道路等の既存施設の効果把握
有明海岸堤防内に隣接する二線堤や有明沿岸道路は、海岸堤防が破堤した場合、高潮を防御する効果があると言われている。既存施設の有効性を定量的に評価することで、保全対策や活用対策に資する。
検討項目④：防潮水門の効果検証・河川と高潮の複合災害を考慮
六角川及び本庄江川等において高潮対策を目的とした防潮水門が整備されている。水門の被害軽減効果の検証をすることで事後評価に資する情報を得る。また、河川と高潮の複合災害を考慮した検討を行う。
検討項目⑤：排水ポンプの効果検証
100か所以上に排水処理場が存在する。浸水後の復旧における排水ポンプの有効性を検証する。
検討項目⑥：L2およびL1規模の台風の高潮氾濫シミュレーションの実施
平成27年の水防法改正により、想定最大規模の高潮の浸水想定区域図の作成が義務づけられた（高潮浸水想定区域図作成の手引き）。手引きに沿った高潮氾濫シミュレーションを実施する。

図2　佐賀県からの要望

ました。そこでは研究機関での研究の進捗状況を報告するとともに、質問、意見、要望などをヒアリングしました。佐賀県、国土交通省九州地方整備局、武雄河川事務所、筑後川河川事務所からは研究に必要な情報、例えば、水深、標高、海岸堤防高、河川堤防高、土地利用などの情報を提供していただきました。２０１７年10月には「佐賀県をモデル自治体とする気候変動適応策の社会実装に関するワークショップ」を佐賀市内で開催し、熊本県、福岡県、福岡大学、水資源機構、民間コンサルなどから約50名以上の方々が参加し、ＳＩ-ＣＡＴ研究に関する情報を共有し、議論しました（**写真１**）。

試練：取り組みのなかでどのような課題、問題に直面したか

九州地方整備局と佐賀県では、例えば１００年に一度発生する頻度の降雨や災害を起こした既往の台風などを対象として、洪水や高潮に伴う浸水範囲や浸水深などを検討してきました。ＳＩ-ＣＡＴ研究を始めた当初は、台風の強大化や海面上昇を考慮した計算結果が佐賀県の想定とかけ離れていたために、自治体側は困惑しているように感じました。非現実的な計算条件は非採用とするなど、極力地方の状況を勘案していただきたいとの要望もありました。この点は自治体での温暖化適応策を検討するうえでの難しさであり、私たちは、いかに妥当な将来の台風を想定するかという課題に直面しました。

同じころ、国土交通省が水防法を改正し、各都道府県において想定最大規模の高潮が発生した場合の高潮浸水想定区域*を指定し、それに基づいて市町村が地域防災計画やハザードマップを作成・活用することを義務づけました。この想定最大規模の高潮の検討は、私たちがｄ４ＰＤＦを利用して計算した高潮よりも大きな高潮を想定するもの

写真１　ワークショップの様子

でした。そこで私たちは、この想定最大規模の高潮とｄ４ＰＤＦで検討した高潮の特性の違い、計算結果の活用法の違い、適応策の社会実装に向けた方針などについて自治体と協議し、方向性を確認しました。

なお、温暖化は台風の強大化のみならず、海面上昇も引き起こします。そこで私たちは、海面上昇量を少しずつ変化させた計算を行い、海面上昇に伴う高潮氾濫域の拡大などを評価し、温暖化に順応的に対応するための情報提供も行いました。計算結果がリアルでないものはなかなか信じてもらえないし、受け入れてもらえないことを意識しながら検討を進めました。

成果：目指したものは得られたか（技術は社会実装されたか）

佐賀県から要望のあった検討項目については、開発した数値モデルを用いて計算した結果をもとに佐賀県と協議しました。佐賀県では洪水・高潮災害に対するハードおよびソフト対策は長年にわたり検討し、実施しています。私たちの計算結果は、県がこれまで検討してきた内容と異なるものの、県の検討の妥当性を裏づけるものでした。各自治体は防災・減災は最重要な課題の一つとして長年にわたり取り組んでいます。温暖化への適応はその延長上にあるものです。温暖化影響を検討した結果が、これまでの検討内容と大幅に異なるものでない限りは、自治体が行ってきた施策をバックアップしながら、必要に応じて温暖化影響に順応的に適応策の実装を推進する方針が適切だと認識しました。

なお、佐賀県では、河川の洪水氾濫時の諸活動に向けたタイムラインはすでに作成さ

＊高潮浸水想定区域
水防法の規定に基づき、高潮氾濫が生じた場合に浸水が想定される区域や浸水深さなどを表示したもの。

れています。一方で、高潮氾濫に対するタイムラインは洪水氾濫に比べて十分に練られたものではありませんでした。SI-CATで使用したd4PDFをベースに5 kmにダウンスケーリングして計算した結果は、台風が接近し、海水位が上昇して危険箇所から越流し、陸上に氾濫が広がる時空間的変動をリアルな動画として作成可能です。また、計算条件として河川・海岸堤防を破堤させる条件を設定すれば、さまざまな条件の高潮氾濫の詳細な時空間データをタイムラインの検討に利用することも可能です。さらに、災害後に氾濫水が時間の経過とともに引いていく様子の時空間的な情報を提供することも可能であり、復旧に向けた諸活動の検討にも利用できます。私たちはこのようなソフト対策に利用可能な計算ツールの開発・改良を行い、情報を提供可能にしました。

展望：引き継がれていく未来

気候変動適応法の施行により、国主導の下で地方単位の協議会（広域協議会）が設置され、本格的な適応策の検討が開始されれば、私たちが実施してきた研究事例が生きてくるのではないかと期待しています。気候変動適応策について自治体と協議し、実効性の高い適応策を立案するには、自治体の要望に応じて地域の社会的、経済的な観点や種々の施策における重要度を考慮しながら多角的な検討が必要です。現在では、数値モデルが有力なツールとして、さらにダウンスケーリング技術を利用して時空間解像度の高い情報を用いて検討することが可能です。しかし、自治体における気候変動への適応をさらに推進するには、各自治体が検討すべきさまざまな適応策のオプションを組み込んで利用可能な、さらに一段進んだ数値モデルを開発し、各種の適応策の評価を可能にして行く必要があると思っています。これからも私たちの専門性を生かし、持続可能な社会の実現に向けて積極的に寄与していきたいと思っています。

【その2】技術の開発・実装物語

目的・目標：何のために何を目指したか

想定最大規模の高潮による浸水域の明示は、高潮災害に対する円滑で迅速な避難などのために水防体制を強化し、住民らの高潮に対する危機意識の向上に寄与することを期待したものです。しかし、最大規模の高潮の発生頻度は不明です。一方、d4PDFでは気温上昇が生じた数千年分の気候データに含まれる数多くの台風データを解析し、台風の発生頻度、強度、コースなどの特性を検討可能です。また、詳細な地形を考慮してダウンスケールされた気象データを用いれば、リアルな高潮氾濫を計算できます。そこで私たちは、水防法で求めている想定最大規模の台風のみならず、ダウンスケールしたいくつかの台風を対象として高精度でリアルな高潮氾濫計算を行うことで影響評価を実施しました。また、各種の適応策を立案し、その効果を定量的に評価することを目指しました。

工程：SI-CATでの実施内容

高潮氾濫計算を行うためのモデルとして非構造格子系の3次元流動モデルを採用しま

した。これは、海域から陸域までを連続して一体的に計算できるメリットがあります。また、海底地形、防波堤、護岸・堤防や陸上構造物などを精度よく考慮することができます。まずは、計算メッシュ（**図3**）を含む入力データを作成し、過去の台風（2012年16号台風）によって生じた高潮の再現計算を行いました。これによって、モデルの再現精度の検証を行いモデルの有用性を確認しました。

　また、**図2**に示した6項目の検討には佐賀平野に整備された水災害のための対策施設（**図4**）の活用も含まれているため、これらの効果を検討するためには数値モデルの改良が必要でした。数値モデルに水門の開閉やポンプ排水などの適応策のオプションを組み込み、リアリティの高い高潮氾濫が計算可能な数値モデルを開発・改良しました。

　次いで、構築した高潮氾濫モデルを用いて、高潮の影響評価および適応策の検討を行いました。その際、外力として用いる台風には、d4PDFから抽出した現在および将来気候における台風それぞれ10ケースを選定しました。なお、選定条件は、佐賀平野に対して危険な経路を通る台風のうち、有明海最接近時の勢力が強いものから上位10ケースとしました。高潮氾濫モデルには、これらの台風外力をダウンスケールし、空間解像度を上げたものを与えました。

　構築した数値モデルを用いて、有明海における現在および将来気候での高潮推算を実施した結果、統計的に有明海の大部分の領域で将来的に生じる高潮偏差が数十cm大きくなることが明らかとなりました。それに伴い佐賀平野を含む有明海湾奥部では、高潮災害への危険性も高まる（浸水範囲が広がり浸水深も深まる）結果となりました。

　さらに、将来気候のもと生じる高潮災害に対して、さまざまな適応策の効果の定量的な検討を行いました。検討内容は、堤防の嵩上げの効果、水門の開閉のタイミングによ

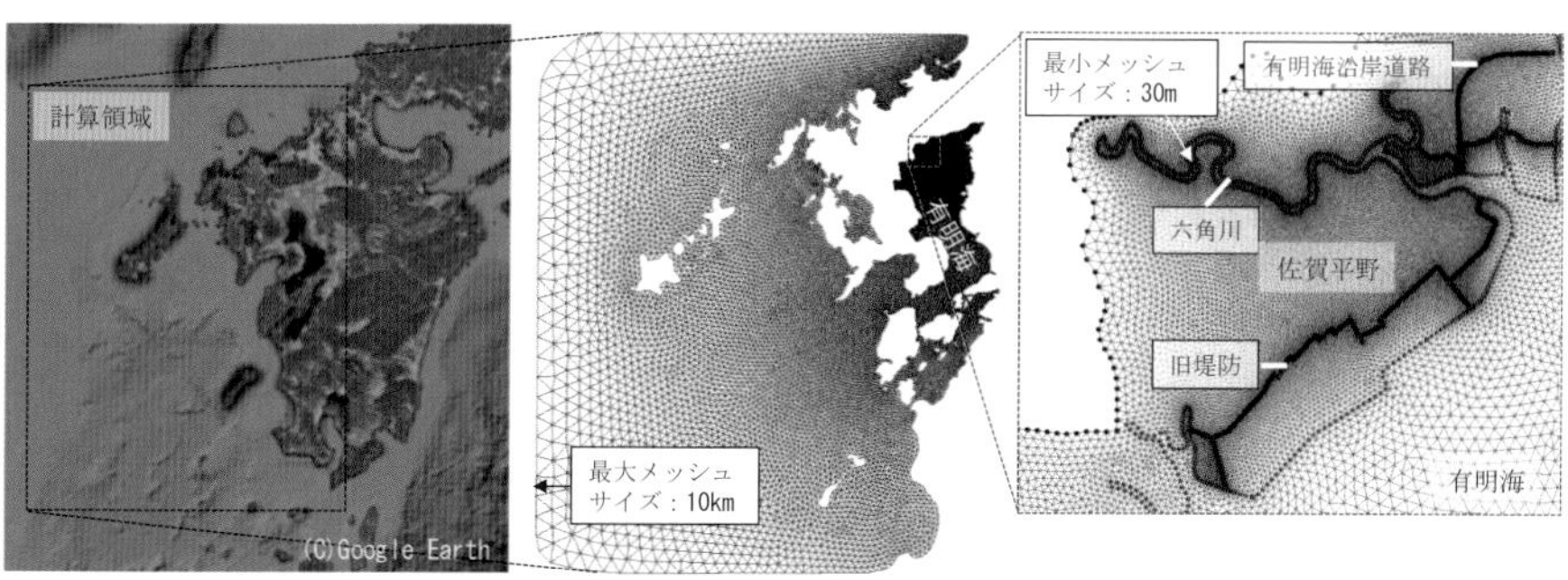

図3　使用した非構造格子系3次元流動モデルの計算メッシュ

る浸水被害の変化、排水ポンプを利用した浸水からの復旧効果および旧堤防・沿岸道路による減災効果などです。これより、県が温暖化後の気候を見据えた今後の防災を考えていくうえで、有益な結果を提示できました。詳細については、第2部21（佐賀平野における高潮災害）で紹介しています。

（橋本典明・井手喜彦）

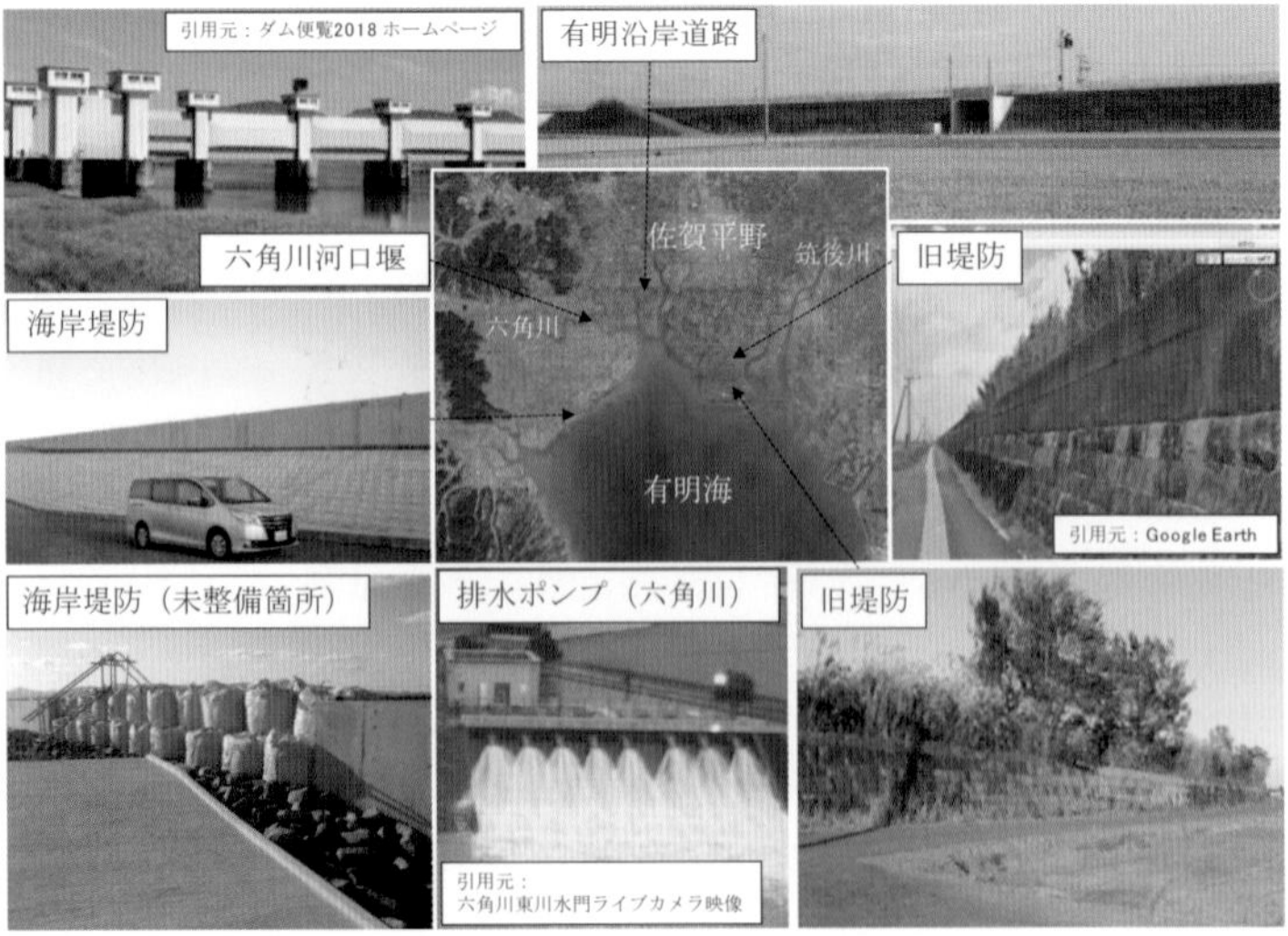

図 4　佐賀平野に整備された水災害のための対策施設

06

社会実装のかたち〔農業・果樹編１〕茨城県
水稲への気候変動影響と適応策

●茨城県における気候変動の影響

① 茨城県の農業

茨城県は日本を代表する農業県です。農家数は全国1位、農業産出額は全国２位（２００８〜２０１６年）です。広大な平野を有しており、農業には適した条件が揃っています。また、リンゴなどの南限、ミカン、お茶などの北限に当たり、多くの作物が生産されています。その中でも、水稲は県の年間約５０００億円の農業産出額のうち作物別では最大となる約18％を占めます。水稲の生産量は全国第5位（２０１７年）を誇り、首都圏に大量供給する生産地として、その気候変動リスクを早期に見定め、持続的で安定的な高品質米の生産を実現しなければなりません。

２０１０年は暑夏でしたが、近隣の埼玉県で主要水稲品種の「彩のかがやき」をはじめ、複数の品種で高温障害である白未熟粒と言われる白く濁った米が多発しました。米は実が育つとき、細胞ごとにデンプンが詰まっていきます。しかし高温などの影響でデンプン合成能力が低下すると、実の中に空気の隙間ができてしまい、白未熟粒となります。白未熟粒の米は精米のときに割れやすく、食感も劣ります。また、未熟粒や被害粒は米の等級の基準になっていることから、等級が落ちれば買い取り価格も下がるため、農家の収入に直結します。

② 茨城県の気候変動政策

茨城県の地球温暖化対策実行計画は、2011年4月に初めて作成された後、2017年3月に改定され、その一部として適応策も計画に盛り込まれました。実行計画において農業分野の適応策に関しては、適応品種の選定、高温耐性技術の開発、病害虫対策などの記載が若干あるものの、具体的な影響予測やデータに基づくものではありませんでした。一方、農業分野では2016年3月に制定された茨城県の農業改革大綱（2016～2020）もありますが、病害虫対策など温暖化に関する記載はあるもののごくわずかです。具体的な施策展開の中で予測データを利用しようとしているのはSI-CATが初めてです。

このように、これまでの茨城県の温暖化実行計画などは汎用的な内容が中心であり、担当部局や現場での運用に委ねられていました。このような段階から適応策の実践事例を積み重ねていくことは、他自治体にとっても参考になるでしょう。

③ 茨城県民の意識

茨城県は2017年3月に地球温暖化対策実行計画を改定するにあたり、2016年8～9月に県民を対象にしたアンケート調査を実施しました（層化二段無作為抽出法*・調査員による個別面接聴取法、有効回答数1093件）。真夏日や大雨の増加、自然災害の増加、熱中症などの健康影響、生態系への影響の順に気候変動を実感してい

＊層化二段無作為抽出法
行政単位（市町村）と地域によって県をいくつかのブロックに分類し（層化）、各層に調査地点を人口に応じて比例配分し、住民基本台帳を利用して（二段）、各地点に一定数のサンプル抽出を行うもの。

るという回答が多かった一方、農産物や水産物の流通時期や流通量の変化は２割ほどの認知にとどまっていました。近年の猛暑や常総市周辺で甚大な被害のあった平成27年９月関東・東北豪雨（２０１５年）など、極端現象が発生しており、気候変動を懸念する声が徐々に増しています。とはいえ、気候変動対策については緩和策に関する設問が大半を占め、適応策に関する個別設問はほとんどなく、防災設備、熱中症対策、作物の品種改良などが県への要望として選択肢にある程度でした。

一方、農業関係者間では、数年前から白未熟粒などの問題が認識されはじめました。とりわけ内陸部である県西地域では夏の平均気温が高く、他県で発生した甚大な水稲の高温障害が茨城県でも起きかねないという危機感がありました。

SI-CAT プロジェクトに参加して

① 過去の実績と教訓

筆者の所属する茨城大学地球変動適応科学研究機関（ICAS、２０２０年度より地球・地域環境共創機構に改組）は、２００６年の設立以来、環境省総合推進費*S-4（２００５～０９年度）、S-8（２０１０～１４年度）のころから日本の温暖化影響を研究しています。約10年間で２０５０年、２１００年といった中長期の都道府県レベルの気候変動影響を評価できるようになりました。しかし、こうした成果を自治体などへ報告した際に、長期的な傾向は理解されるものの市町村レベルかつ数年から10年単位の短中期の影響評価がないと実際の適応策策定には反映しづらいという声をしばしば耳にしました。

＊環境省総合推進費
環境省が必要とする研究テーマを提示して公募を行い、広く産学民官の研究機関から提案を募って実施する環境政策貢献型の競争的研究資金。

② 次なる目標

そこで、SI-CATは市町村レベルの影響評価へと高解像度化を進めること、さらに影響評価と同時に適応評価を組み込んで社会実装につなげることを目指しました。自治体にとって有用な気候変動の農業に対する影響予測と適応策を「適応策パッケージ」として整理し、茨城県農業における温暖化適応計画としてまとめることを初期目標に掲げました。適応策パッケージとは、新しい品種や技術の開発だけでなく、栽培上の工夫、インフラ、公的制度の導入など、ソフトからハードにわたるさまざまな適応策の全体像を示すものです。リスクを示すだけでは注意喚起にはなっても、適応策を実践に移すことができないからです。

③ 実施体制

茨城大学は、茨城県農林水産部・茨城県農業総合センターが保有するデータ・技術情報を収集・整理し、温暖化リスク情報へと翻訳します。農業総合センター、同農業研究所からは茨城県の米の生育データや現場の声を抽出してもらっています（**図1**）。

この連携形態が固まるまでに、双方のニーズとシーズの擦り合せを何度も行いました。米以外の作物についても検討候補が挙がったのですが、①米が県農業の主要作物であること、②農業研究所で長期間、複数地点でのデータの蓄積があったこと、などが決め手となりました。農業研究所は水稲の生育調査を長年にわたって丹念に記録していましたが、十分に活用されておらず、中には電子化されていないものもありました。それらを掘り起こし、時系列の傾向などに整理することが最初の作業でした。その後、行政

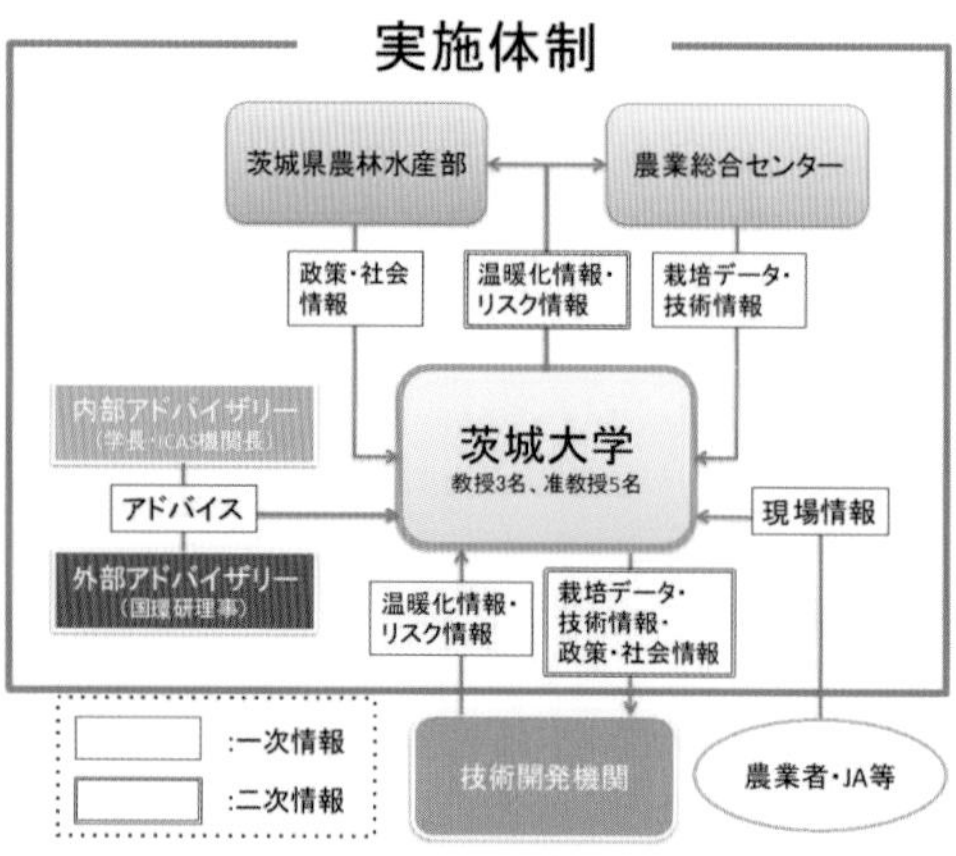

図 1　実施体制

機関以外にもつくば市のJAや生産者との連携も進んでいくことになりましたが、その詳細は後述します。

現場の知見、データを気候変動研究に生かす

まず、提供いただいた生育データと気象データなどを丹念に分析することから始めました。プロジェクト開始から1年ほどの分析の結果、過去の白未熟粒発生率と気温、日射量などに統計的関係を見いだし、影響評価のプロトタイプを開発しました。プロトタイプを初めて提示する際には、現場の人々の感覚に合うかどうか不安でした。計算結果が現場感覚にそぐわない場合には双方の協力関係が揺るぎかねないからです。このプロトタイプを提示したところ、関係者から「やっぱりそうなるよね」という反応を得て安堵しました。ここから影響評価をさらに精緻化するなどの次の段階に進めることができました。

一方、データやリスク情報の公表方法については今なお試行錯誤しています。気候変動に対する不安を煽るだけでは適応行動には結びつきません。相手に応じたデータ公表の仕方があるはずです。そこで、影響評価の結果を行政関係者、農業総合センター、普及指導員などに提示することから始めました。２０１８年夏には農業総合センターの普及指導活動高度化研修で講演を依頼されるなど、少しずつ連携が進んでいます。白未熟粒発生だけでなく、炎天下での農作業への健康影響も話題になるなど、現場の実感や声を拾い上げることもできました。

技術の社会実装に向けて

①白未熟粒発生予測モデルの開発

当初は互いのニーズとシーズが曖昧で雲をつかむような計画でしたが、実際に影響評価の結果が出るとデータの再検証、現場の実感について明瞭な意見が出てきました。大学側から出す情報は一度きりではなく、改良を何度か加えて提示したことで、それがさらに予測精度を上げることにつながりました。最初はある1時点のみの影響予測図を切り出しましたが、政策展開に向けては時系列変化を把握したいという自治体からの要請を受けて、その後も改良を続けています。このようにデータなどを解析し、コシヒカリ、あきたこまちの白未熟粒についての影響評価モデルを構築し検証を行っています（**図2**）。

②生産現場からの適応策の抽出

気候変動リスクを単に示して不安を煽るのではなく、適応策パッケージを同時に提示し、準備していく必要があります。影響評価で2030年、2050年などの中長期の傾向を捉えて心の準備をしておくことと、現状の天候への適応といった短期的な対応には依然としてギャップがあります。本来、百姓は「百の仕事ができる人」と言われるとおり、農業には日々さまざまな作業と工夫が伴います。すなわち、毎日が適応の積み重ねです。シミュレーションで計算可能な適応策は、適応策全体の一部にすぎず、農家の作業体系を変えるまでにはいくつかの段階を踏む必要があります。施肥や水の管理、移植日の変更、高温耐性品種の導入などの適応策パッケージを提示し、実施の容易さ、

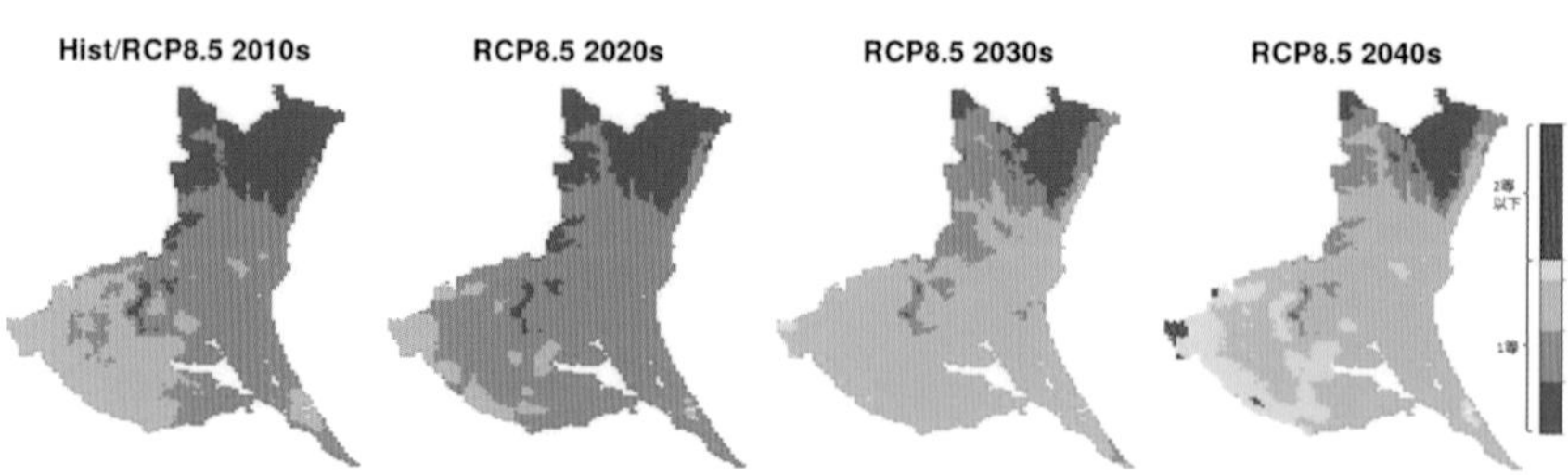

図2　コシヒカリの白未熟粒発生予測

コストなどから、優先順位を検討することが次の課題となります。

そこで影響評価のめどが立ちつつあった２０１７年度より、JAつくば市谷田部と連携して、環境条件、栽培条件の両面から白未熟粒発生のメカニズムの分析を開始しました。当初は、茨城県や農業総合センターを通じて調査に協力してくれる生産者を探しましたが、平等性の担保などの理由から調査先を選定するには至りませんでした。そこで、茨城大学農学部の人脈を使ってJAつくば市谷田部の方々にたどり着きました。統一肥料で10年以上コシヒカリ特別栽培米を生産するグループです。担当者らや農地を管理する生産者との度重なる話し合いや調整、説明を粘り強く行い、複数の生産圃場における温度測定や土壌成分分析などの貴重な圃場環境データを収集しています。

白未熟粒の発生に関わる環境要因として、温度と土壌窒素量が挙げられます。グループに所属する生産者の皆さんと共同で、圃場ごとの地温と土壌成分、稲の登熟の調査を行っています。２年間で十数件の圃場を比較したところ、圃場の地温は外気温と連動し、気象条件が同様な環境でも圃場の地温の平均は１℃ほどのばらつきが観測されました。さらに、同地域の白未熟粒発生率は圃場により大きく異なっており、白未熟粒発生率は平均地温が上がるほど上昇傾向を示すことがわかってきました。実験圃場などでこれまでに明らかにされてきたように、生産圃場においても出穂期の温度条件が品質に影響を与える可能性が高いことが示唆されます。一方、土壌窒素量が多いと白未熟粒発生が低下する傾向が見られ、より詳細なデータを収集、蓄積しています。このように狭い範囲で圃場の温度差が生じる理由、生産者が適応できる条件について継続調査しています。

茨城県は栽培技術の研究も行っています。新品種「ふくまる」の開発はその象徴例です。農業総合センターが「ふさおとめ」と「ひたち20号」を交配して開発し、２０１４

年に品種登録されました。ふくまるは、コシヒカリよりも9日も早く穂がでる早生の品種で、コシヒカリよりも白未熟粒が出にくい品種です。県内の生産量の約8割を占めるコシヒカリと収穫時期が重ならないので、災害のリスクや作業計画を分散することができます。ふくまるは茨城県の県南地域（稲敷市、つくばみらい市、土浦市など）を中心に県内各地で作付けが進み、628 ha（2017年）で栽培されています。このように、影響評価だけでなく、移植日・肥培管理・水管理の変更、高温耐性品種の開発、といった現場で実施可能な適応策を同時に進めていく必要があります。

今後の展望：茨城県地域気候変動適応センターとして

水稲以外の気候変動影響評価は今後の検討課題です。研究開始から3年以上が経過し、ほかの作物の生育データも少しずつ蓄積しています。茨城県は北限と南限が混在している地域であるため、温暖化の進行により新たな作物が栽培できるかもしれません。気候変動を逆手に取った実証実験も自治体から問い合わせがきており、SI-CATの枠組みを超えて検討しています。

さらに、2018年12月に施行された気候変動適応法に基づき、2019年4月より茨城大学は大学として初めて地域気候変動適応センターの機能を担うことになりました。本研究は、大学が自治体と連携して研究した実績例として適応センターの活動報告などでも大きく活用できました。

茨城県地域気候変動適応センターを担当することは、SI-CATや茨城大学の研究成果が社会実装に直結し、ますます社会的な責任を負うことを意味します。多くの地域気候変動適応センターが都道府県の環境政策部局ないしは所管の環境研究所が担当している場合とは一味違った役割や活動が期待されています。市町村に大学生を巻き込んだ調査、研究を計画しているのは大学ならではでしょう。「研究と教育の共進化」を志向しながら、地域社会に貢献する適応策を提案、支援していきます。

（田村　誠）

07

社会実装のかたち〔農業・果樹編 2〕三重県
「未来のこと」ではなく「すでに起きている」今日の問題として現場が一体で取り組んだ温暖化対策

●1℃の地球温暖化で、何が起こっているか

三重県の南端、東紀州地域は、紀伊半島南部に位置し、熊野灘沿岸の温暖な気候を生かした柑橘農業が基幹産業となっています。栽培面積は835haで県内一の産地規模を有し、ウンシュウミカン、カラ、セミノール、サマーフレッシュなどの他産地と差別化できる品種での周年供給（年間を通じて出荷）産地づくりに取り組んでいます。特に極早生ウンシュウミカンでは、全国をリードする産地となっており、「みえ紀南1号（みえの一番星）」などの新品種の普及増産、甘さを増すためのマルチ・ドリップ栽培を推進し、高品質果実の安定生産、安定供給に取り組んでいます。2005年度には県から「三重ブランド」の認定を受け、安全・安心、品質重視の消費者から支持される産地づくりを目指してきました。また、2011年からは、輸出への取り組みを開始し、タイ王国や香港・台湾などの海外を販路とした攻めの生産流通姿勢を持続しています。しかし、近年、ほかの産地と同様、異常高温や豪雨による柑橘作物の生育障害や品質低下が、産地の生産基盤を揺るがしかねない状況になっています。近年でいうと、過去10年以上全国的に異常気象が頻発しています。特に2016年は、日本に上陸する台風が多かった年で、三重県でもその年の収穫に打撃を受けました。また、台風の影響により果実腐

敗が数多く発生し、市場信頼が失墜するなど産地始まって以来の試練の年でした。

また、夏の過度の日照と高温による日焼け果や秋季の降雨による浮皮果の発生が増加してきており、その対策が喫緊の課題となっています。特に「みえ紀南1号」は既存の極早生温州品種よりさらに早熟で品質が高く、9月15日ごろからの販売が可能な品種であり、成長期から成熟期に変わる過渡期がより高温の時期にあたるため、日焼け果の発生が特に懸念されます。日焼け果（**図1**）とは、果面の褐変や壊死が起きた果実であり、単に果実の陽光面が黄色く色あせるだけでなく、ひどくなると果面の褐変や壊死から炭そ病を併発することもあります。こうなると商品性がなくなります。発生の多い園地では生産量の20％程度に至ることもあり、大きな減収要因となっています。

将来、温暖化の進行に伴い、被害の拡大が懸念されます。また、日焼け果の発生状況は年によって大きな差がみられ、猛暑日の多い年に発生が多い傾向があります。近年、温暖化による影響のためか夏場の最高気温が高めに推移することが多く、日焼けの発生が7月下旬からみられるなど、以前では考えられない早い時期に発生する年も出現しています。同産地に限らず三重県各地から、夏季気温の上昇だけでなく、冬季気温の上昇や降雨状況の変化、台風・暴風の頻発などが心配であるという意見が挙がりだし、ついに、2004年に三重県で温暖化対策室が設置され、県内における影響および対策調査が開始されました。

NECソリューションイノベータでは、2012年にJA三重南紀の選果場の刷新のときに、産地の農業者の営農指導を支援するシステムを導入させていただいたことからご縁ができ、JA三重南紀を管轄する三重県の熊野農林事務所が中心となって進めていた気候変動対策に関する勉強会にも参加させていただくようになりました。メディアを通

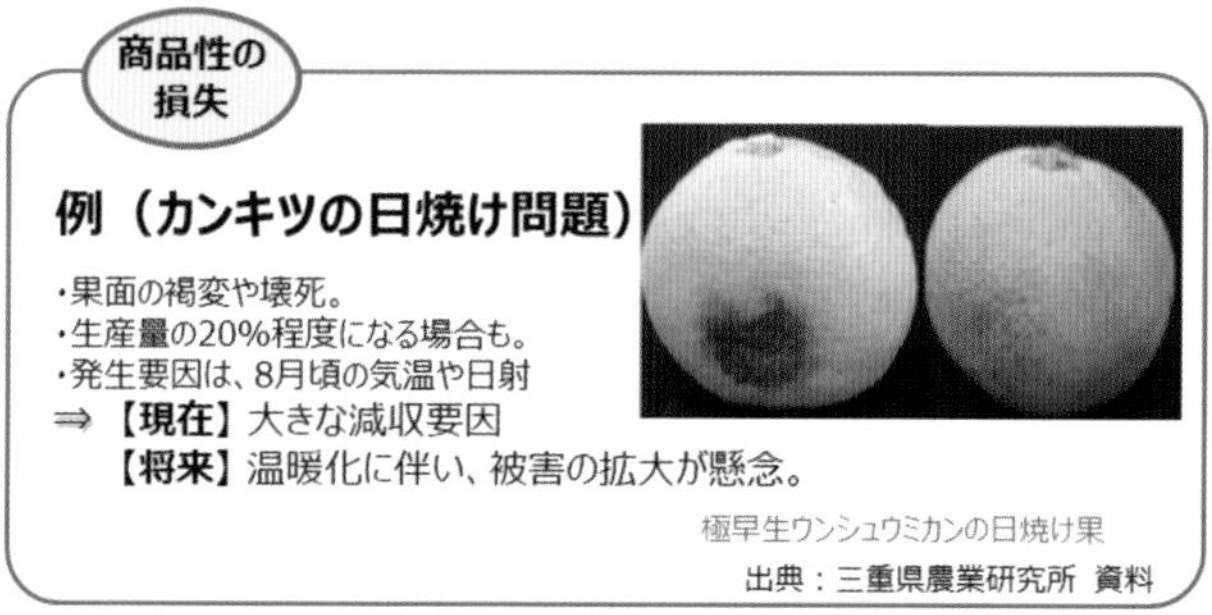

商品性の損失
例（カンキツの日焼け問題）
・果面の褐変や壊死。
・生産量の20%程度になる場合も。
・発生要因は、8月頃の気温や日射
⇒【現在】大きな減収要因
【将来】温暖化に伴い、被害の拡大が懸念。
極早生ウンシュウミカンの日焼け果
出典：三重県農業研究所 資料

図1　日焼け果の例

じて伝えられる気候変動に関する政府間パネル（IPCC）第5次評価報告書によれば、今後も多く温室効果ガスが排出される場合、21世紀末の地球の平均気温は20世紀末に比べ約2・6～4・8℃上昇すると予測されています。果樹栽培は、野菜や米麦と異なり、ひとたび植栽をすると収穫開始まで数年、その後同じ樹木で20～30年の間収穫をしつづけることになります。したがって、作目を決めると変更は容易ではありません。もしも、平均気温の上昇に敏感な品種を選んでしまったら、産地が壊滅的な打撃を受ける可能性は十分あります。そこで、熊野農林事務所やJA三重南紀と私たちで話し合って、産地の温暖化対策を中期的に検討する産地内でのプロジェクトが発足しました。

折しも、文部科学省でSI-CATプログラムが開始されることを知り、発足初年度の2015年度から構成メンバーとして参加させていただけることになりました。現場の実感としては、気候変動問題は、20～30年後に起こる「未来のこと」ではなく、「すでに起きている」今日の問題だということでした。つまり、未来の状況は、いま起きているさまざまな異常な気象状態の頻度がさらに増加し、その程度がさらに極端化すると考えました。そう考えることで、最近、日焼け果が多い、浮皮、腐敗果が増えた、真夏の摘果作業、防除作業がつらくなった、という身近な実感と、地球温暖化という一見すると「遠い未来」のことが、皆の頭の中でつながり、ここでの議論が腹落ちするようになりました。そして、気候変動対策は、全く新しいことを考えるのではなく、これまで行ってきた異常気象に個別に対処してきた対策を組織的かつ体系的に整理し、遂行していくことだという現場の認識になり、それをSI-CATプログラムの目標に据えることになりました。

SI-CATプログラムでは、熊野農林事務所やJA三重南紀に紙書類の形で保存されていた過去の栽培記録を調査し、過去の異常気象とそのときの対策（使用した薬剤の種類や散布時期など）、その対策の結果（効果があったか、なかったか）をまとめていき、電子化していきました（**図２**）。さらに、同プログラムの期間中、試験用の果樹圃場で、日焼け果、浮皮、腐敗果対策を実際に行い、対策を行った対策区と従来の方法で栽培した慣行区それぞれの効果を測定することを行っていきました。対策の効果は、その年の天候に大きく依存するので、実験圃場の近辺に野外で環境をモニタリングしデータ通信ができるフィールドサーバを設置し気象データを計測するようにしました。

具体的には、プロジェクトの初年度は設計と準備を行い、2年目（２０１６年度）から4年目（２０１８年度）まで測定を行ってきました。その3年間の天候は、以下のような状況でした。２０１６年は、梅雨時期の気温の上昇が早く、７～８月の降水量が少ない（干ばつ傾向の）年でした。２０１７年は、果実の肥大期に降水量と日照量が不足し、ミカンにとって厳しい年でした。２０１８年は、4月に気温の高い日が続いたことにより生育が早く進んだのですが、糖度の上がる9月に雨が続き、ミカンの味が良くならなかった年でした。この時期に雨が続くと果実が水分ばかり含んで味の薄いミカンになってしまうのです。地球温暖化のせいなのか、偶然なのかは不明ですが、毎年、異なる現象が発生した3年間だと言えます。

このように、通常の人工的な環境での実証試験なら、環境条件を一定に制御して行うことで実験を効率的に遂行できますが、今回は露地の実験のため、その年の天候によって大きく環境条件が異なることを受け入れざるを得ないという試練のもとでの実証実験の連続でした。しかし、このことは、私たちが目指すべきものとして、過去に実際に起こった事例を蓄積しておき、目の前の課題解決に対して役に立つものは、過去の似た事例にしかない、という信念を固めることでこの試練を乗り越えていくことができました。

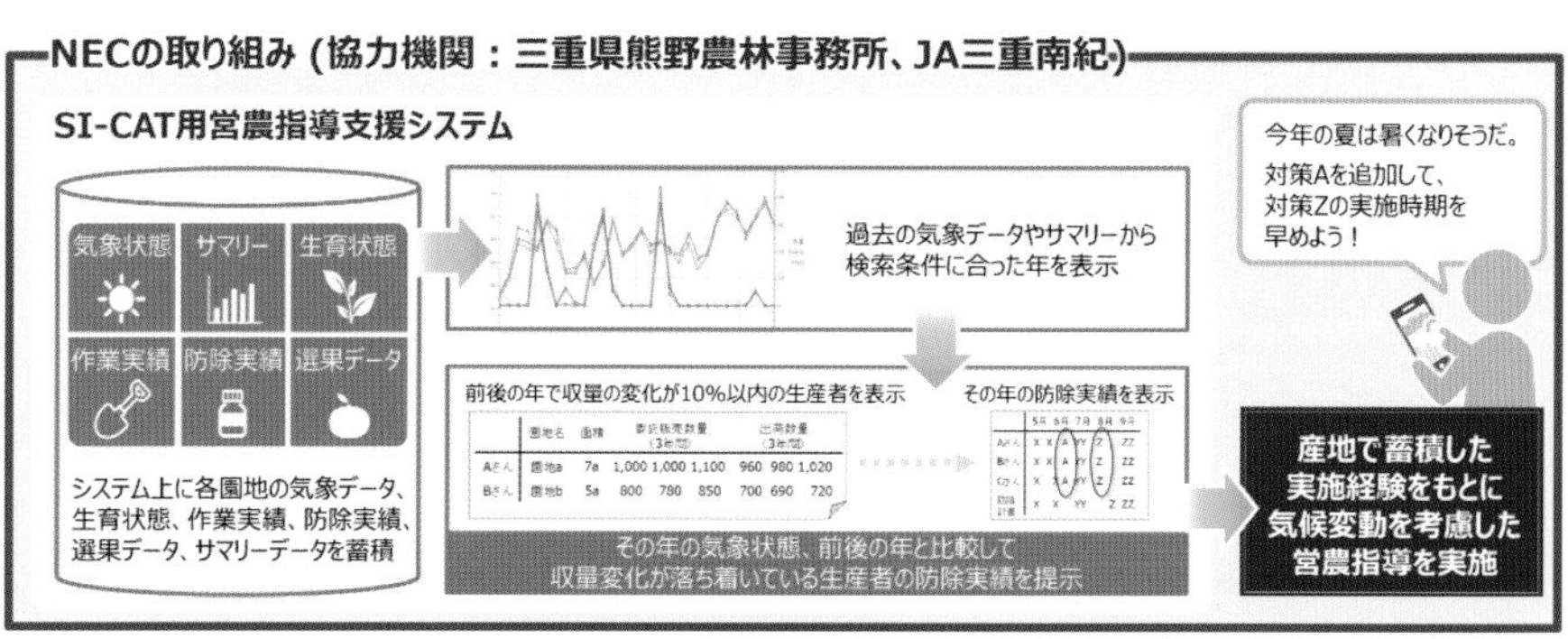

図２　SI-CATで開発したシステム

２０１６年から２０１８年の3年間で気象には大きな違いがあったにもかかわらず、慣行区と対策区での障害果の割合を比較すると、日焼け、浮皮、黒点病について大きな差が見られました（**表1**）。これらの対策を仮に産地全体で行った場合、コストを差し引いても、ほぼ、５０００万円の効果を得ることができました。本地域の極早生ウンシュウミカンの売り上げは約7億円なので、こうした技術体系の実施により約7％の増収増益を見込むことができる計算になります。

ＳＩ-ＣＡＴで設定した、過去の気象データと栽培管理データから気候変動適応策の候補を得られるという仮説は、最終的には、２０１９年の結果も追加しますが、過去3年間の実証実験からほぼ検証されたと考えています。気候変動適応策は、これまで、それぞれが、どういう状況でどれほどの有効性なのか、投資対効果を含めて、きちんと整理されてきませんでした。その主な理由は、適応策の有効性は、その年の天候に依存するし、毎年天候が異なるので、複数年の実施が必要だったからです。今回の三重南紀での実証実験は、4年間かけて行った実験として、今後、産地や作物を超えて横展開を検討していくときの有用な参照事例になると期待しています。さらに、同プログラムの遂行により、産地の結束も高まりました。熊野農林事務所では、腐敗果ゼロを目指した腐敗果殲滅マニュアルを作成し、産地の意識向上にも注力しました。

産地の未来に対する思いとしては、現在の20歳から50歳までの若い農業経営者が、今後の気候変動や異常気象に対する対策をしっかり身につけて、20年後に今の産地規模を維持しているだけでなく、今と同様に日本一の極早生で日本の柑橘産業を牽引していることを夢見ています。

（島津秀雄・村田淳夫・信田正志）

表1　3年間の結果

	慣行区	対策区	効果
日焼け	5.2%	0.1%	効果あり
浮皮	18.1%	7.9%	効果あり
黒点病	3.7%	0.9%	効果あり

08 社会実装のかたち〔暑熱編〕埼玉県 ラグビーワールドカップを契機とした暑熱対策への取り組み

●プロローグ

埼玉県熊谷市と聞くと何を思い浮かべるでしょうか。おそらく、多くの方は、日本の最高気温を記録した街、とにかく暑い場所といったイメージを持つのではないでしょうか。実際、2007年8月16日には、熊谷気象台で気温40・9℃を記録し、日本の最高気温を74年ぶりに塗り替えました。その日は、岐阜県多治見も同じ気温を記録しましたが、2018年7月23日には熊谷で41・1℃を観測し、日本の最高気温をさらに更新し、今度は単独1位となりました。このような極端な高温は、太平洋高気圧の張り出しやフェーン現象など、複数の要因による特別な現象ですが、長期的なトレンドをみても埼玉県の気温上昇は明らかです。熊谷気象台の年平均気温は、1898年から2018年の間に100年換算で2・1℃上昇し、特に最近の気温上昇は激しく、1980年から2018年の間の上昇率は4・9℃／100年に達しています。もちろん、このような急激な気温上昇は、地球温暖化だけが原因ではありません。戦後急速に進んだ都市化によるヒートアイランド現象の影響も大きいと考えられています。しかし、いずれにしても、埼玉県では極端な暑さの頻度は間違いなく増えており、水稲の高温障害や熱中症搬送者数の増加など、さまざまな影響も現れています。

ラグビーワールドカップが暑い熊谷で開催されることが決定

アジア初のラグビーワールドカップとして、第9回大会が２０１９年に日本で開催されることが２００９年に決まりました。その後、自治体立候補によるコンペが行われ、国内12都市で開催されることが決まり、その一つに熊谷ラグビー場が選ばれました。開催地として選定されたことは大変素晴らしく多くの県民も喜びましたが、試合開始が9月下旬とはいえ、熊谷では厳しい暑さも予想され、暑熱対策をどうするのかが課題となりました。

熊谷ラグビー場の暑熱問題に加え、２０１５年に行われた埼玉県知事選挙で当選した上田清司前知事のマニフェストには「ヒートアイランド現象の克服」が掲げられ、暑熱対策が県の重要なテーマの一つとして位置づけられました。

このような背景のなか、埼玉県環境科学国際センターでは、２０１５年に公募された文部科学省「気候変動適応技術社会実装プログラム（ＳＩ-ＣＡＴ）」に、「暑熱環境対策に資する研究と適応策の実装」を掲げ応募し採択されました。

SI-CAT 暑熱対策技術の施策実装に向けて

ＳＩ-ＣＡＴでは、国の研究機関や大学が開発した技術と、自治体の施策の橋渡しを担う機関としてモデル自治体というしくみが用意されていました。当センターもモデル自治体の一つとしてSI-CATに参加しました。当センターでは応募準備の段階で、行政が求める暑熱対策技術とは何かを把握するため、県庁内の関連部局を対象にヒアリングを行いました。その結果、「具体的な都市計画は市町村が所管しており、詳細な予測情報が得られたとしても、都市計画分野の暑熱対策で県ができることは限定的である」といった意見があった一方、「埼玉県も人口減少により今後公園整備は減るが、ラクビーワールドカップや、オリンピック・パラリンピックなどビッグイベントに伴う整備の際には、暑熱のシミュレーション結果は活用できるのではないか」といった意見があり暑熱シミュレーションへの期待もうかがえました。

SI-CATに採択された後、2016年12月に関係者が初めて一堂に会する会合がつくば市の国立環境研究所で行われました。そこで、暑熱対策をテーマとする機関が当センターだけではなく、筑波大学日下博幸研究室や、海洋研究開発機構（JAMSTEC）ダウンスケーリング技術開発ユニット、長野県環境保全研究所など複数あることがわかりました。その席で、日下教授から、同じ暑熱対策という課題を共有し、共同しながら解決するため、横断的な組織として暑熱環境ワーキンググループ（暑熱WG）を立ち上げてはどうかとの提案があり、すぐに賛同を得て暑熱WGが発足することが決まりました。早速、2016年1月12日に第1回の暑熱WGが筑波大学で行われ、埼玉県や長野県など自治体側からは技術開発に対するニーズが、筑波大学や海洋研究開発機構からは持っている対策技術や知見が紹介され、マッチングや具体的な技術の実装に向けた議論が行われました。また、共同で気象観測などを行うことが決まりました。その後も、この暑熱WGは、SI-CAT終了まで、年2回程度のペースで会合を持ち、研究計画や得られた成果の共有を行ってきました。ＷＧでの役割分担は、ＪＡＭＳＴＥＣや大学は、主に暑熱シミュレーションなど上流側の技術開発を担当し、自治体側は、上流側で開発された対策技術が活用できる対象の抽出や行政機関との調整、対策技術の検証などを担当しました。

暑熱ＷＧの活動の一環として、当センターでは、ＪＡＭＳＴＥＣと情報交換や議論を行い、熊谷ラグビー場がある熊谷スポーツ文化公園の暑熱対策に、ＪＡＭＳＴＥＣが開発した暑熱環境シミュレーション技術であるＭＳＳＧ（Multi-Scale Simulator for the Geoenvironment）を活用する準備を始めました。ＭＳＳＧは全球スケールから都市スケールの気象を一つのモデルで再現できる手法で、風の流れや建物の影響だけではなく、樹木や建物の壁からの放射まで考慮し超高解像度で熱環境をシミュレーションできる技術です。

前に述べたとおり、ラグビーワールドカップ開催の際、熊谷ラグビー場を訪れる観客の暑さ対策が課題になっていました。特にシャトルバスの多くが到着する東側バス乗降場から、ラグビー場へ向かう経路は約１・２㎞あり徒歩で15分程度かかります。しかし、多くの人通りが予想されるくまがやドーム南側のにぎわい広場にはほとんど日陰がなく特に暑さ対策が課題となっていました（**写真１**）。そこで、県では、このエリアを対象に、樹木の植栽による日陰の創出や、環境性能舗装の実施など、暑熱対策を集中的に行うことを決め、２０１６年度から事業化することになりました。本格的な対策は、埼玉県都市整備部公園スタジアム課の「熊谷スポーツ文化公園木かげ創出事業」として２０１７年から約４・７億円を費やし行うことになりました（**写真２**）。当センターとＪＡＭＳＴＥＣでは、２０１６年３月から、公園スタジアム課に対し、

写真１　施工前のにぎわい広場全景

ＪＡＭＳＴＥＣが持つ暑熱シミュレーション技術を使うことで、対策効果を事前に知ることができることや、複数の設計案を比較検討することで事業の最適化を図ることが可能なことなどを伝え、ＳＩ‐ＣＡＴのプロジェクトとして対策をサポートして行くことを提案しました。

当初、担当者の一部は、過去にこのような熱環境シミュレーションに基づく設の経験がないことや、むしろ選択肢が増えることで業務がさらに煩雑になることを危惧していましたが、ＪＡＭＳＴＥＣが持つ優れた技術や、過去に実施した丸の内パークビルの緑化効果のシミュレーション結果を、動画などを用いて丁寧に示すうちに、提案は受け入れられ、正式にサポートすることが決まりました。特に、この環境部局と土木部局の共同プロジェクトが上手くスタートしたきっかけは、公園スタジアム課の技術系職員が、こちらが示した技術に、技術者として、大いに関心を示してくれたことが、要因になったと考えています。

暑熱環境シミュレーション結果の施策への反映プロセス

熊谷スポーツ文化公園を対象とした暑熱環境シミュレーションの詳細については、第2部09街区の熱・風環境シミュレーションの章をご参照ください。ここでは、シミュレーション結果をどのように施策担当者に伝え、実装されたのかを書きたいと思います。

熊谷スポーツ文化公園を対象としたＪＡＭＳＴＥＣによる暑熱環境シミュレーションは、２０１６年から始まりました。しかし、そのシミュレーション結果が実態を表現しているのかを確かめる必要があります。そこで、検証のため、２０１６年8月に

対策前　　対策後

写真２　対策前と対策後

暑熱ＷＧの活動として、さまざまな測器を使った気象観測を大々的に熊谷スポーツ文化公園で実施しました。気象観測は暑熱ＷＧだけではなく、県庁温暖化対策課職員にも参加いただくとともに、公園スタジアム課や、熊谷スポーツ文化公園管理者の全面的な協力により行いました。また、そうした取り組みを広く県民にアピールするため、埼玉県庁記者クラブを対象に報道発表を行いました。その結果、新聞2紙で記事化されたほか、ラジオでも取り上げられ、一定の広報効果があったと考えています。

その後、公園スタジアム課から、具体的な植樹や環境性能舗装などに関する事前設計資料の提供を受け、複数の樹木配置パターンや、異なる環境性能舗装などに基づき、ＪＡＭＳＴＥＣがさまざまな組み合わせによるシミュレーションを行い、その結果を公園スタジアム課にそのつどフィードバックしました。最終的には、２０１７年10月にＪＡＭＳＴＥＣと当センターの連名で報告書としてまとめ、公園スタジアム課に提出しました。

この報告書では、対策を行うことで緑陰が約40％増えるといった、対策の定量化情報だけではなく、樹木の配置では、並行配置ではなく千鳥配置にしたほうが木かげが５％増えること、環境性能舗装については、遮熱舗装と保水性舗装で効果に差がなく水供給が不要な遮熱舗装が妥当であること、など設計に関する具体的な提案も盛り込みました。その後、この報告書を基に、公園スタジアム課で検討が行われ、実際の設計に提案が反映され２０１８年に施工が行われました。

県では以前からさまざまな暑熱対策事業、例えば駐車場の芝生化や、壁面緑化などを行ってきました。対策後に、観測などを行い、効果を検証することはときにありましたが、事前にシミュレーションを行い、効果を予測することや、複数ケースを比較し、より良い方法を選択するといった、いわば対策の最適化に取り組んだ事例は今まで経験がない新たな試みでした。

適応策の社会実装を進めるには

熊谷スポーツ文化公園を対象とした植栽工事がほぼ終了した２０１８年６月に、それまでの取り組みをまとめ、ＪＡＭＳＴＥＣと当センターと共同で、「最新スパコン技術を駆使して暑さから人々を守る！　熊谷スポーツ文化公園のヒートアイランド対策にスーパーコンピュータによる予測結果を活用」として、報道発表を行いました。報道発表では、県庁記者会見室で、取り組みを説明するとともに、ＪＡＭＳＴＥＣが作成した、暑熱対策前後で緑陰や気温の変わる様子を示す動画も流しました。その結果、多くのメディアで取り上げられ、新聞やテレビ、土木系専門誌など11のメディアで記事化され、さらに、２０１８年7月31日には埼玉県知事ブログでも取り上げられるなど、かなり注目されました。

マスメディアで記事化されたとしても、それは一過性に過ぎないという考え方もあります。今やインターネットの時代でマスメディアの力は相対的には低下しているのは確かでしょう。しかし、適応策で最も重要なのは、適応策の主流化、すなわち、すべての人の行動や選択の前提に、気候変動影響を位置づけることだと思います。適応策の主流化を進めるためには、さまざまな対策技術の効果を科学的に評価するとともに、多くのチャンネルを通してエビデンスを示すことが大切なのではないでしょうか。その一つとしてマスメディアの役割は今も決して小さくないと考えています。

今後

JAMSTECとともに取り組んできた熊谷スポーツ文化公園を対象とした適応策の実装は、ラグビーワールドカップと、SI-CATのタイミングがうまく合致したことや、熊谷スポーツ文化公園が県営施設であり、県が主導的に設計や施工を行えたことなど、良い条件が重なったことで実現できたと考えています。極めて高度なシミュレーション結果を、実際の施策に活用できた事例として、かなり上手くいったのではないでしょうか。しかし、同じように水平展開が可能かと問われると、それは難しいと言わざるをえません。今回はワールドカップというビッグイベントに伴い、多くの予算や人が配分されましたが、このようなケースは稀です。また、前述のとおり、暑熱環境が問題となる街区の詳細な計画は、主に市町村やデベロッパーが担っていて、県の出番はそれほどありません。では、今回のような取り組みを広げる道は全くないのかというとそうではないと思います。一つ考えられるのは、シミュレーション技術のツール化です。都市計画や小規模な街区開発でも、暑熱対策は今後さらに重要になります。そのときに、JAMSTECが開発したシミュレーション技術などがツール化され、多くの人たちが使えるよう提供されていれば、暑熱対策の最適化、すなわち適応策の社会実装に大きく寄与するのではないでしょうか。また、開発に関するアセスメントなどの制度に、気候変動適応の視点が盛り込まれ、事前評価などが義務化されれば、さらに適応策の実装は進むと思われます。今後の進展を期待しています。

(嶋田知英・原 政之)

09 社会実装のかたち〔生態系編〕長野県 高山生態系のシンボル、ライチョウの保全に向けて

●ライチョウの現状

①気候変動に脆弱な高山帯生態系

高山帯とは森林限界（高木の生育する限界高度）以上の標高帯を指し、本州中部ではおおよそ２５００ｍ以上の山岳地帯が相当します。長野県には北アルプスや南アルプスをはじめ、八ヶ岳、御嶽山など３０００ｍ級の山岳地帯が広がり、本州では最も広く高山帯が分布しています（**写真１**）。高山帯には、氷河期にシベリアなど北方より南下してきた生物が、その後の温暖化によって山頂付近に取り残されたような形で現在も生育・生息しています（氷河期の遺存種）。また高山帯は、低温、多雪、強風など、生物の生存にとって非常に厳しい環境です。こうしたことから、そこに生育・生息している生物たちは希少かつ貴重な存在であり、世界的な生物多様性ホットスポット(用語)になっています。しかし、本州中部の山岳地帯の場合、高山帯の上限が山頂により制限されているため、ほかの生態系に比べて面積が小さく、そこに気温上昇が加わることで高山帯の分布域が狭められてしまいます（高山帯に暮らす生き物にとっては逃げ場がなくなる）。これが、高山帯が気候変動に対して脆弱な生態系といわれるゆえんです。

ニホンライチョウ（*Lagopus muta japonica*）は1年の大半を高山帯で過ごす鳥類で

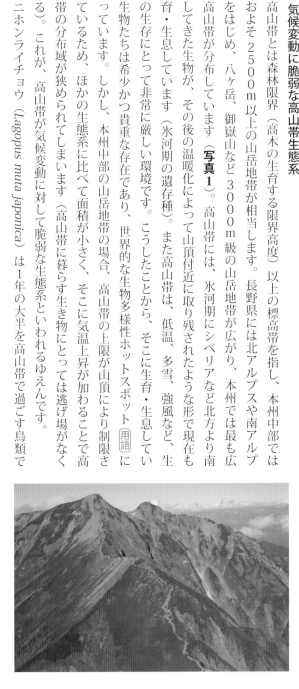

写真１　北アルプス鹿島槍ヶ岳。写真左下に落葉したダケカンバ林が見える。その森林限界線より上部に、緑色のカーペットのように広がるハイマツ低木林や裸地状に見える風衝草原などの高山植生が分布している。

あり、高山植物と同様、氷河期の遺存種として知られています（**写真2**）。ニホンライチョウは中部山岳の高山帯のほか、わずかに火打・焼山などに分布しています（**図1**）。また、南アルプス南部に生息するニホンライチョウは、高緯度のツンドラ地帯などに広く分布する種としてのライチョウ（*Lagopus muta*）の世界的な分布の南限となっています。ニホンライチョウは、ハイマツ群落、ツツジ科の植物が優占する風衝矮性低木群落（用語）（高山ハイデ）、そして雪田植物群落（用語）などの高山植生に強く依存した生活をしています。つまり、ニホンライチョウと高山帯はとても密接な関係にあるのです。

②ライチョウの生息数の減少

ニホンライチョウ（以下、ライチョウ）の生息数は、1980年代には約3000羽と推定されていましたが、2000年代には2000羽弱に減少したと推定されています。その状況は山域によって異なり、南アルプス北部の白峰三山のように大きく減少したところもあれば、立山室堂地域のように個体数の変動を繰り返しながら安定しているところもあります。こうした減少の原因ははっきりとわかっていませんが、キツネやテンなどの天敵の増加、ニホンジカが高山植生を採食することによる生息環境の悪化、イネ科草本や低木などの分布拡大や雪融け時期の変化による餌となる高山植物への影響などが考えられています。

③ライチョウの保護保全

ライチョウは高山生態系のシンボルであり登山者にとても人気があります。また長野県の鳥（県鳥）にも指定されています。このためライチョウの生息数減少を受けて、さ

写真2　岩上で縄張りを見張るニホンライチョウの成鳥雄（2014年6月4日 富山県立山室堂）

まざまな保護対策が取られてきました。環境省（２０１２年）と長野県（２０１５年）はともにレッドリスト（用語）の見直しを行い、ライチョウを絶滅危惧IB類（近い将来、野生での絶滅の危険性が高い）にランクアップしました。２０１２年に環境省はライチョウ保護増殖事業計画（用語）を策定し、生息域内、生息域外の両面からライチョウの保護に取り組んでいます。また、２００８年に長野県は希少野生動植物保護条例（用語）に基づきライチョウ保護回復事業計画を策定しています。２０１５年には、長野県はこの保護回復事業計画を県民参加で進めるために、ライチョウサポーターズ養成事業を立ち上げ、県民の方々に保全地域における巡回や情報提供などのライチョウ保護活動に取り組んでいただいています。こうした取り組みとは別にライチョウ生息地の大半は国立公園や鳥獣保護区に指定されています。以上のように、現在の気候下においてはライチョウやその生息地の保護保全の取り組みは一定程度進められていると言えます。

しかしその一方で、ライチョウが生息する高山帯は気候変動の影響を受けやすいため、将来においてはライチョウの生息環境自体が変化する可能性があり、ライチョウへの影響が予想されます。また、ライチョウの生息を脅かすさまざまな要因も気候変動に伴い変化することも考えられます。このため、現在の保護保全の体制下においても、将来的にはライチョウの絶滅が心配されています。長野県環境保全研究所（以下、当所）ではこうした状況を踏まえて、気候変動による生態系影響評価の一対象としてライチョウを取り上げ、研究を行っています。

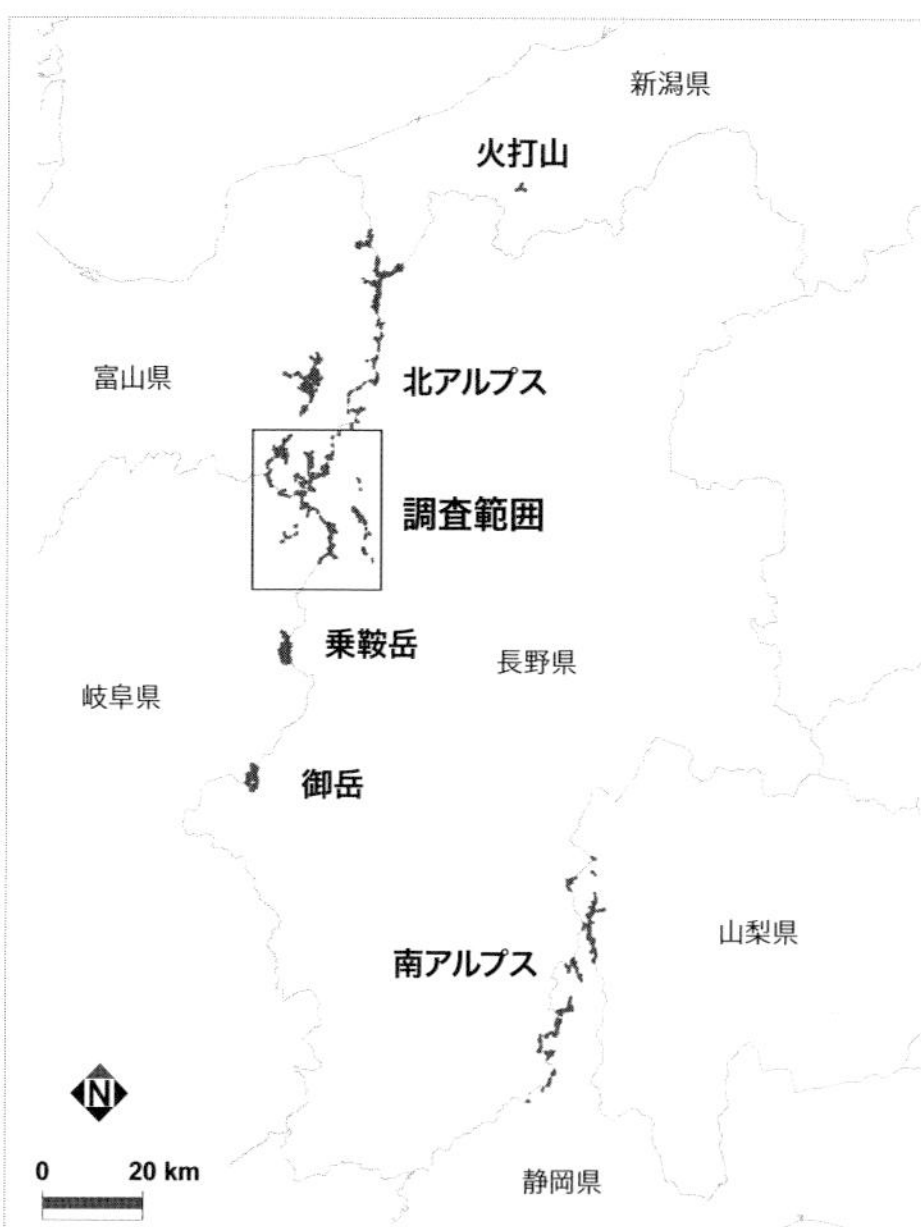

図１　ニホンライチョウの生息地（青）。四角は、ニホンライチョウの温暖化影響予測を実施した、北アルプス中南部。

ライチョウへの気候変動影響評価の試み

①ライチョウの気候変動影響評価研究のきっかけ

当所では、2003年度から5年間、長野県における地球温暖化の実態把握と生物への影響をテーマにした初めてのプロジェクト研究を行いました。研究の内容は、気候変動の実態を示す気象データの解析と生物への温暖化影響を調べるための基礎的な調査でした。研究を始めた理由は、当時の地球温暖化対策（緩和策）がなかなか進まない原因として、気候変動による地域への影響に関する情報がほとんどなく、地球温暖化の問題が自分事として認識しにくいためではないかと考えたからです。当時、温暖化影響としてよく知られていたことは、氷河の縮小、北極海の氷の減少によるシロクマへの影響、サンゴの白化や海水面の上昇など、とても衝撃的な情報ではあるものの、一方では身近に感じにくい情報がほとんどでした。

このプロジェクトの成果をまとめた報告書を2008年に公表しました。当時、地域の気候変動に関する報告書はほとんどなく、地方自治体ではほかに埼玉県だけだったように思います。この報告書が出たタイミングが、偶然にも、環境省の環境研究総合推進費の気候変動適応に関する戦略研究（温暖化影響評価・適応政策に関する総合的研究：以下、S-8）が動こうとしていた矢先でした。S-8の中ではいくつかの地方自治体を対象にした地域の気候変動影響評価を行う研究テーマがあり、そのリーダーであった法政大学の田中充先生にこの報告書が目にとまったことが、当所がS-8に参加するきっかけとなりました。S-8における当所の役割は、長野県をモデル自治体として、県内をフィールドにしたさまざまな気候変動影響評価を行うことでした。その影響評価項目の一つに、これまで当所が取り組んできた生態系への影響を加えました。S-8には、森林生態系への影響評価の実績がある森林総合研究所（以下、森林総研）が参画していたため、共同でこれに取り組めることになりました。生態系への影響といっても非常に幅が広いことから、対象を高山帯に絞り、その中からライチョウへの影響予測を行うことになったのです。ちょうど、当所が調査してきたライチョウの分布や生態に関する情報を有していることと、森林総研が気候変動影響評価のために取り組んできたハイマツの種分布モデリングを動物への影響に応用できるようなモデルに拡張したいという動機がマッチしたのでした。S-8終了の2014年度時点で、北アルプス中南部におけるライチョウへの気候変動影響評価モデルがほぼ完成しました。続けて、2015年度から文部科学省の気候変動適応技術社会実装プログラム（以下、SI-CAT）が開始されることとなり、当所と森林総研はともに参画することになりました。SI-CATにおいても引き続きライチョウへの気候変動影響評価に取り組めるようになったのです。

② 研究成果の行政への社会実装

SI-CATにおける当所の最終的な目標は、気候変動の影響評価を実施する技術開発機関とともに影響評価モデルを開発し、その成果を長野県の環境行政に社会実装することです。森林総研と開発したライチョウの気候変動影響評価モデルの成果を学術雑誌に投稿し、それが2019年に論文として出版されました。その内容は、経済成長重視を想定した気候シナリオ用語に基づくと、ライチョウの潜在生息域は高山植生の減少により、今世紀末（2081～2100年）に現在の0・4％に減少するというものです（**図2**）。論文の掲載により、ようやく研究成果を行政に情報提供する準備が整いました。しかし、研究成果が公表されただけでは、成果がすぐに適応策として行政の事業や計画に反映（社会実装）されることにはつながりません。このためには、県の温暖化対策の実行計画などの中に、気候変動適応に関する取り組みがまずきちんと位置づけられている必要があります。

幸いにも、長野県は2013年に県のエネルギー政策と温暖化対策を合わせた計画として「長野県環境エネルギー戦略」（以下、戦略）を策定し、その中に気候変動への適応策を位置づけていました。戦略の中では、気候変動への適応を推進するための体制の一つとして、「信州・気候変動適応プラットフォーム」（以下、プラットフォーム）を構築することとしており、2016年度にプラットフォームは49の関係機関・団体等で構成されて設置されました。プラットフォームの中には気候変動の影響を受ける分野ごとに部会を設け、そこで気候変動影響情報の共有や適応策の検討を行うことになっています。部会は現在四つあり、そのうちの一つに生態系部会があります。この部会を活用して、ライチョウへの気候変動影響評価の結果をまずは部会の構成員と共有し、ライチョウの気候変動適応策の具体的な検討を始めていく予定です。生態系部会の構成員は、現在長野県の関連部局のみ（自然保護や鳥獣の関係部署）となっていますが、今後は環境省や林野庁、あるいは自然公園を抱える市町村などにも範囲を広げ、議論を進めていきたいと考えています。

また、研究の今後としては、ライチョウの影響予測の対象範囲を現在行っている北アルプス中南部だけから、国内の生息範囲全域、さらに過去に分布していた地域もカバーするように進めていく予定です。加えて、より高度化された予測情報をもとにした影

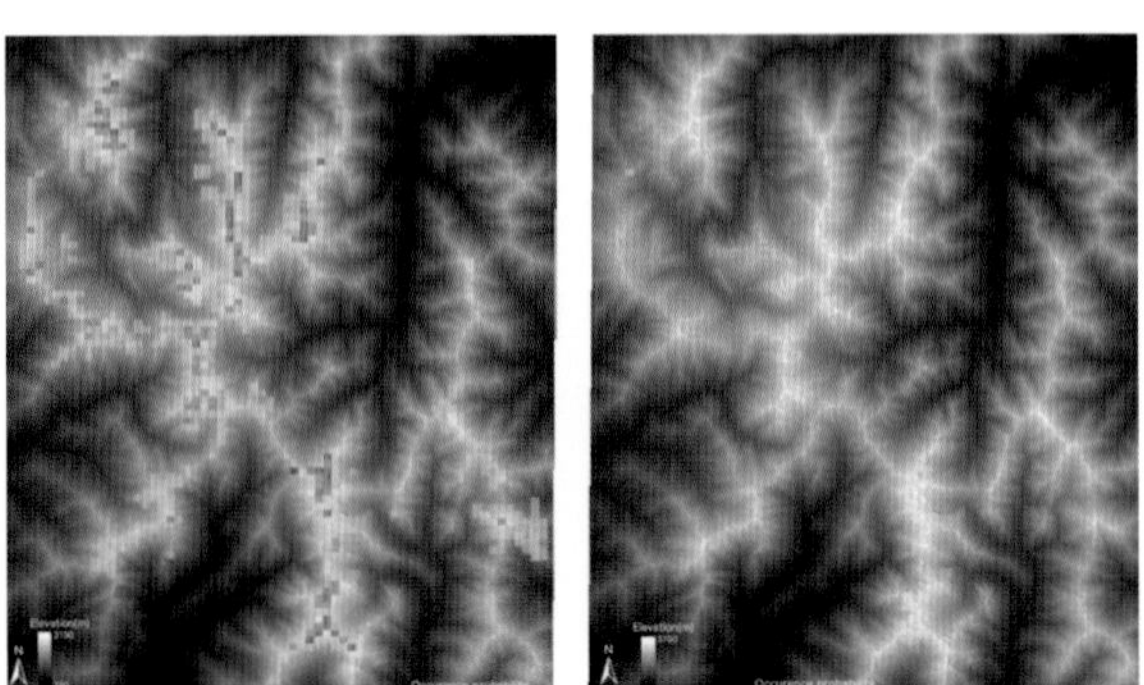

図2　現在（左）と今世紀末（右）の気候におけるニホンライチョウの潜在生息域の予測結果。今世紀末は24GCMsの予測結果の中央値（Hotta et al. (2019) BMC Ecologyより転載。クリエイティブ・コモンズ・ライセンス（表示4.0国際））。

響評価へと拡張するため、気候シナリオはS-8で使用されたCMIP3からSI-CATで使用している最新のCMIP5へバージョンアップし、また雪の将来予測についてはd4PDFを力学的にダウンスケーリングした1kmメッシュの高解像度予測情報を用いる予定です。これらにより、世界的な南限である南アルプスに生息するライチョウの影響評価も可能になると期待されます。

逃げ場のないライチョウへの適応策

ライチョウへの気候変動影響に関する研究を行うのと同時並行で、ライチョウに対する適応のあり方について、当所および森林総研で整理をしています。生態系分野における適応策は、農業や防災など他の分野と少し異なっています。気候変動影響から守るべき対象が、農業や防災などでは人間であるのに対して、生態系分野の場合は生物であるという点です。生物はこれまでの長い進化の過程において、常に気候の変化にさらされそれに適応してきました。そうした自然の変化に対して、果たして人間がどこまで手助けしていいのかという自然保護上の課題があります。その一方で、近年の地球の気温上昇が人間の活動による人為的な影響の結果であること、その変化のスピードがかつてないほど速いという問題もあり、これが生態系分野における適応（人間の関わり方）の重要な視点だと考えています。つまり、生物が気候変動のスピードに対応できるように手助けすることが、生態系分野における適応のあり方の基本だということです。こうした観点から、ライチョウに対する適応策として、いくつかのオプションが浮かび上がってきます。例えば、ライチョウの個体数が少ない脆弱な集団の場合には、その生息地が残らない可能性があるため、移動補助[用語]（assisted migration）（現在の生息域からほかの生息可能な地域に生物種を人為的に移動すること）が適応策と言えます。一方、集団が持続可能な場合には、保護区のレベルのアップ（例えば県立公園からより保護管理の手厚い国定公園や国立公園に変更する）、あるいは繁殖補助（生物種の雛を天敵や悪天候から人為的に保護すること）が適応策として考えられます。ライチョウの気候変動影響評価の結果を、環境行政に提示する際には、この例のような適応策のオプションも同時に示すことが重要となるでしょう。

生態系への影響評価の課題

① 得られたこと

SI-CATを通して得られた最大の成果は、国の研究機関（森林総研）と地方環境研究所（当所）が協働して、地域（地方自治体内）の生態系分野における気候変動影響評価を行い、その成果を行政に提示する段階までたどりついたというプロセスそのものだと思います。もちろん、この成果を踏まえた適応策が、例えば長野県の生態系の保全計画などに書き込まれることになれば技術が社会に実装された一つの見本となりうるでしょう。

② 得られなかったこと

一方、ライチョウの気候変動影響評価と同様の手法と精度で、ほかの生物に対しても実施できるかどうかは難しい側面もあります。ライチョウの場合、まず精度の高い分布データがすでに存在していたというアドバンテージがありました。生物の種類によっては、そもそも既存の分布情報があまり存在しない場合や、追加で情報を収集することが難しい種などさまざまです。自治体によって、気候変動の影響を評価したい生物種は異なるため、こうした情報の有無が生態系分野の気候変動影響評価の成果を出すまでの時間を左右することになるでしょう。またライチョウの気候変動影響評価モデルは、あくまでライチョウの生息可能な「適域」が将来の気候変動下においてどの程度少なくなるのかというリスクを示したものです。実際には現在のライチョウの生息環境として重要なハイマツが１００年後でも死滅せずに生育している可能性はありますし、そうなるとライチョウが生息している可能性も十分考えられます。予測の結果とは、ある条件下のもとにおける将来のありえる姿の一つを描いているに過ぎません。予測結果と同じことが本当はいつ起きるのかという問題は、現在の技術を用いた限界を超えており、今後の大きな課題だといえます。

自然と人間の共生した社会へ

生態系分野の適応の究極の姿は、自然と人間との共生のあり方を社会でどのように合意できるかということにつながっています。ライチョウは高山生態系のシンボル種であり、こうしたテーマについて考えるうえである意味とても向いていると思います。どのような未来の社会をみんなで共有できるのか、SI-CATのプロジェクトがそのきっかけとなることを願います。

（浜田　崇・堀田昌伸・尾関雅章）

10 社会実装のかたち〔ビジネス編〕
気候変動リスクに企業はどう対応すべきか

●気候変動による金融業界への影響

２０１８年度は、西日本豪雨、台風21号・24号、北海道胆振東部地震など、大規模な自然災害が相次いで発生し、各地に大きな被害をもたらしました。なかでも、台風21号による保険金支払い額は1兆円を超えました。損害保険会社では、大規模自然災害に対しても円滑かつ確実に保険金の支払いができるよう、平時より保険料の一定割合を異常危険準備金として積み立てていますが、２０１８年度は大幅な取り崩しを余儀なくされました。

気候変動により増大すると予測されている洪水などは、工場や店舗、事務所などの施設や、トラック、鉄道、飛行機、船舶などによる物流、電気やガス、水道などの社会インフラに対して、大きな被害をもたらします。また、こうした自然災害は、融資先や投資先の企業の業績に影響を及ぼすため、銀行、証券、保険といった金融業界にとっても大きな脅威と言えます。

こうした物理的な被害をもたらす物理リスクのみならず、脱炭素社会への移行に伴う移行リスクも、金融業界に大きな影響をもたらします。２０１６年に発効したパリ協定では、気候変動の進行を緩和するため、21世紀末までの世界平均気温上昇を、産業革命以前に比べて２℃より十分低く保つとともに、１・５℃に抑える努力を追求すること（いわゆる２℃目標）が確認されました。２℃目標の実現には、温室効果ガス排出量を実質ゼロにする脱炭素社会へ社会全体が移行していくことが不可欠であり、二酸化炭素を多量に排出する石炭・石油などの化石燃料から、風力・太陽光などの再生可能エネルギーへのエネルギー源の転換などが必要と言われています。脱炭素社会への移行に向け、温室効果ガス排出規制強化や、化石燃料の炭素含有量に応じて課す炭素税の導入などが進むと、二酸化炭素を多量に排出する石炭発電設備などの稼働が困難になる可能性があります。その場合、埋蔵している石炭、石油などは、消費可能量が限られ将来的に回収不可能な資産（座礁資産）となる懸念が生じています。こうした懸念を受け、年金基金などの機関投資家は、化石燃料関連産業から投融資を引き揚げるダイベストメント（投資撤退）を加速させています。

気候変動リスク対応への要請の高まり

気候変動が投融資活動に影響を及ぼしつつあるなか、Ｇ20財務相・中央銀行総裁会議は、国際金融に関する監督などの役割を担う金融安定理事会に対し、気候変動が金融セクターに及ぼす影響について検討するよう要請しました。要請を受け、金融安定理事会では、２０１５年12月に「気候関連財務情報開示タスクフォース（ＴＣＦＤ）」を設置しました。ＴＣＦＤでは、気候変動がもたらすリスクや機会の財務的影響について企業が分析し開示することを促すため、情報開示に関する任意のガイダンスを策定しています。ＴＣＦＤには、世界の５００超の企業や団体が賛同しており、日本からも、金融機関やメーカー、商社、環境省、経済産業省、金融庁などの官公庁など、さまざまな団体が賛同しています。

ＴＣＦＤでは、投資家らが財務上の意思決定を行うため、気候変動関連ではどのようなリスクや機会があるのか、またそうしたリスクや機会が事業にどのように影響するかについての分析や開示を求めています。（**図１**）

気候変動は中長期にわたる課題であり、気候変動の影響予測には不確実性が伴います。そのため、ＴＣＦＤでは、さまざまな状況下におけるリスクや機会を考慮するため、２℃シナリオ、４℃シナリオといった、複数の将来のシナリオに基づいた分析を求めています。ＴＣＦＤでは、脱炭素社会への移行に伴う「移行リスク」については、国際エネルギー機関（ＩＥＡ）の２℃シナリオなどを、自然災害の増加などの「物理リスク」については、国連気候変動に関する政府間パネル（ＩＰＣＣ）の２℃シナリオ、４℃シナリオなどを例示しています。

SOMPOグループの対応

損害保険事業を営む損害保険ジャパン株式会社を中核とするＳＯＭＰＯグループでは、ＴＣＦＤに賛同し、気候変動がもたらすリスクや機会の影響を評価し、開示していくことに取り組んでいます。グループの中核事業の一つである保険事業において、気候変動に伴う自然災害の増加によって支払保険金が増加し、保険引受収支が悪化するなどの影響が生じて、安定した保険の提供が難しくなる可能性があります。また、脱炭素

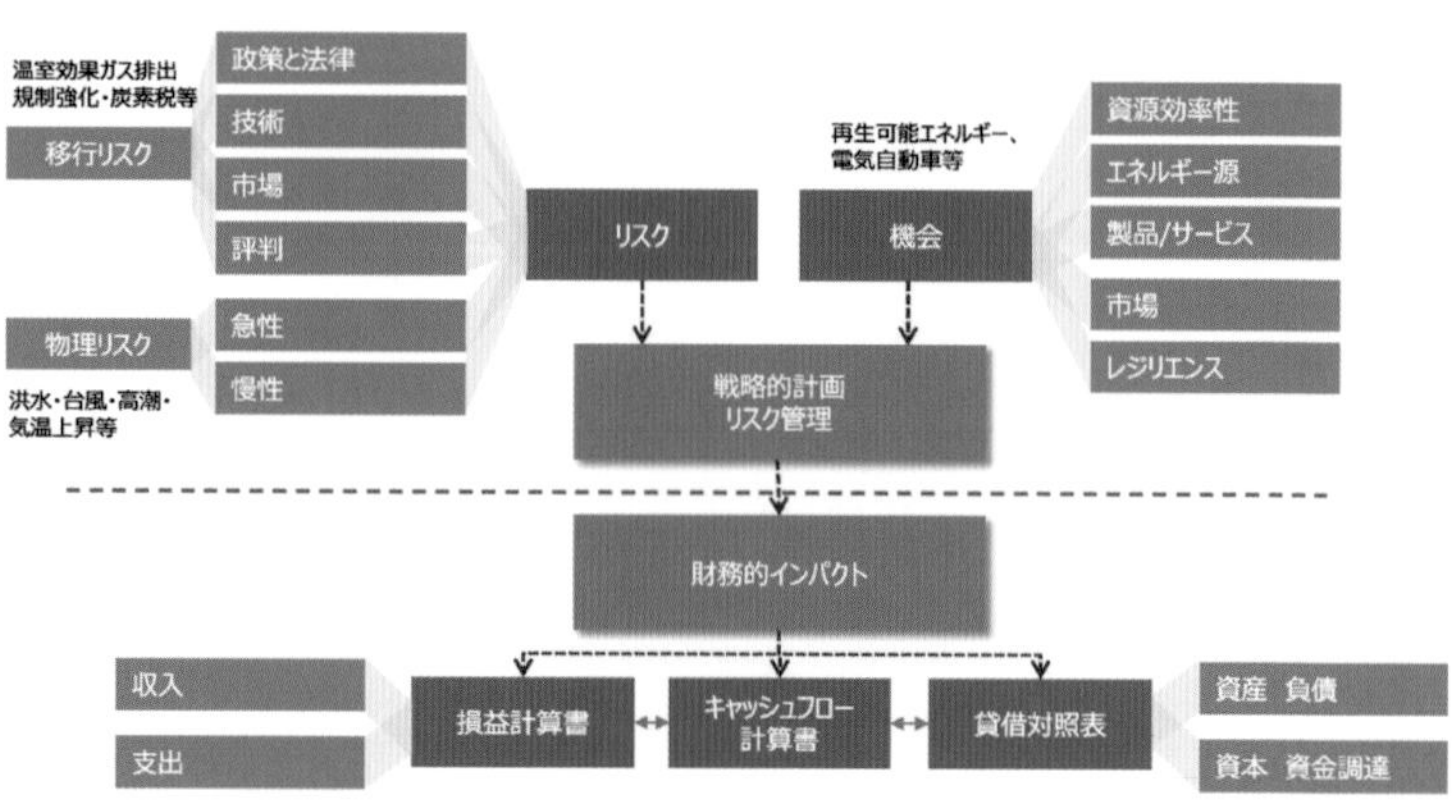

図１　TCFDのフレームワーク

社会への移行に向けた法規制の強化やテクノロジーの進展が産業構造の変革をもたらし、保険ニーズの変化、株式などの運用資産の価値毀損など、グループの将来の業績や財政状態などに影響を及ぼす可能性があります。一方、産業構造の変革は、新たな保険ニーズやマーケットの創出などのビジネス機会の拡大をもたらすと捉えています。

そのためＳＯＭＰＯグループでは、「想定を超える風水災損害の発生」や「脱炭素社会への移行に伴うレピュテーション（評判）の毀損等」を重大リスクとして認識し、役員が責任者となって対策を実施し、管理状況を定期的に取締役会に報告しています。

風水災リスクに関しては、従来から、大規模な自然災害が発生するというシナリオに基づき、損害規模を評価するストレステストを実施しています。経営に重大な影響を及ぼすシナリオが顕在化した際の影響を定量的に評価し、資本の十分性やリスク軽減策の有効性を検証しています。

リスクの定量評価には、統計モデル・物理モデル・ファイナンシャルモデルなどの数理モデルを高度に組み合わせた「自然災害リスク評価モデル」が一般的に用いられ、モデルにより評価した保険損害額は、保険商品の設計や保険会社の経営判断に役立てています。損害保険業界では、モデル開発専門会社が開発しライセンス販売している自然災害リスク評価モデルを使用するか、もしくは独自開発したモデルを使用してリスク分析を行うのが一般的です。しかし、気候変動影響分析はまさに業界全体の喫緊の課題であり、これを評価できる体系的かつ統一的なモデルはまだ整備されていないのが実態です。ＳＯＭＰＯグループでは、地震、台風、洪水、津波といった自然災害リスク評価モデルを、自社グループ内で開発しています。そのため、自社開発した台風風災モデル、豪雨洪水モデルを科学的根拠に基づき修正することで、気候変動の影響を定量化することが可能です。

ここでは、自然災害リスク評価モデルの例として、ＳＯＭＰＯリスクマネジメントが開発した台風風災モデルを紹介します。台風風災モデルでは、過去観測データに基づいて、台風がどのような地点で発生し、どのような経路をたどり、どのような勢力を持ったかという特性を統計的にモデル化しています。この台風特性の統計モデルに基づき、コンピュータ上で乱数を用いたランダムシミュレーションを行い、数百年・数千年分の仮想台風イベントを生成し、台風イベントセットを構築します。このイベントセットには、稀にしか発生しない大規模台風イベントも入っており、過去に経験したことがない巨大台風災害についても、リスクを定量的に評価することが可能となっています。

統計モデル・ランダムシミュレーションを基礎とする自然災害リスク評価モデルは、過去の特性をモデル化し、その特性に基づき無数の災害イベントを生成して確率論的にリスクを定量化するものです。一方、気候変動によって、自然災害の発生頻度や強度そのものが変化する可能性が指摘されています。そのため、気候変動による自然災害の中長期的なリスク変化量を評価するには、過去データに基づく統計的手法からなる自然災害リスク評価モデルのみでは、限界があると言えます。

そのため、ＳＯＭＰＯリスクマネジメントは、ＳＩ-ＣＡＴにニーズ自治体などとして参画し、防災科学技術研究所と、自然災害に及ぼす気候変動影響の定量化に向けた連携協定を締結しました。この連携を通じて、気温が２℃または４℃上昇した気候下における台風や洪水の発生頻度・強度が、現在気候下と比較して平均的にどう変化し、それに伴って、台風風災・豪雨洪水の保険引受リスクが将来的にどう変化するのかを定量化するよう、取り組んでいます。

この分析には、大規模気候予測データベース d2PDF・d4PDFを用います。まず、現在気候と2℃または4℃上昇気候下におけるそれぞれの大量のアンサンブル気候データから、台風・豪雨イベントを抽出します。そして抽出された台風や豪雨の発生頻度や強度について、現在気候と将来気候（用語）との差を定量化します。この変化量の算定において、アンサンブルデータの扱い方や分析方法次第で結果が大きく変わることから、最先端の研究ノウハウを有する研究者との連携が不可欠です。最終的に、現在気候と将来気候の災害の発生頻度・強度の変化率を、現在気候下の気象データから構築した台風風災モデルや豪雨洪水モデルに反映させることにより、2℃または4℃上昇した気候下における自然災害リスク評価モデルを構築することができます。

気候変動は中長期的な変化ですので、その間、どの地域でどれだけのリスクを引き受けているかという、保険引受契約の配分（ポートフォリオ）も常に変化していきます。したがって、保険引受リスクという観点からは、ポートフォリオの変化と気候変動による自然災害の変化の両方を考慮することが不可欠となります。我々はこの点について段階的に取り組む必要があると考えています。まず気候変動による影響を定量的に把握することが重要と捉え、「現在の保険引受ポートフォリオが2℃・4℃上昇気候下にさらされた場合」を想定して影響評価を実施します。**（図2）**

今後に向けて

気候変動は、社会のさまざまな分野に甚大な被害をもたらす、未曾有の大きな課題と言えます。保険業界にとっては、気候変動に伴う自然災害の増加によって、支払保険金

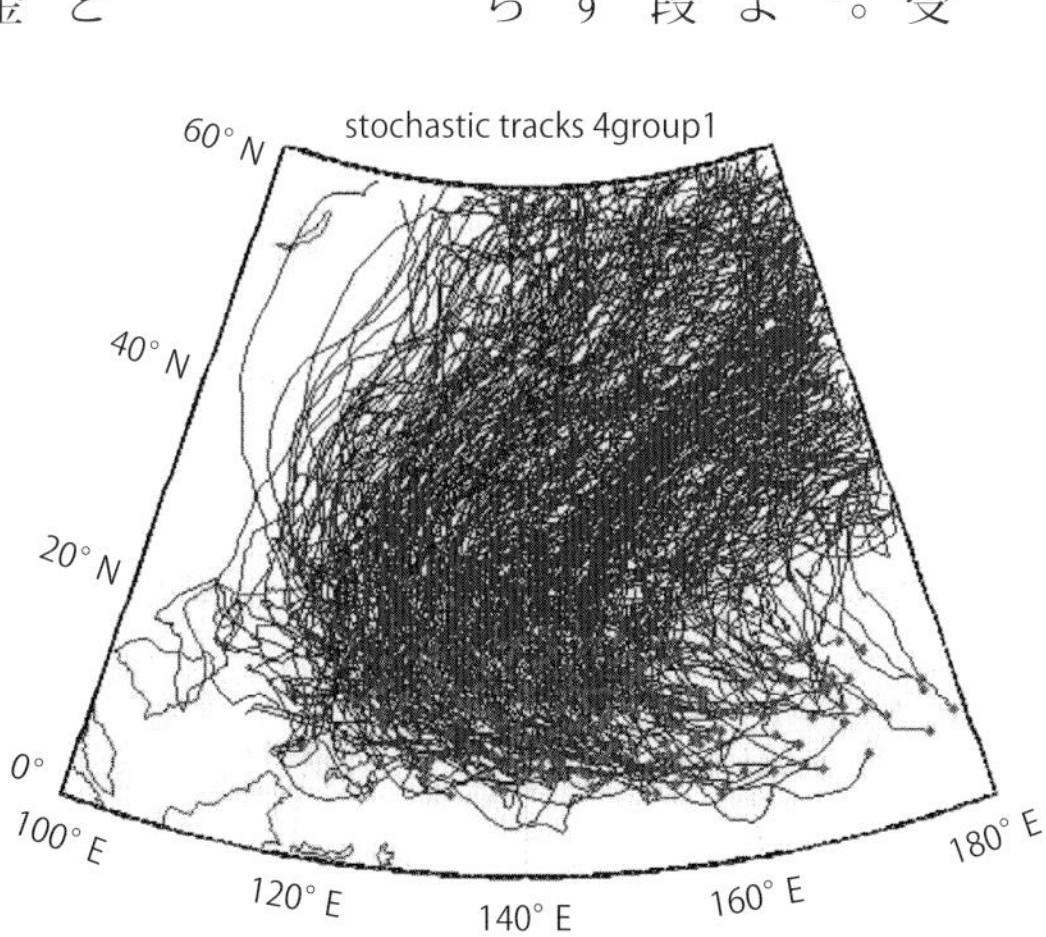

図２　台風風災モデル

が増加し、保険引受収支が悪化するなどの影響が生じることにより、安定した保険の提供が難しくなる可能性があります。その一方で、保険会社にとって、社会経済に存在するリスクを評価し、その解となる保険商品や金融商品、サービスを提供していくことは、社会的な使命と言えます。気候変動により社会の持続可能性が脅かされているなか、SOMPOグループは、気候変動リスクへのソリューションの提供を通じて、持続可能な社会の実現に貢献するとともに、保険会社自身の持続可能な成長を目指していきたいと考えています。

（横山天宗・津守博通）

《参考文献》

（1）一般社団法人日本損害保険協会「自然災害での支払額」
http://www.sonpo.or.jp/news/statistics/disaster/

第2部

温暖化予測のしくみと影響評価技術

その①

気象データの簡単解説編

01 近未来の温暖化予測と適応策

● 未来の気候の予測は可能か？

この章では、そもそも未来の気候の予測は可能なのか、可能であるとすればそれはどのようにして予測するのか、そして、それをどう利用したら気候変動適応策に活用できるのか、について考えていきたいと思います。

さて、みなさんが天気予報でおなじみのコンピュータを用いた数値予報は、ご存じのように、世界中から集められた気温や風などの観測データを用いて地球の大気状態を非常に細かい東西南北および高さ方向の3次元の格子構造で表し（**図1**）、格子点ごとに大気の物理法則を表す方程式を用いて細かい時間間隔ごとに連続して計算していくことにより数時間先、数日先の天気を予測しています。この仮想的な格子構造に気温や風速などの大気の物理量の方程式を組み込んだコンピュータの計算システムを数値予報モデルと呼びます。この計算量は膨大になるので、スーパーコンピュータを用いて行われています。しかし大気の観測は地上観測の場合でも数十kmといった比較的粗い空間密度で行われており、大気の流れや乱れをすべて観測で捉えているわけではありません。また、観測データにはわずかとはいえ誤差がつきものです。さらに大気の物理状態を再現・予測する数値予報モデルも大気を格子ごとの値でしか計算できないため格子間隔より細か

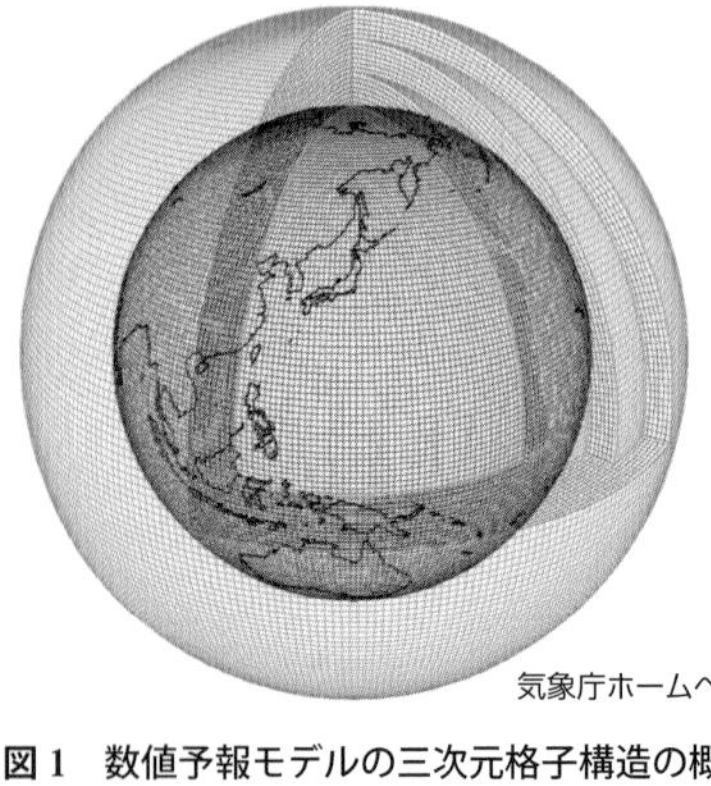

気象庁ホームページより

図1　数値予報モデルの三次元格子構造の概念図

い大気の乱れを直接計算することはできず、決定論的に気温や風などの大気の物理状態を予測することが原理的にできない、というやっかいな問題があります。そこで最近の週間天気予報や長期予報では、計算を開始する初期状態（初期値と呼ぶ）にわずかな乱れによる摂動（小さな乱れ）を人為的に与えて、たくさんの初期状態からのモデル計算結果を用いた確率的な予報も行われています。

それでは、気候の予測はどのようにして行われているのでしょうか？　みなさんも、「明日の天気予報も外れるときもあるのに、なぜ何十年も先の気候がわかるのか？」と疑問に感じた方も多いと思います。それを説明する前に、まず気象と気候の違いについて理解しておく必要があります。

気象とは、「ある場所、ある時刻の気温、風、雨量などの大気の状態」を表す言葉です。一方気候とは、「ある地域の時間的に平均的な大気の状態」を意味しています。気象庁では、気候を示す指標として、地域ごとに気温や降水量などの30年の平均値を平年値として発表しています。

数値予報は、すでに述べたように、過去から現在までの観測データに基づいて、現在から数時間先、数日先の気象を予報するのですが、大気にはわずかな大気の乱れが大気の流れに影響を与えるカオスという性質があるので、現在の技術では初期値からの予報は1か月先あたりが技術的限界だと言われています。一方、気候の「予測」は、後で述べるように、時間的空間的に平均的な大気の状態を表す気候に影響を与える大気中二酸化炭素濃度などの条件を「仮定」して求めた将来の「予測」になります。

気象、気候ともに、その根本となる物理や化学は、気象力学や大気化学などの法則に支配されています。そのため、大気の状態を計算する数値モデルの基本は、両者ともに大きな違いはありません。しかし、数値予報モデルを用いて、初期値から数十年先の未来を予測するのは原理的に難しいのです。それでは、数十年先の気候はどのようにして予測したらいいのでしょうか？

そもそも気候とは、地球の大気（気圏）、陸面（地圏）、海洋や河川（水圏）、南極の氷床など（雪氷圏）、さらには動物や植物など（生物圏）からなる閉じたシステムから成り立っていて、それらをまとめて気候システムと呼んでいます。**図2**は、IPCC WG1の第4次報告書に掲載された気候システムの概念図ですが、これを見てもおわかりのように、気候システム内部の各要素や過程は互いに影響を与えあう極めて複雑なシステムとなっています。

一般に気候は、こうした気候システム内部の相互作用によって変動します。これを気候の内部変動と呼んでいます。例えばエルニーニョ現象は、そうした内部変動の一例です。一方、火山噴火や太陽活動の変動などは、地球の気候システムの外部からもたらされる要素です。こうした気候システムの外部からの強制によっても気候は変動することが知られています。これを気候の外部強制と呼んでいます。これまでの研究により、いま問題となっている地球温暖化は、大気中の二酸化炭素など温室効果ガスの増加という人為的要因による外部強制が主原因と考えられています。IPCC第5次報告書第一作業部会の政策決定者向け要約では、「人間による影響が20世紀半ば以降に観測された温暖化の支配的な原因であった可能性が極めて高い。」と結論づけられています。

しかし、現在から数年～数十年先の近未来や今世紀末の地球温暖化予測を行おうとしても、数値予報のように初期値から数十年先の特定の時間と場所の気象を予測する決定論的な気候予測は、大気のカオスという性質のため不可能です。そこで、気候学者たち

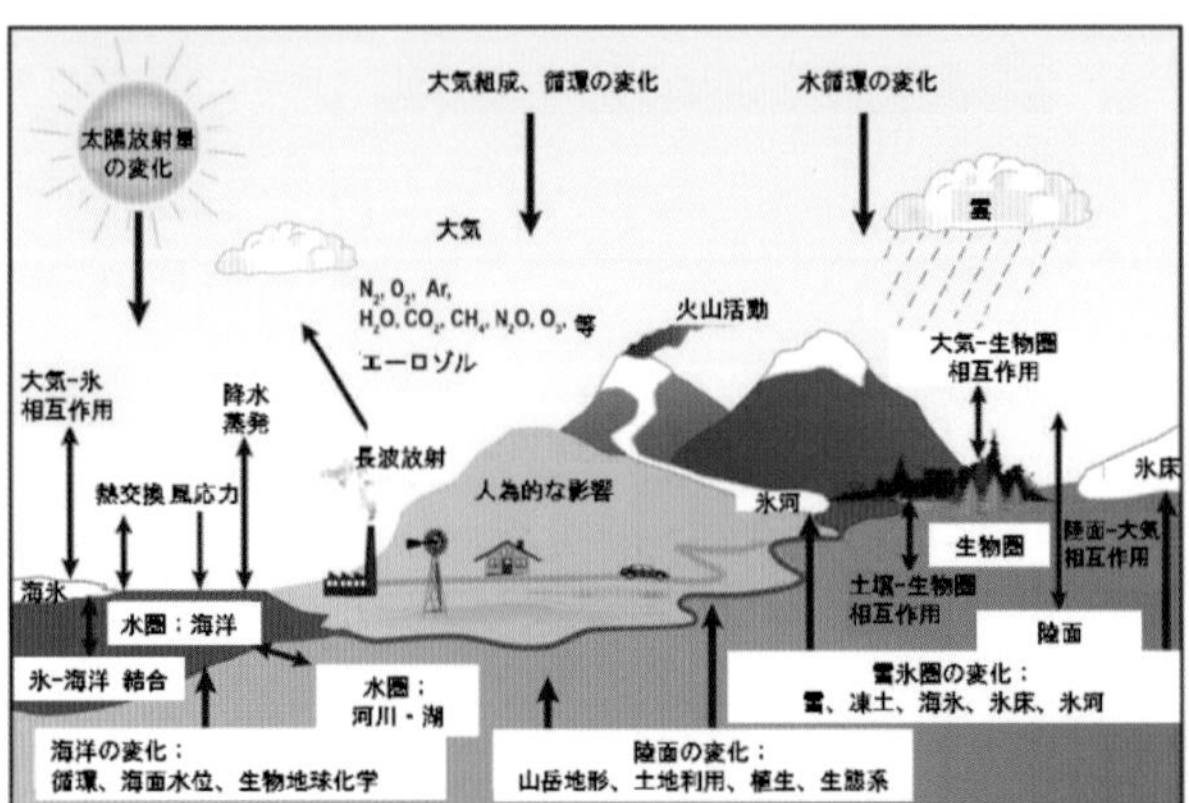

図2　気候システム

は、このように考えました。人為的要因による二酸化炭素濃度の増加などの外部強制を「仮定」して与えた場合、そうした外部強制を仮定しない現在の気候から将来の気候がどの程度変化するかを全球気候システムモデルを用いた計算により予測するということです。これが、現在の気候変動予測の基本的な考え方です。**図３**に、気象庁気象研究所が開発した全球気候システムモデルの概念図を示しますが、先の図と比較していただくとおわかりのように、このモデルは実際の地球の気候システム各過程をコンピュータ上の計算として再現できるように設計されています。

　前述したように、数値予報モデルは、観測データを元にした初期値から計算を開始して予報を行いますが、全球気候システムモデルを使った気候の将来予測の場合、大気中の二酸化炭素濃度などのような温暖化の主原因となっている外部強制を仮定し、そのもとで気温や降水量が現在に比べてどの程度変化するかといった将来の気候の「予測」を行うのです。未来の気候は二酸化炭素濃度などの外部強制の与え方によって変わります。したがって、気候予測では、外部強制の与え方が重要になってきます。それを行うために考え出されたのが、気候シナリオ(用語)という概念です。

　現在、気候シナリオとして、ＩＰＣＣが２００７年に提案したＲＣＰシナリオ(用語)が広く使われています。ＲＣＰシナリオは、各国が政策的に緩和策を集めることを前提として、二酸化炭素などの温室効果ガスの濃度目標を評価するために考え出されました。ＩＰＣＣの第5次報告書では、今後社会がどのシナリオの未来を選択すべきかを評価するため、ＲＣＰ２・６(低位安定化シナリオ：気温上昇を2℃に抑えることを想定)、ＲＣＰ４・５（中位安定化シナリオ）、ＲＣＰ６・０（高位安定化シナリオ）、ならびにＲＣＰ８・５（高位参照シナリオ：政策的な緩和策を行わないことを想定）の四つの将

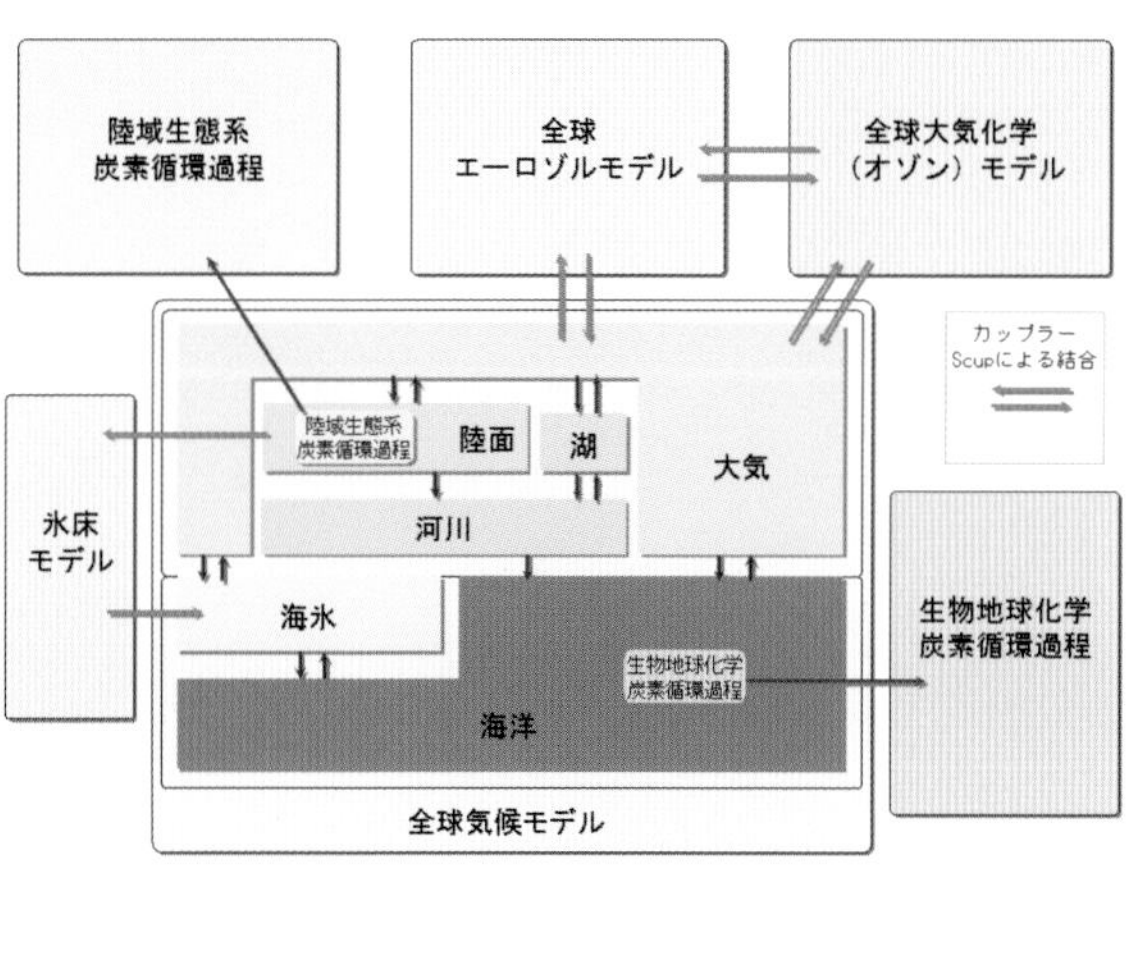

図３　全球気候システムモデル概念図

来シナリオが作られました。各シナリオに基づく将来予測結果は、今後人間社会がどのシナリオの未来を選択すべきかを評価するために利用されています。

全球気候システムモデルによる温暖化予測は、こうした将来シナリオに基づく外部強制の下で、全球気候システムモデルが再現する気温、降水量などの大気の平均的状態が、現在と比べてどれだけ変化するのかを明らかにする作業であると言えます。

ダウンスケーリングとデータについて

前節で述べた全球気候システムモデルは、将来シナリオに応じた気候システムの応答を極域から赤道域まで含む全球で評価する必要があるため、地球大気全体を計算領域とした全球モデルが使われます。しかし、いま求められている温暖化適応策では、温暖化の下で、都道府県および市町村単位などの地域ごとの温暖化の影響評価を踏まえた適応策が必要と考えられます。そのためには、地域ごとの細かい解像度の温暖化近未来予測情報が必要となります。こうした各地域における温暖化の影響評価を行うためには、水平解像度が数kmメッシュ[用語]程度の細かい近未来の予測データが必要です。全球気候システムモデルの水平解像度は１００～数百kmメッシュと粗いため、このためにはもっと細かい水平解像度のモデルを用いる必要があります。

ＳＩ-ＣＡＴでは、解像度が粗い全球気候システムモデルの温暖化予測結果から、より細かい解像度のデータセットを作るためにさまざまなダウンスケール（ＤＳ）手法を開発し、高解像度の温暖化予測データセットを作成しています。詳しい内容は、それぞれの手法の解説を見ていただくこととして、ここではそれぞれの特徴について簡単に説明します。

①統計的ＤＳ

日本全域を１kmメッシュのようなきわめて細かい水平解像度でカバーして近未来の気候予測を行いたい場合には、後で説明する力学的ＤＳ手法に比べて計算負荷の小さい統計的ＤＳ手法が用いられます。これは、過去の観測統計値から、全球気候システムモデルの気象場とローカルな気象要素との統計的関係を求め、その関係式に基づいて、粗い水平解像度の全球気候システムモデルの計算データから細かい水平解像度のデータへの変換を行うというものです。この手法は、過去の長期にわたる観測データが必要ですが、計算負荷が小さいため、さまざまなシナリオにおける気候予測も可能となります。一方、この手法は、全球気候システムモデルで再現した大きなスケールの現象から統計的に小さなスケールのデータを作り出すため、モデルの解像度は１kmと細かいものの、元モデルでは表現されていない前線のような小さなスケールの現象はモデル自身では力学的に表現できないという欠点があります。また、過去データを用いた統計的関係からのＤＳ手法なので、集中豪雨のようなまれにしか起こらない極端現象の表現には向いていません。ＳＩ-ＣＡＴでは、農研機構が開発・計算した農研機構地域気候シナリオデータ（１kmメッシュ、Ｖ・２・７）と、防災科研が開発・計算した日本全国１kmメッシュ気候シナリオデータが使われています。

②力学的ＤＳ

適応策を検討するために必要とされる水平解像度の情報を、全球気候システムモデルよりも解像度の高い領域モデルを用いて、ダウンスケールする手法を力学的ＤＳと言います。領域モデルの側面の境界条件に全球気候システムモデルの情報を入れることにより、全球モデルから大規模な気象場の情報を受け取り、領域内の気象場を細かい解像度で再現・予測します。計算領域内の物理的なプロセスは領域モデルでも物理的に細かく計算するため、分解能の粗い全球気候システムモデルでは表現できない地形性降雨や局地的な現象をより現実的に再現することが可能です。ＳＩ-ＣＡＴでは、いくつかのモデル自治体を対象として、領域モデルに気象庁気象研究所が開発したＮＨＲＣＭ（非静力領域気候モデル）を用いて水平解像度１～２kmでの計算を行っています。しかし、水平解像度１～２kmといった細かい解像度による力学的ＤＳ手法は、計算量が膨大になるため、限られた領域の評価しかできないのが欠点とされています。

③ d4PDF（d2PDF）データセット

例えば、近未来の河川洪水がどの程度頻発するのか？　などの影響評価には、平均降水量よりも洪水を引き起こす極端降水量の頻度情報が重要です。そのためには、数多くの近未来予測のアンサンブル実験による頻度分布情報が必要となります。こうしたニーズに応えるために作成したのが、ｄ４ＰＤＦ（ｄ２ＰＤＦ）と呼ばれる巨大データセットです。

ｄ４ＰＤＦ（ｄ２ＰＤＦ）は、先に説明した力学的ＤＳ手法の一つですが、何千といった非常に多いモデル計算を行うことにより、発生頻度の少ない異常天候や極端現象などの発生頻度の変化などを評価する手法です。現在の気候よりも平均気温が４℃（２℃）上昇した条件の下で、60年分の気候を計算機の中で計算・予測します。さらにＣＭＩＰ５に参加した６種類の全球気候モデルの表面海水温の空間パターンそれぞれに15とおりの摂動を与えた６×15＝90パターンの表面海水温分布を与えることで、60年分×90パターン＝５４００とおりの気候を計算しています。言い換えれば、全球平均気温が4℃上昇した世紀末や2℃上昇した近未来（用語）の気候条件の下で、5400回の夏や冬などを仮想的に計算機の中で予測されることになります。これにより、5400回の夏のうち猛暑の頻度は現在からどのくらい増えるのか？　5400回の冬のうち大雪の頻度はどう変わるか？　などの情報を得ることができます。こうした気象災害に係わるような極端現象の頻度分布（確率密度分布）を得ることができるのがこの手法の長所です。

この手法は、水平解像度60kmの気象研究所全球大気モデルMRI-AGCM3・2を用いた全球実験と、この結果からさらに気象研究所領域気候モデルNHRCMを用いた力学DS手法を使って日本域を領域とした水平解像度20kmの計算を行った領域実験の2種類のデータセットがあります。

d4PDF（d2PDF）手法により、数十年に一度起こるか起こらないかといった豪雨や巨大台風といった極端気象現象を仮想的にモデルの中で何度も再現することができ、温暖化の下でそれらの発生確率がどう変化するかも評価することが可能となりました。

このようにSI-CATで作成された温暖化予測情報には大きく分けて三つの手法によるデータセットが用意されています。これ以外にも、SI-CAT 10と呼ばれる高解像度の海洋データセットなども作成されています。適応策の策定にあたっては、さまざまな分野や課題に関する影響評価が必要ですが、信頼度の高い影響評価を行うためには、ここで示された複数のDS手法の中から、その分野や課題の評価に最適な特徴を持つ手法を選択することが大切です。参考のため、**表1**にここで紹介した三つのDSデータの特徴をまとめました。

（三上正男）

表1　SI-CATで用いられる主なモデルの仕様一覧

DSデータ名	全国1km地域気候シナリオ	d4PDF ／ 2dPDF	力学的DS
利用したモデル	CMIP5マルチモデル（6モデル）	CMIP5マルチモデル	d4PDF（20 km）
排出シナリオ	RCP8.5, RCP2.6	4℃/2℃上昇時の6 SSTパターンx15摂動	4℃/2℃上昇
DS手法	統計的 DS（正規分布型スケーリング法）	MRI-AGCM3.2→NHRCM	d4PDF→NHRCM（5km→2km/1km）
計算期間	現在（1981-2005）、 近未来（2006-2055）、 将来（2056-2100）	過去（60年×100）、 非温暖化（60年×100）、 4℃/2℃上昇（60年×90）	過去 / 将来2k/ 将来4k （1メンバー31年x12メンバー）
計算領域	日本全域	日本全域	本州＋北海道（5 km）
空間分解能	3次メッシュ（1 km）	20 km	日本ほぼ全域（5 km）、岐阜・長野（1 km）
時間分解能	月ごと、日ごと	1時間	1時間ごと（6時間ごと、p面データ）
出力要素	日降水・日平均 / 最高 / 最低気温、日積算日射量、日平均相対湿度、日平均地上風速	降水量、気温（平均 / 最高 / 最低）、雲量、風速、湿度、日射量、気圧（1時間平均）	左に同じ
担当	西森（農研機構）	渡邉（JAMSTEC）	山崎（東北大）、佐々木（気象研）

コラム

サッカーボールに食品用ラップ

さて、ここで少し話題を変えて、私たちが住んでいる地球という惑星の中で、人類の生存空間がどのくらいなのかをサッカーボールを地球に例えて考えてみましょう。

人は地中や海中そして空気が薄い場所では生きていけないので、人類が生存可能な高さは地上からおよそ標高6kmくらいまでと考えて差し支えないでしょう。サッカーボールは直径22cmですが、これを直径およそ1万2750kmの地球に例えてみると、高さ6kmの人類の生存空間は0・1mmの厚さになります。これはちょうど家庭でよく使われる食品用ラップフィルムの厚みと同じなのです。周りにサッカーボールがあれば、是非一度ボールにラップを巻き付けてみてください。私たちの生存空間がいかに儚く危ういものであるかがよくわかります。

産業革命以降、私たちの文明は急激な発達を遂げましたが、同時にサッカーボールにラップが張り付いたような薄い地球大気表層の気候システムにも無視できない大きな影響を与えはじめているのです。これが今の地球の姿です。

02 大規模アンサンブルデータ

● d4PDF の誕生と普及

防災・農業・健康といった適応策を今まさに必要としている現場には「これまで経験した極端な現象（大雨・干ばつ・猛暑など）と比べて、今後は何にどれくらい注意したらいいのか？　それらはどれくらいの確率で起こるのか？」といった強いニーズがあります。

信頼度を持って数十年に一度生じるような稀で極端な現象の将来変化を予測するためには、ＪＡＭＳＴＥＣの「地球シミュレータ」に代表されるスーパーコンピュータと最先端の気候モデルを用いて、「過去気候」と「将来気候」用語を模擬した大規模なアンサンブルシミュレーション用語をそれぞれ行って、十分なサンプル数同士の統計量を比較する方法が有効です。そうした背景のもと、文部科学省「気候変動リスク情報創生プログラム」と私たちＳＩ-ＣＡＴは連携して、「地球温暖化対策に資するアンサンブル気候予測データベース、database for Policy Decision making for Future climate change（ｄ４ＰＤＦ）(1)」を作成して広く一般に公開し、それに基づいて得られる確率情報を国や自治体などが適応策を検討する際に効果的に活用できるようにするための技術開発を行いました。

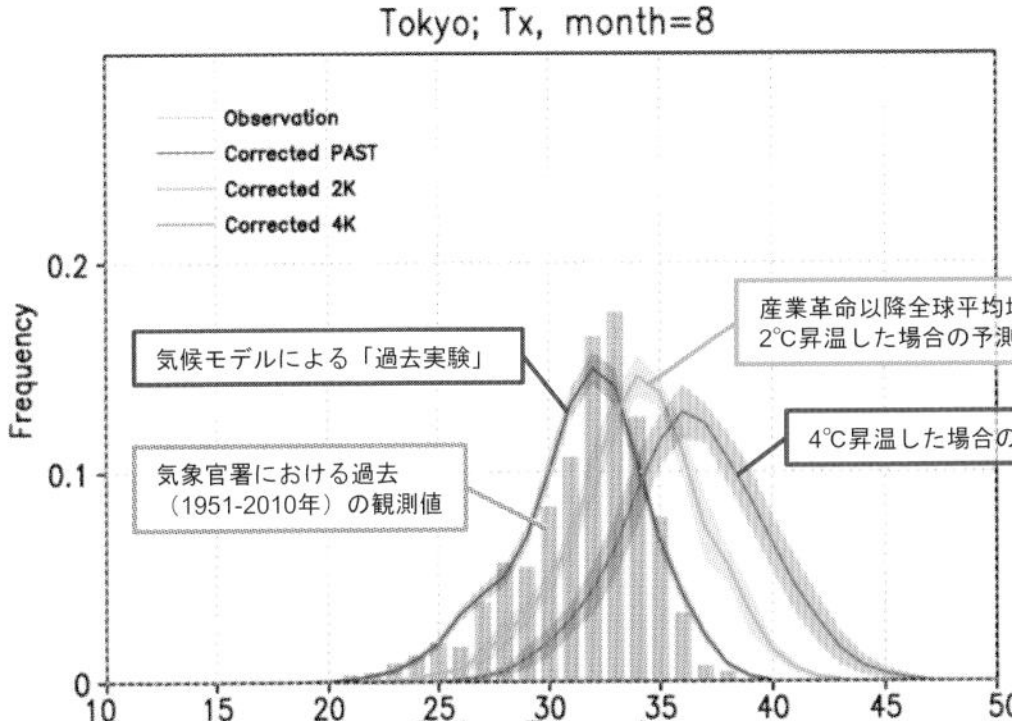

図１　東京における８月の日最高気温の頻度分布

d4PDFを用いることにより「過去気候*」「2℃上昇**」「4℃上昇***」「非温暖化****」それぞの気候状態での数十年や数百年に1回生じるような稀で極端な現象の違いを直接的に推定することが可能な十分なサンプル数の気温や降水量などのデータを、全世界60km解像度、日本全国20km解像度で比較することができます。**図1**は、東京における8月の日最高気温の頻度分布を表しています。温暖化に伴う35℃以上の猛暑日発生頻度の増加が定量的な予測情報として得られました。

d4PDFはSI-CATのモデル自治体や影響評価課題で最も基礎的な将来気候予測データの一つとして用いられたほか、SI-CAT以外の事業、例えば国土交通省の「気候変動を踏まえた治水計画に係る技術検討会(2)」でも利用されました。2019年5月には同検討会より、全国各地で100年に一度の大雨の強度が「2℃上昇」で約1・1倍、「4℃上昇」で約1・1～1・4倍に増えるという試算結果が公表されると同時に、「温暖化に伴う降水量の増加を治水対策に反映すべき」という提言がなされました。

（渡辺真吾）

*過去気候
1951-2010年の気候状態。観測された海面水温や温室効果ガス濃度を与えたシミュレーションの結果。
**2℃上昇
全世界を平均した地上気温が産業革命以降2℃温暖化した気候状態。IPCC第5次評価報告書によれば、RCP8・5シナリオに従った場合2030-2050年ごろに相当する。
***4℃上昇
2℃上昇の説明を参照。RCP8・5シナリオに従った場合2080-2100年ごろに相当する。
****非温暖化
1850年ごろの気候状態。

《参考文献》

（1）d4PDFホームページ http://www.miroc-gcm.jp/~pub/d4PDF/index.html
（2）国土交通省ホームページ「第4回 気候変動を踏まえた治水計画に係る技術検討会 配布資料一覧」http://www.mlit.go.jp/river/shinngikai_blog/chisui_kentoukai/dai04kai/index.html

コラム

d4PDFの課題

d4PDFはSI-CAT内外の事業で利用されるとともに、観測データを用いた検証も進められてきた結果、いくつかの課題点が明らかになってきました。

d4PDFは日本とその周辺を20km解像度のメッシュで表現した気候モデルを用いて計算した気温や降水量などのデータですが、その気候モデルの中では20kmよりも細かな地形は平均されてなだらかになっています。そのため海岸付近での海と陸や、山や谷や盆地といった地形の影響を強く受ける現象に関しては、現実に観測されている気温や降水量からのズレ（バイアス）が存在します。d4PDFの利用者はその目的に応じて、観測データと統計的な操作を用いてバイアス補正を行う必要があります。SI-CATでは、こうした課題に対処するべく、全国各地の気象官署の観測データを用いてd4PDFのバイアス補正を行った全国地点別バイアス補正済d4PDFデータセット（日別値の気温と降水量）を作成して公開しました。

また、地形の問題とは別に、20km解像度では近年大雨をもたらすことで注目されている線状降水帯のような積乱雲の集合体を表現できず、1時間あたりの降水量も観測データと比べて過小に評価する傾向が知られています。この問題に対処する有力な方法は、雲システムを概ね表現できる5kmメッシュ以下の解像度の気候モデルを用いて力学的ダウンスケーリングを行うことですが、その解説は第2部07に譲ります。

03 海洋のダウンスケーリング

気候変動によって海域では海水温や海水位の上昇などが引き起こされ、その影響は水産や沿岸防災などの分野に及ぶと考えられています。日本の周辺には黒潮・親潮といった海流が流れており、沖合から沿岸までの海洋環境に大きな影響を与えています。しかしながら全球を対象にした気候モデルでは、海洋部分の解像度は100km程度のため、黒潮・親潮などが十分に表現されているとは言えず、陸域と同様にダウンスケーリング 用語 を行う必要があります。海域では特に沿岸域において観測データが十分に得られないことが多く、統計ダウンスケーリングの適用が難しいので、力学ダウンスケーリングによって高解像度データセットを作成することになります。

海域のダウンスケーリングではCMIPなどの気候変動予測に用いられた大気海洋結合モデルから海上風、気温、湿度などの大気要素を抽出し、それを外力として用いて高解像度海洋モデルを駆動します。これにより、結合モデルの海洋部分における大規模場の傾向を保持したまま、より詳細な海洋構造を求めることができます。SI-CATでは北太平洋全域を約10km解像度でカバーしたFORP-NP10と日本周辺の北太平洋北西海域を約2kmの解像度でカバーしたFORP-NP02の2種類のデータセットを作成しました。

FORP-NP10海洋モデルでは、100km程度の解像度の全球気候モデルでは再現

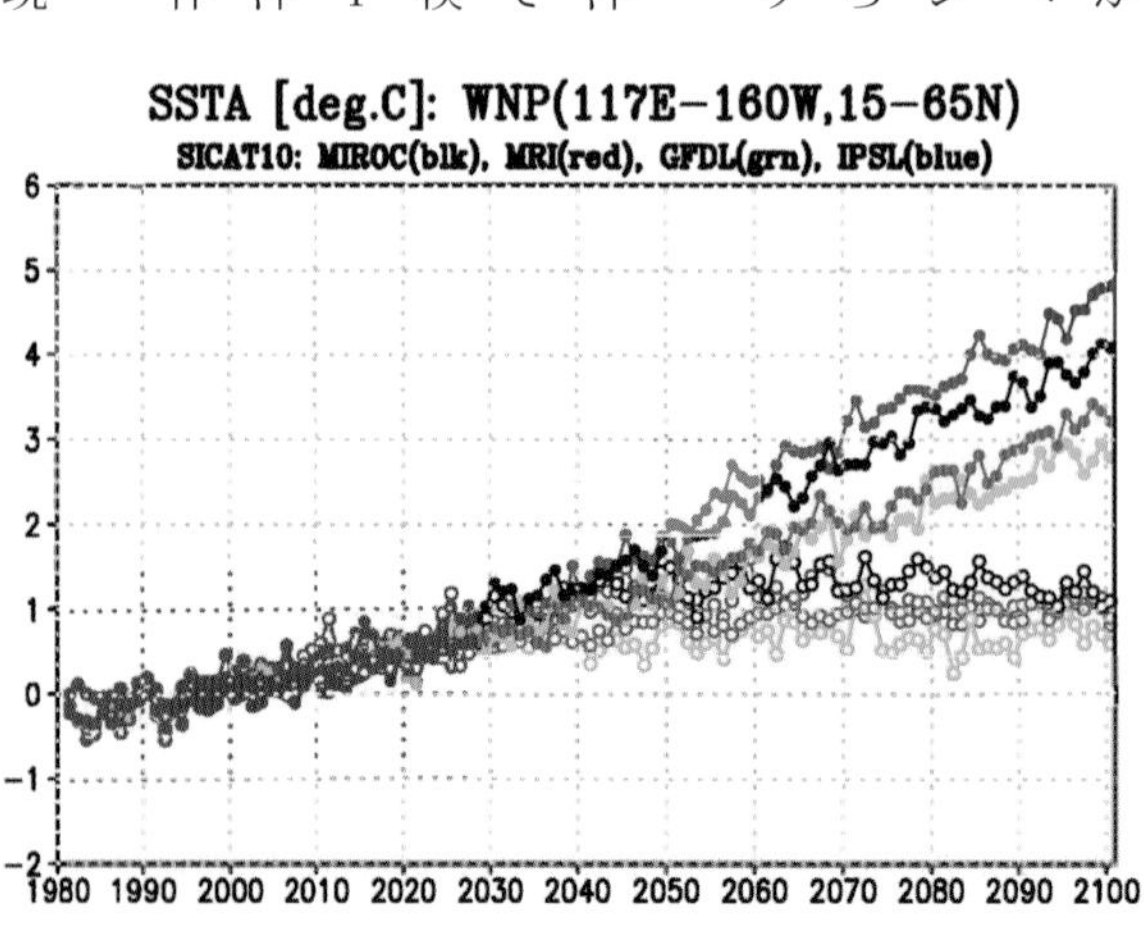

図1　日本近海における海面水温の予測

されなかった幅が数十kmの黒潮・親潮などの主要な海流や、対馬海峡や津軽海峡などを通過する流れを再現することができます。このモデルを用いて、気候変動予測に用いられた4種類の結合モデルから、ＲＣＰ８・５と２・６の排出シナリオで予測された結果を外力として計8ケースの計算を２１００年まで計算を行いました。**図1**は日本近海で平均した海面水温を予測した結果ですが、今世紀半ばごろまでは排出シナリオ間の違いに比べモデル間のばらつきが大きくなっていますが、その後排出シナリオの違いが大きくなっていることもわかります。

さらに、ＦＯＲＰ-ＮＰ02海洋モデルでは、瀬戸内海や比較的大きな湾などで海岸地形をある程度再現できるようになるので、より沿岸に近い海域における将来変化を予測したデータセットを作成できます。モデルが高解像度になると計算機の負荷が大きくなるので、ＳＩ-ＣＡＴではＲＣＰ８・５のケースでは今世紀半ばと今世紀末のそれぞれ15年間、ＲＣＰ２・６のケースでは今世紀末の15年間を対象に計算を行いました。**図2**は日本海における海面水位の将来予測を10km解像度モデルと2km解像度モデルそれぞれについて示したもので、大まかな傾向は変わらないものの細かな海洋変動が表現できるようになったためＦＯＲＰ-ＮＰ02のほうが変動の振幅が大きくなっています。

ＳＩ-ＣＡＴで行った海洋ダウンスケーリングは海水温・海水位といった物理モデルによって得られる変数が対象でしたが、例えば沿岸生態系や水産の影響評価では栄養塩や基礎生産の変化などの将来予測が必要なため、生物化学過程も含んだダウンスケーリングなど今後さらなる技術開発も期待されています。

（石川洋一・西川史朗・若松　剛）

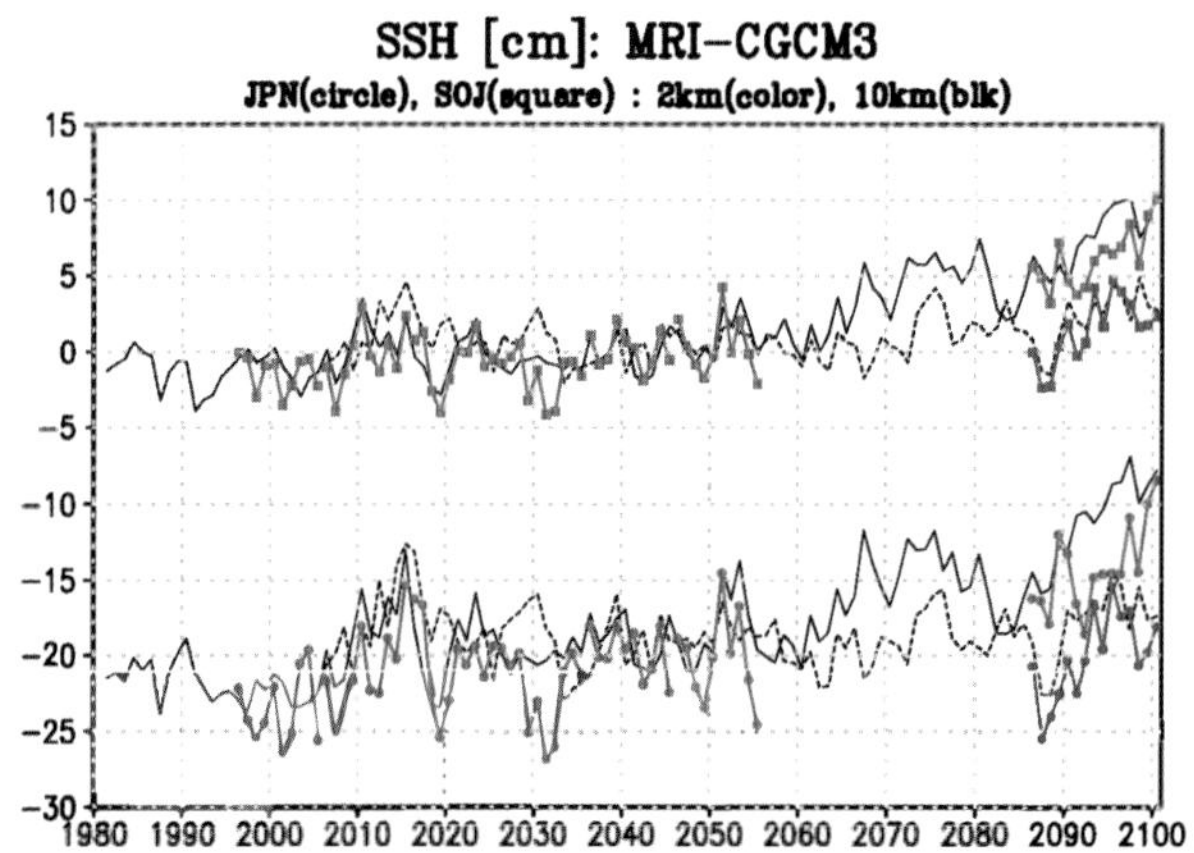

図２　日本近海における海面水位の予測

04 農業影響評価に利用するためのバイアス補正シナリオ

●統計的ダウンスケーリングとバイアス補正による気候シナリオの作成

気候変動に対する適応策の検討にあたっては、さまざまな分野で課題に関する影響評価が必要です。信頼度の高い影響評価を行うためには、地域的に詳細で、かつ農業や防災など異なる分野間で、もしくは農業ではコメや野菜、果樹など異なる作目の間で、共通的に利用できる気候変動の予測情報（気候シナリオ）が必要となってきます。その気候シナリオを作成するためには、将来予測のための全球気候モデル（GCM）の粗い空間解像度を詳細化（分割）するダウンスケーリング技術と、GCM出力値と気象観測値との誤差（バイアス）を補正する技術が必要となります用語。ダウンスケールには、第2部07に述べる力学的ダウンスケールのほかに、統計的ダウンスケールというものがあります。統計的ダウンスケーリングとは、元々の狭い意味では、気圧配置など大きな気候のシステムと気温や降水量などの統計的関係により、気象観測点のない場所の値を埋めていくものでした。ただ、ここで使った手法は、値を埋めたい地点の周辺にあるGCM出力（グリッド）を、その地点との距離に応じて重みを付ける、つまり埋めたい地点に近いグリッドの値の重みは大きく、遠いグリッドの値の重みは小さくして平均するという、より簡単なものですが、現在では、このような方法も統計的ダウンスケーリングと呼ぶことが多いです。

バイアス補正による農研機構シナリオの作成

それぞれの地方・地域で農業への影響を予測するためには、本来、予測の空間解像度が農家の一圃場に対応していることが理想ですが、ＧＣＭの空間解像度は、およそ１００～３００km四方であるため、日本の陸地を国土数値情報の第３次メッシュに対応した東西南北およそ１kmの単位（メッシュ）にダウンスケールした気候シナリオを用いることが必要です。

第２部01で示されたように、ＳＩ-ＣＡＴで作成された気候変動予測情報には大きく分けて三つの手法によるデータセットが用意されています。このうち農研機構農業環境変動研究センター（農環研）では、ＧＣＭ出力値の変動の大きさを観測値の日々の変化や年々変動の大きさに合わせてバイアス補正して、１kmのメッシュにダウンスケーリングすることにより、気候変化シナリオデータ（農研機構地域気候シナリオ２０１７）を開発しました（**図１**）。２０１７年の開発以降も改良が続けられ、２０１９年９月に、バージョン２・７をリリースし[1]、数多くの影響評価研究に使われています。

このデータセットは、農業影響に重点を置きつつオールジャパンの影響評価研究に利用するために作成され、現在、気象庁気象研究所のＭＲＩ-ＣＧＣＭ３ならびに東京大学などが共同開発したＭＩＲＯＣ５と、日本製の二つのＧＣＭも含んでいます。ともに、ＩＰＣＣの第５次報告書に掲載された、国際的評価のあるＧＣＭです。また日本付近の気候について注意深く再現しようとしていますが、将来の気温予測では、ＭＲＩモデルは気温の上昇は小さめに出ることで昔から知られています。またＭＩＲＯＣモデルは、やや気温上昇が大きめに出るとされています。ちなみにモデル名のＭＩＲＯＣは、未来に下って衆生を救うとされる弥勒（みろく）菩薩に頭文字が一致するようにModel for

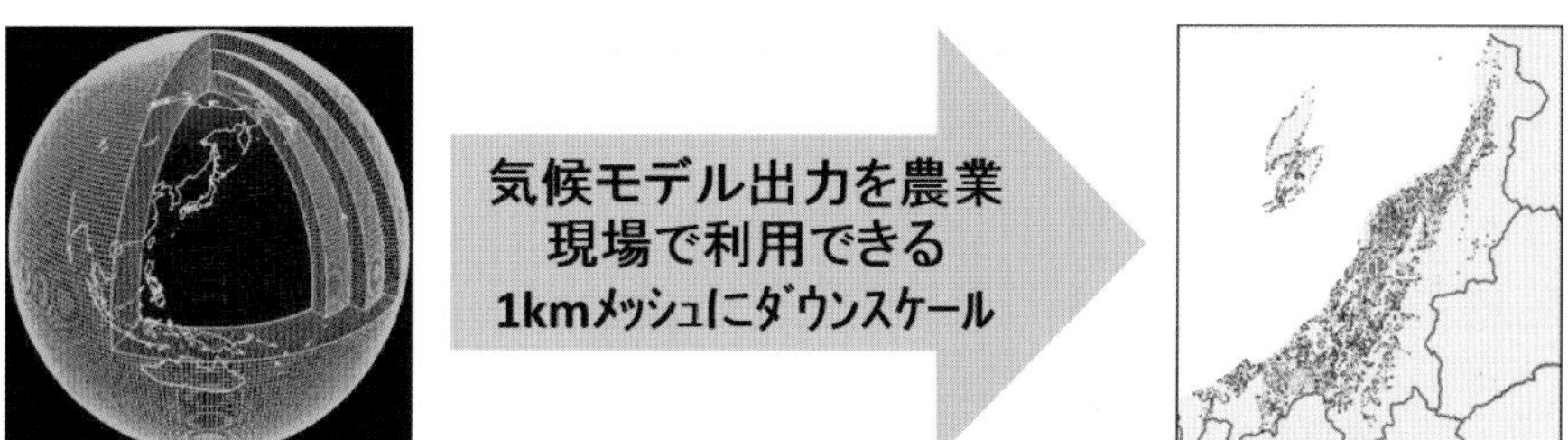

図１　粗い全球気候モデルから 1km メッシュ気候シナリオへのダウンスケールのイメージ
このイメージで作られた「農研機構地域気候シナリオ」は、「農研機構メッシュ農業気象データシステム」（https://amu.rd.naro.go.jp/）からも利用できます。

Interdisciplinary Research On Climate という英語名が考えられています。

農業影響評価に適した気候シナリオ

さてこの「農研機構地域気候シナリオ」は、現在気候（1981～2005年）および温暖化ガス排出シナリオＲＣＰ８・５（現在のペースで温室効果ガスの排出が続く社会）およびＲＣＰ２・６（温室効果ガス排出量の削減が進む社会）に基づく将来気候予測（2006～今世紀末）で、それぞれ毎年毎日のデータが格納されています。要素は気温（日平均、日最高、日最低）と日降水量のほか、作物体の成長を決定づける日射量、および作物や土の湿り・乾き具合の計算に使われる相対湿度と平均地上風速を提供しています。このような気候シナリオは、温暖化の将来の影響やその適応策を考えるうえで、重要なツールですが、皆さんが生活の判断に使う毎日の天気予報とは違うものであり、使いこなすためには、それなりの注意点があります。

気候シナリオの利用法と注意点

まず、本気候シナリオは主に全国または広域の影響評価研究用として開発したものであり、特定地域や少数地点での利用には、利用者自身で対象地点の観測値などと比較していただく必要があります。そもそもＧＣＭでは、日本の複雑な地形が１km単位では反映できないため、例え地域差の小さい気温でも山岳部のデータの信頼性は正直、判断できかねます。さらに雨（または雪、以下合わせて降水）に関して言えば、山岳部に限らず平地で

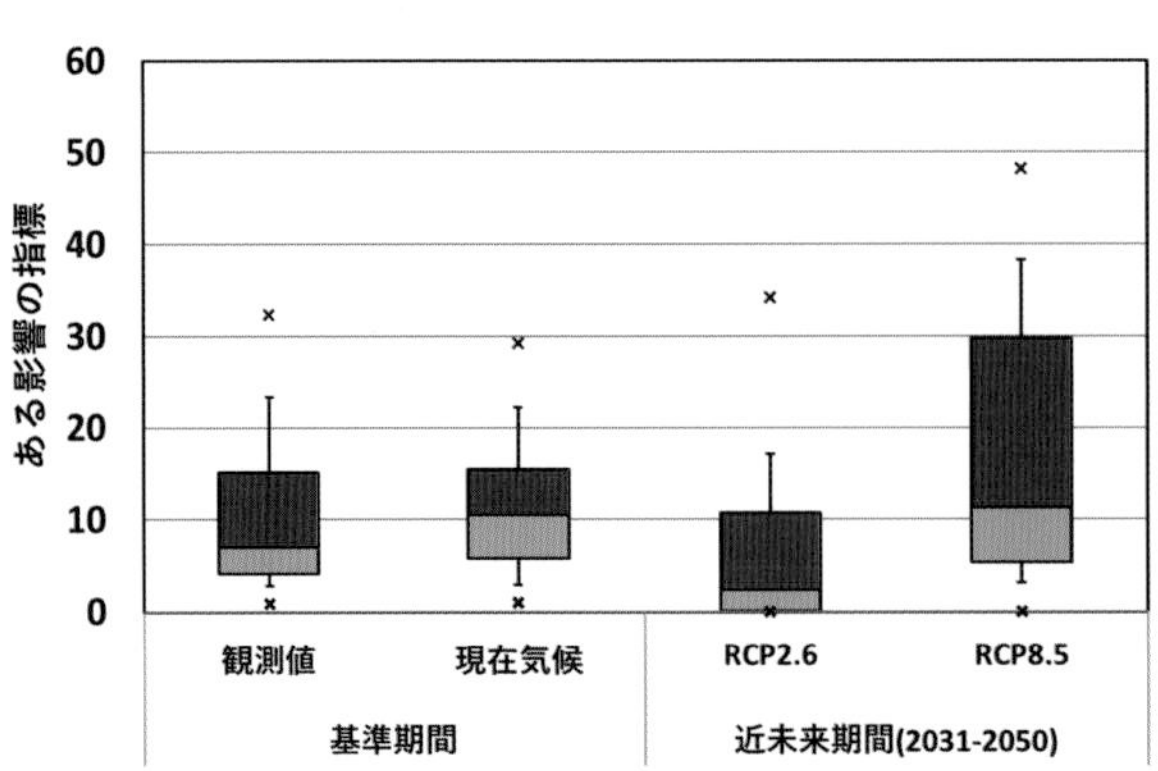

も観測値が不足していますので、降水の値そのものやその変化に関しては、現時点で確実に言えることは少ないとお考えいただく必要があります。これらの問題点を踏まえ農研機構では現在、空間解像度が細かく、降水など複雑な現象も比較的よく捉えられるとされる、領域気候モデル出力のバイアス補正や空間内挿・ダウンスケールにも取り組んでいます。しかし、気候シナリオの実際の利用には、本書で示されたほかのダウンスケール手法によるものも含めた複数のデータセットを同時に、またはその分野や課題の評価に最適な特徴を持つシナリオデータセットを選択することが大切です。

また、このような気候シナリオを使った影響評価の結果の利用や解釈に関しても注意が必要です。気候変動といってもそれぞれの気象要素が毎年一定の割合でトレンドのように変化するわけではなく、年々の変動が大きいため、1～数年程度の気候シナリオメッシュ値を抽出した評価では気候変動の影響を大きく見誤ることにつながります。したがって、将来期間では20年程度を対象とし、各年の気象要素値や影響の指標、農業生産量などの影響結果などは、その出現確率を図に表すことができる箱ひげ図（**図2**）などで表現することをお勧めします。

最後に、「農研機構地域気候シナリオ」は、「農研機構メッシュ農業気象データシステム」（**図1**記載のＵＲＬ）や「データ統合・解析システムＤＩＡＳ」において公開中です。みなさまのご利用を、お待ちしております。

（西森基貴）

《参考文献》

（1）西森基貴・石郷岡康史・桑形恒男・滝本貴弘・遠藤伸彦「農業利用のためのＳＩ-ＣＡＴ日本全国１km 地域気候予測シナリオデータセット（農研機構シナリオ２０１７）について」『日本シミュレーション学会誌』第38巻第３号、１５０～１５４頁、２０１９

図2　箱ひげ図のイメージ。
それぞれ 20 年ずつ程度の影響の指標を、その出現のパーセンタイル（% 点）で示しています。例えば、上下の×印はそれぞれ 99 パーセンタイルと 1 パーセンタイルを示しており、これは 100 回に 1 回程度しか出現しない程度の極端な大きな値（99% 点）および小さな値（1% 点）を示しています。箱の上限は 75% 点、下限は 25% 点で、それぞれ上から四分の一、下から四分の一に相当する順位の値、そこから延びる上ひげは 90% 点（上から十分の一），下ひげは 10% 点（下から十分の一）を示します。さらに箱中のヨコ線は 50% 点で、ちょうど真ん中に相当する順位の値です。

05 気温上昇と大雨変化の統計的関係性

●大雨と対策

大雨による災害は、世界各地や日本国内で毎年のように発生しています。2018年6月に西日本から東海地方を中心に広い範囲で数日間大雨が続き、死者200名を超える甚大な被害となりました(1)。これまでにも、2013年台風26号による豪雨、2015年関東・東北豪雨、2016年北海道豪雨のように、我が国では想定外の大雨が毎年のように発生し災害をもたらしています。

大雨による災害の防止や被害の軽減は喫緊の課題です。ソフト対策の一つである洪水防御計画の策定には、浸水想定区域の推定などに用いる外力（つまり、気象要素や自然地理的要素および人間活動要素など）の設定が必要です。特に、「降水量（どのくらい雨が降るのか？）」の推定が大変重要です。一般的に、洪水防御計画の基準となる降水量は、当該河川流域で過去に観測されたデータによる解析結果を用いてきました。近年改正された水防法では、地球温暖化に伴う豪雨の増加について考慮した想定しうる最大規模の降水の設定に将来予測も用いる方針に変わっています。

気温上昇と大雨の熱力学的関係

気候変動下における極端降水（降水データを大きい順に並べ、その上位0・1〜1％以内の極大な降水のこと。）の頻度や強度増加を推定する際、気候モデルの利用は有効です。しかし、一般的に気候モデルの極端降水量は過小評価であることが知られています。そのため、気候モデル以外での気候変動下における極端降水の頻度および強度変化を推定する手法として、気温と飽和水蒸気量の関係を示したクラジウスクラペイロン（Clausius-Clapeyron）式（CC式）が目安とされることがあります。これによれば、気温の上昇に伴って大気中の飽和水蒸気量は指数関数的に増加し、その変化率は気液平衡（相変化の際、見かけ上は蒸発も凝縮も起こっていない状態）のとき、気温1℃上昇ごとに約7％増加するとされています（**図1**）。実際にヨーロッパでは、観測データによる極端降水頻度の変化が日降水量でのみCC式の7％／℃と一致することがわかっています[(2)]。また、オーストラリアでは、日降水の極端降水量増加率はCC式の7％／℃と一致、一方、1時間降水の極端降水量増加率はその2倍を上回ることが明らかになっています[(3)]。

日本における気温上昇と大雨の変化（現在と将来）

そこで、我々のチームでは、「日本において極端降水頻度の変化率がCC式と類似するのか、また類似しないとしたらどのような変化率になるのか」について調査・研究を進めてきました。国内で観測された4種類のデータを用いて、過去と現在における日降

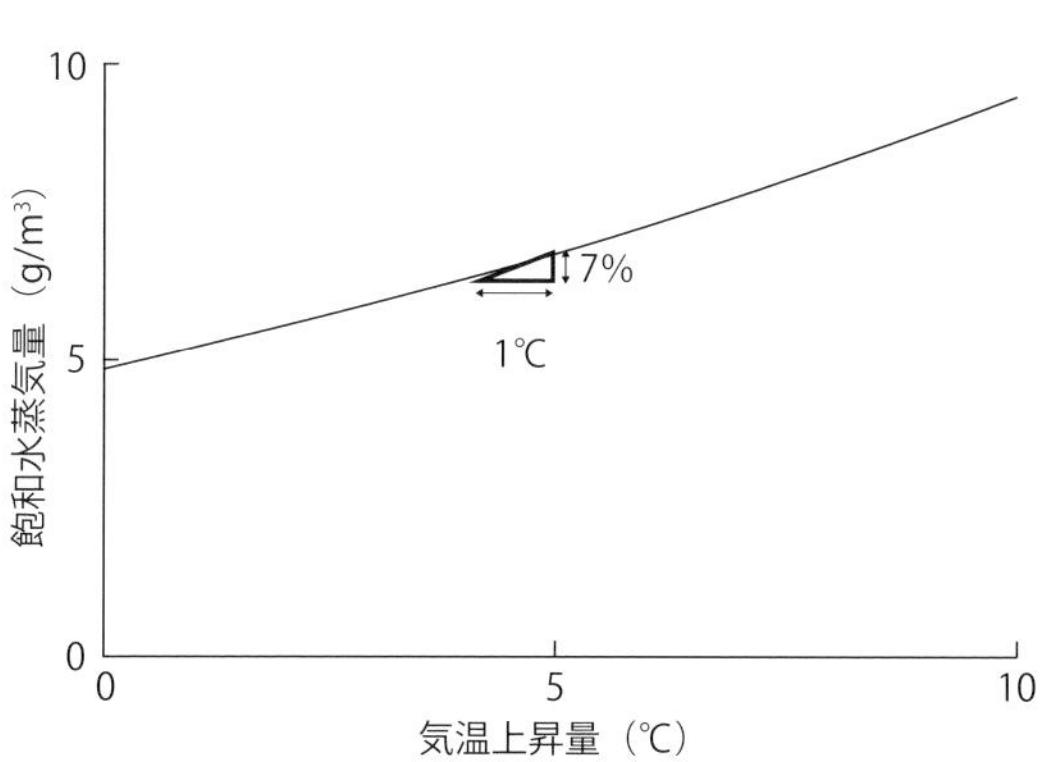

図1　気温上昇による飽和水蒸気量の増加

水量の極端降水頻度変化率（日本陸域平均の気温上昇プラス0・6〜0・8℃時）は、7％／℃に比較的近い値が多く、使用するデータや地域によっては2倍の14％／℃以上の値も確認されました。より稀な雨のほうがより大きな頻度増加率を示し、地域別では北海道や東北などより北にいくほど変化率が大きくなることがわかりました(4)。これは一般的に高緯度ほど気温上昇率が大きいため、飽和水蒸気圧の上昇がより大きくなることによるものと推察されます。

また、降水継続時間による違いも明らかになりました(5)。1時間から数時間スケールの比較的降水継続時間が短い降水の場合は、CC式の14％／℃をはるかに上回り、1日から数日スケールの降水継続時間が長い降水の場合、7％／℃に近づくということもわかってきました。

モデル値（d4PDF RCM、将来2℃および4℃上昇実験）を用いた将来の変化は、7％／℃未満となることが多いこともわかりました。将来実験の降水継続時間に注目した場合、降水継続時間の短い極端降水よりも降水継続時間の長い極端降水のほうが大幅に7％／℃を下回ることもわかってきました。しかし、より短時間な極端降水については気象学・物理学的に気候モデルによる再現性に限界があるという議論(2)から、気候モデルの将来実験に関する結果の使用には注意が必要です。

国交省「気候変動を踏まえた治水計画に係る技術検討会」で、将来4℃上昇相当時、過去と将来の2期間平均降雨量変化率は、全国平均で1・25倍と予測されています。ここで検討されている降水は気候変動を踏まえた治水計画へ向けては大変重要なものです。しかし、我々のチームでの見積のように、将来の気温4℃または2℃上昇相当時(用語)の降水量のモデル値はCC式の7％／℃を下回っているという可能性もありそうで、前述の現在想定されている最大規模の降水変化は過小見積の可能性もあります。今後の国土計画を考えるうえでは人類史上経験していないような甚大な災害を起こしうる極端な降水の変化に関しても検討が必要です。そのような極端降水に起因する水災害対策立案のための知見を得る第一歩として、我々のチームでは気温上昇と極端降水の関係に着目しました。しかし、この熱力学的な極端降水への影響に関する気象学的・物理学的要因などについては未解明のものが多く、まだまだ研究を重ねていく必要があります。

（吉川沙耶花・鼎信次郎）

《参考文献》

（１）「西日本豪雨災害調査報告書（中国地区）」土木学会、２０１９
（２）Fischer, E. M. and Knutti, R.: Observed heavy precipitation increase confirms theory and early models, Nature Climate Change, Vol. 6, pp. 986-991, 2016.
（３）Guerreiro, S. B. et al.: Detection of continental-scale in-tensification of hourly rainfall extremes, Natute Climate Change, Vol. 8, pp. 803-807, 2018.
（４）渡辺春樹・吉川沙耶花・瀬戸里枝・鼎信次郎「日本における極端降水頻度の変化率とClausius-Clapeyron 式との関係」『土木学会論文集B1（水工学）』第74巻第４号、Ｉ-１４５～Ｉ-１５０頁、２０１８
（５）渡辺恵・吉川沙耶花・山崎大・鼎信次郎「気温上昇量と極端降水強度の関係性―気象観測値とｄ４ＰＤＦを用いた日本域の解析」『土木学会論文集B1（水工学）』第75巻第４号、Ｉ-１１２９～Ｉ-１１３４頁、２０１９

06 河川流域の統計的ダウンスケーリング

●積雪寒冷地河川流域の水循環を分析できる情報

北海道のような積雪寒冷地では、本州や九州のような大雨の経験が少なく、水資源を雪に依存していること、寒冷域に適応した生態系が形成されていることなどから、気候変動による水循環の変化は、社会環境や自然環境に大きな影響をもたらすと考えられます。そこで、温暖な地域ばかりでなく、積雪寒冷地域の水循環に対する気候変動の影響評価ができ、適応策の立案根拠となりうるような情報が必要です。

そのような問題意識のもと、北海道全域の地域レベルで将来予測ができるように空間解像度1kmの統計的ダウンスケーリング（DS）データを作成しました(1)。ここで、元々の気候変動予測データには、空間解像度20kmをもつ気象庁地域気候モデル（MRI-NHRCM20 [用語]）の出力値を用いています。このデータセットは、現在気候20年分、将来気候20年分 [用語] から構成されています。将来気候では、四つの温室効果ガス排出シナリオ（RCP）、三つの積雲対流条件 [用語]、三つの海面水温パターンが考慮され、例えば、最も気候変動の影響が大きいRCP8・5シナリオでは、三つの積雲対流条件×三つの海面水温パターン×20年＝180年分の予測データが用意されています。今回作成したDSデータは現在気候の20年分と、将来気候のRCP8・5シナリオの

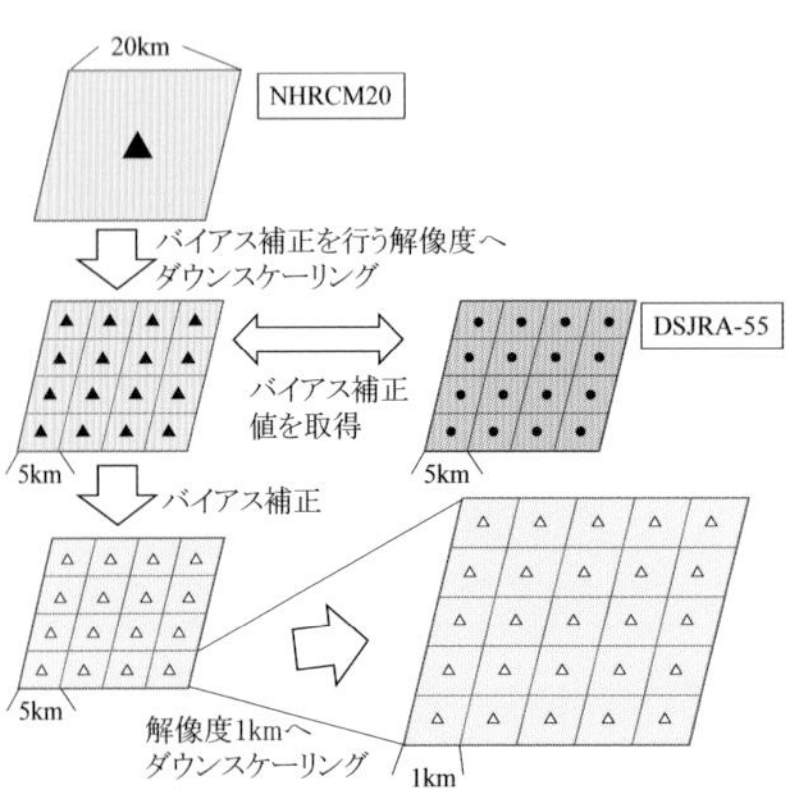

図1　DS手法の模式図

うち三つの海面水温パターンの60年分です。

対象としたデータは、地上気温、降水量、降雪水量、風速、相対湿度、全層雲量、下層雲量、気圧の8種類の日別値とし、大気と陸面の熱と水の交換が推定できるような要素としています。融雪や蒸発散といった現象は、大気と陸面の熱交換も関係するので、このような情報が必要です。また、モデル値であるＮＨＲＣＭ20（現在気候）は、実測値と差があるので、補正が必要です。これをバイアス補正（用語）といいます。バイアス補正のための実測値は、気象庁55年長期再解析値ダウンスケーリング情報（ＤＳ-ＪＲＡ55）（用語）や気象庁メッシュ平年値を用いています。バイアス補正には、Piani et. al.（2010）(2)の方法を利用しました。ここでは、現在気候のモデル値と実測値を小さい値から大きい値の順に並べ、各々をｘ、ｙの値とみなしてｘｙ平面にプロットし、その線形関係式を最小二乗法で求めます。これを用いれば、計算値（ｘ）が実測値（ｙ）に近似的に補正されることになります。この関係式を将来気候値の補正にも適用します。

このような補正を経て得られたいくつかのメッシュ情報を、求めたい地点との直線距離の逆数で重みをつけて(近いメッシュほど影響を大きくして)平均し、1kmのＤＳデータを作ります。一連の手順を**図1**の模式図に示します。**図2**には、現在気候のＤＳデータのうち、気温と降水量の年平均値の分布を示しています。また、将来気候については、年平均値を算出し、現在気候からの変化量（将来気候―現在気候）を示しています。結果から、気候値の空間分布や、将来気候における変化を高い解像度で示すことができました。

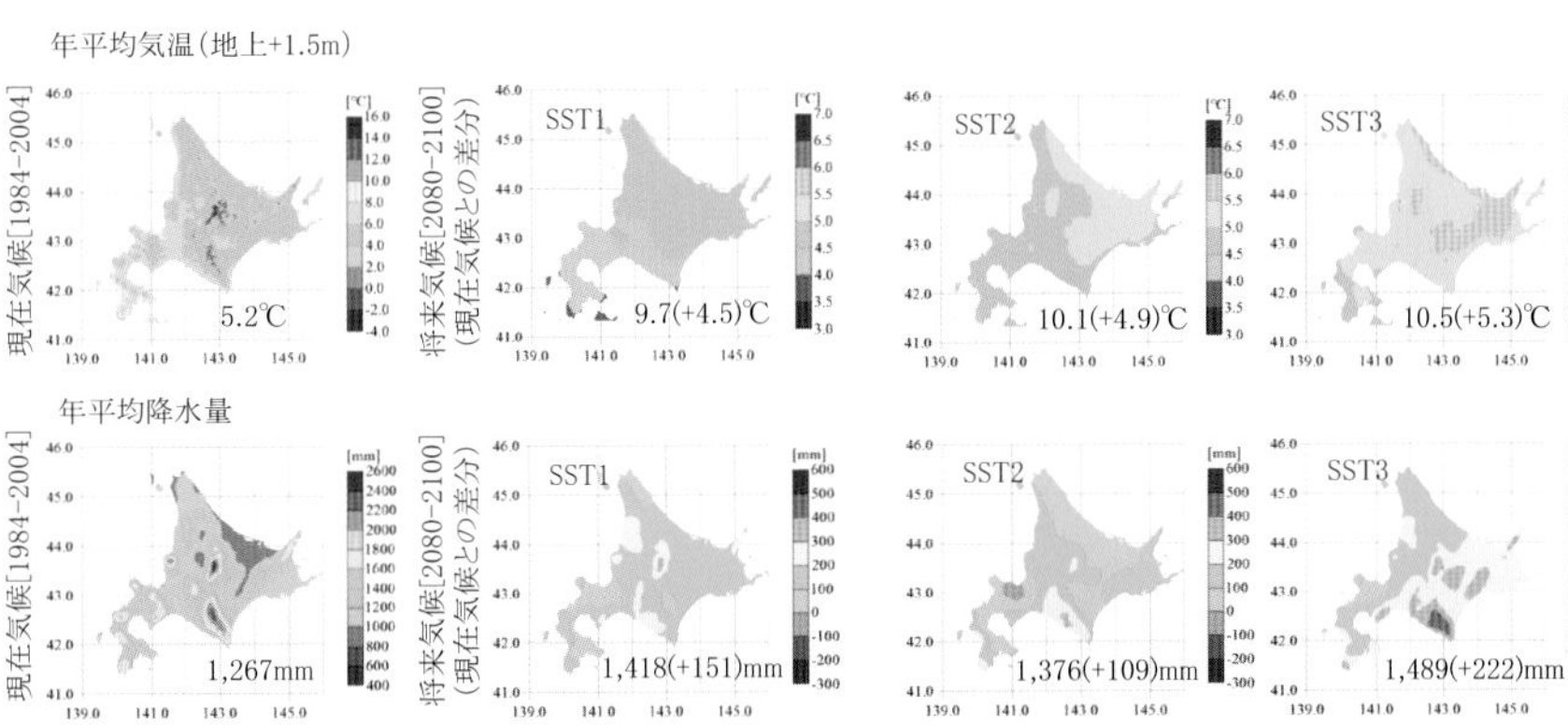

図2　現在気候と将来気候のDSの結果（上段が気温、下段が降水量。図中の数値は全メッシュの平均、カッコ内は現在気候との差分）

DSデータを用いた分析例～寒冷地河川の魚類への影響

一つの例として、DSデータを利用して寒冷地河川に生息する魚類への影響を試算してみました[3]。とくに冷たい水温を好むサケ科魚類にとって、水温の変化は生息を左右する重要な要因と言えます。ところで、気温が上昇するからといって、それに合わせて水温が上昇するとは限りません。水温が安定している地下水起源の湧水量が卓越する河川は、水温の上昇が抑えられるかもしれません。また、地表面を流下すると、徐々に気温の影響を受けるようになりますが、河畔林があると気温とともに水温の上昇が抑えられるかもしれません。よって、気候変動に対する生態系の評価には、流出過程と大気・水面の熱交換をしっかりと定量化することが必要と考えます。

水循環や水温を計算するモデルは、**図3**に示すように、①大気と陸面の熱と水の交換による降雨量・融雪量・蒸発散量の計算、②各メッシュ（1km×1km）の流出量と水温の計算、③これらを上流から合算し河川を流れる過程の流出量と水温の計算、という構成となっています。とくに、②の過程では、地下水の量に応じた水温の変化が推定できるようにしています。

そのような方法で北海道の空知川上流部・太平橋地点（流域面積383km²）を対象に水温を計算してみました。**図4**は、現在気候と将来気候のRCP8・5シナリオの三つの海面水温（SST）パターンについて、月平均水温の変化を示したものです。推定の信頼性は観測値と比較して確認しています。結果から、冬期間および春から夏にかけてプラス3℃～4℃の水温上昇が示されました。

この地点付近にはイトウ（*Hucho perryi*）というサケ科魚類が生息しており、その影

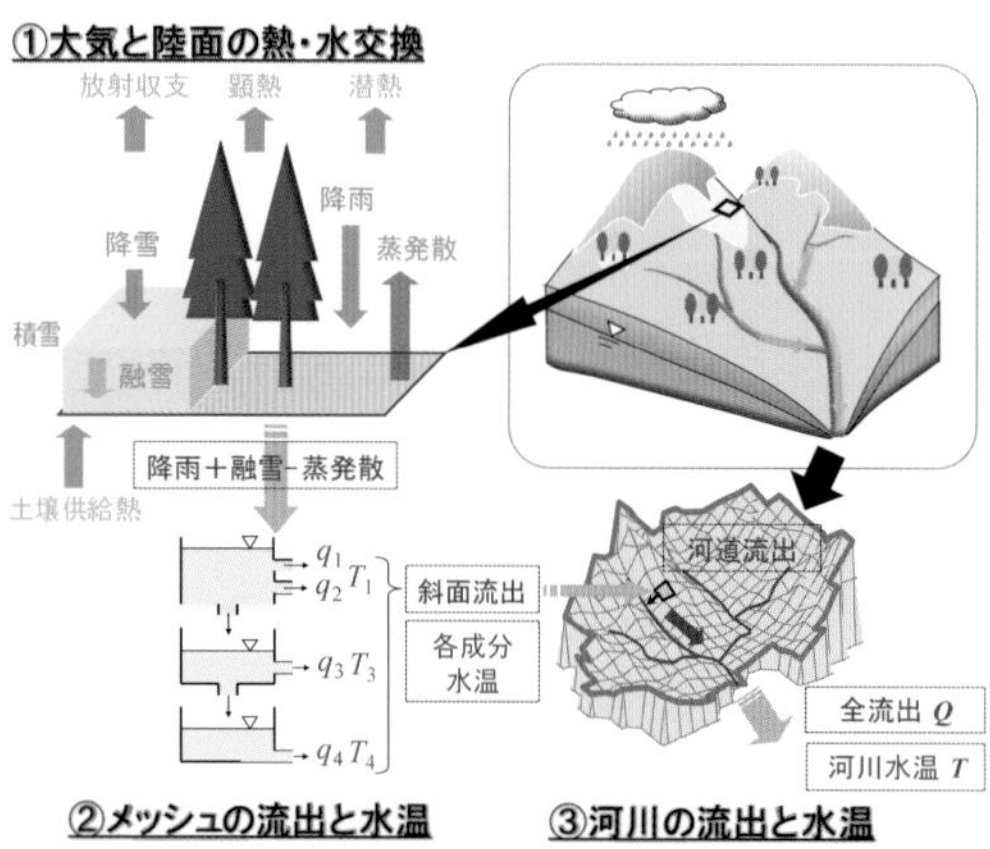

図3　流域の水循環と水温計算手法の模式図

響を考えてみました。イトウは北海道の河川や湖沼のみに生息する貴重な魚種です。**図5**は、イトウの産卵期である4～5月の平均水温について、現在気候値と将来気候値を最適水温範囲(4)と比較したものです。この結果、将来気候では、産卵に適した水温範囲を超えてしまい、水温上昇が生息環境に影響を及ぼす可能性が示されました。**図6**は、イトウの産卵期の日平均水温が、期間中1日でも最適水温範囲に収まっているメッシュを着色しています。結果は、中下流域の産卵に適した水温域が、上流部に移ってしまう可能性を示して

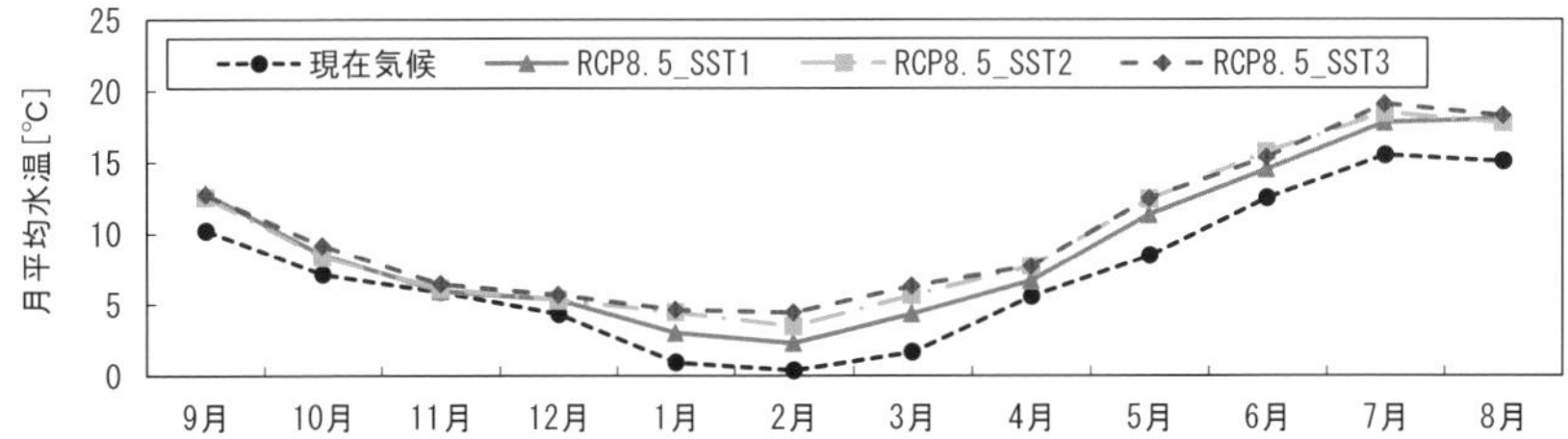

図4　空知川・太平橋地点の現在気候と将来気候の月平均水温の変化（現在気候値および将来気候値（RCP8.5 シナリオ、SST1 ～ SST3）の月平均値、工藤ら（2018）を改良）

生活史	産卵期	ふ化・稚仔魚期	成魚・遡上期
期間	4～5月	6～8月	9～3月
最適水温	6～7℃	積算水温※200℃	20℃未満

※発眼卵からふ化までの水温と日数の積

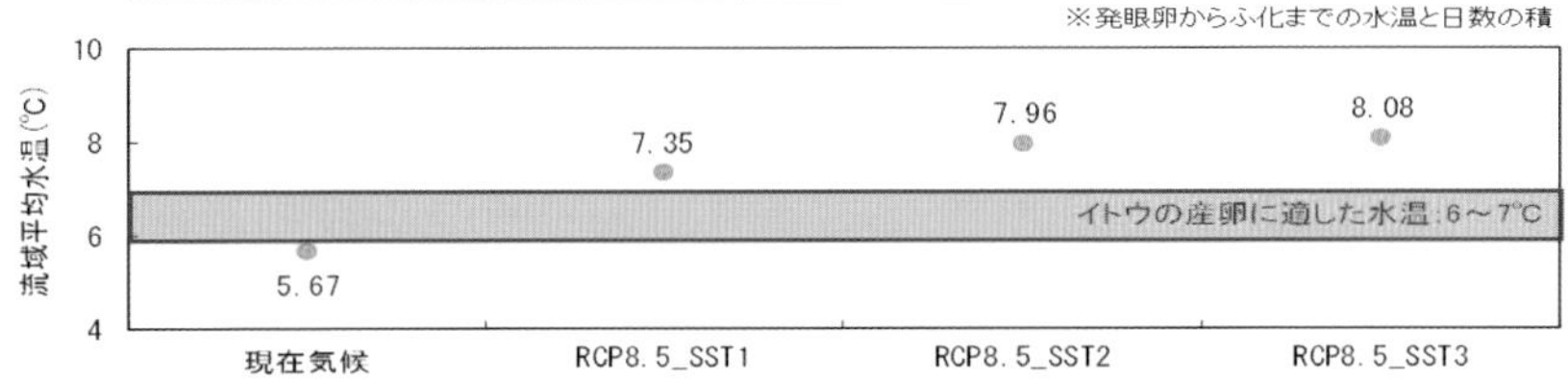

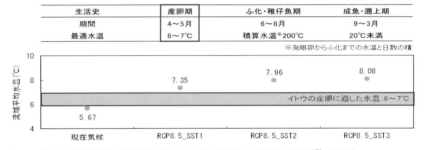

図5　イトウの産卵期平均水温（青丸は4～5月の平均値、工藤ら（2018）[3] を改良）

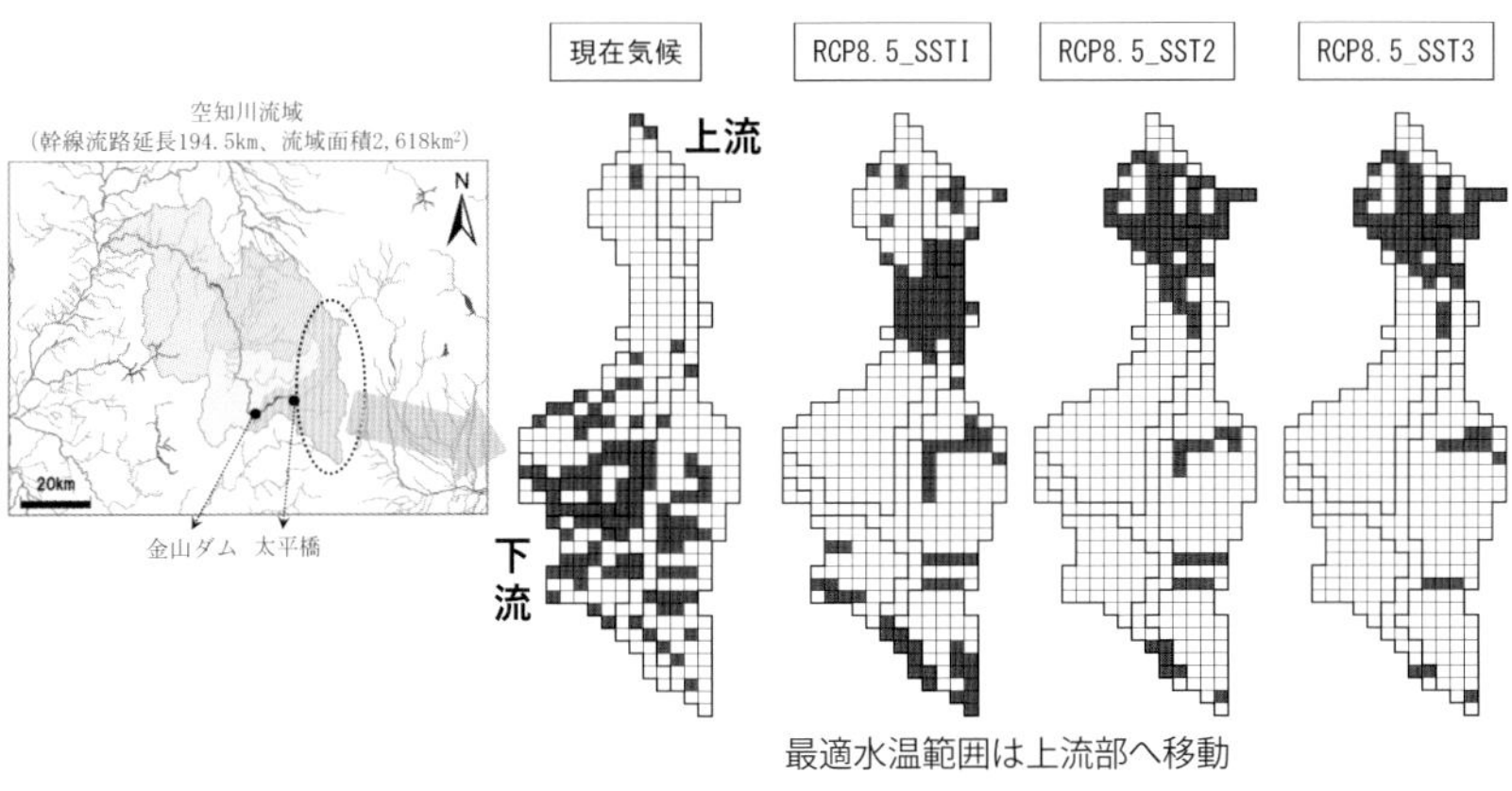

図6　イトウの産卵期最適水温域（最適水温範囲に入るメッシュを赤で着色、工藤ら（2018）を改良）

います。生息範囲の変化に応じた産卵・生育環境を考える必要があるかもしれません。このようなＤＳデータを利用した推定については、さらなる手法の精査を行い、影響評価や適応策の提案に生かしていきたいと思います。

（中津川誠）

《参考文献》

（1）上田聖也・中津川誠・千田侑磨・小松麻美「流域水収支が検証された北海道全域の高解像度Downscaling情報の作成」『土木学会論文集B1（水工学）』第75巻第２号、Ⅰ-１０５１～Ⅰ-１０５６頁、２０１９

（2）Piani C. et al.: Statistical bias correction of global simulated daily precipitation and temperature for the application of hydrological models. Journal of Hydrology, 395, pp.199-215, 2010.

（3）工藤啓介・中津川誠・千田侑磨「地球温暖化シナリオに基づく寒冷地河川における水温変化の評価」『土木学会論文集B1（水工学）』第74巻第5号、Ⅰ-３７～Ⅰ-４２頁、２０１８

（4）笠井文考・田中俊次・小宮山英重・夏原憲子・水口拓真「釧路川水系-支流におけるイトウ（Hucho perryi）の産卵生態」『東京農大農学集報』第54巻第1号、45～50頁、２００９

07 力学的ダウンスケーリング概論

本章でご紹介するのは、天気予報で使う数値予報モデルの一種である地域気候モデルを使って行うダウンスケーリング（用語）です。物理の法則に基づいて計算するため力学的という名前がついています。

●何に使えるのか

地形が絡む小規模な現象をみるのに適しています。局地的な激しい降水はその最たる例です。統計的ダウンスケーリングでは基となる観測データの空間密度（何km四方に一つの観測点があるか）よりも細かい現象を表現することは難しいですが、力学的ダウンスケーリングでは表すことができます。

通常あまり観測されない項目も利用できます。モデルでは、観測されないさまざまな要素も含めて計算されます。例えば、山岳域の積雪や有人の気象台以外での観測は稀な日射量や湿度などですが、力学的ダウンスケーリングでは分布を得ることができます。

確率情報を得ることができます。最近のダウンスケーリングは条件を少しずつ変えた複数の計算を行うアンサンブル実験が主流です。アンサンブル実験なら、例えば平均気温の上昇は３℃プラスマイナス０・５℃といった、不確実性の程度を含めた表現が可能になります。また、アンサンブル数が多いと低頻度の現象も評価できるようになります。例えば、1日80mm以上の降水が１００年に一度だったのが10年に一度になるといった評価が可能になります。

特徴

親モデルが必要です。狭い領域を細かく計算するためには、その領域の外側の大気状態がどのようになっているかを与えていく必要があります（境界条件といいます）。通常、解像度が低い全球のシミュレーション結果などが境界条件として使われます。また、計算を始める時点での風や気温といった大気の状態（初期値）も必要です。将来予測の場合、特に境界条件の影響を強く受けます。

表現できる現象のスケールはモデルの解像度で決まります。高解像度ほど、短時間に起きる極端現象や複雑な地形に左右される現象を再現できます。しかし、計算に必要な時間は急増するため、多くの事例を計算することは困難になります。**図1**に解像度によって最大積雪深の計算結果がどのように違うかの例を示します。20kmでは山岳域の多雪地帯がボヤっとしか見えませんが、5kmにすると地形に伴う積雪の違いがはっきりしてきます。単純な高解像度化ではなく、降る場所（実は時間も）や降雪域の形が変わっていることもわかります。

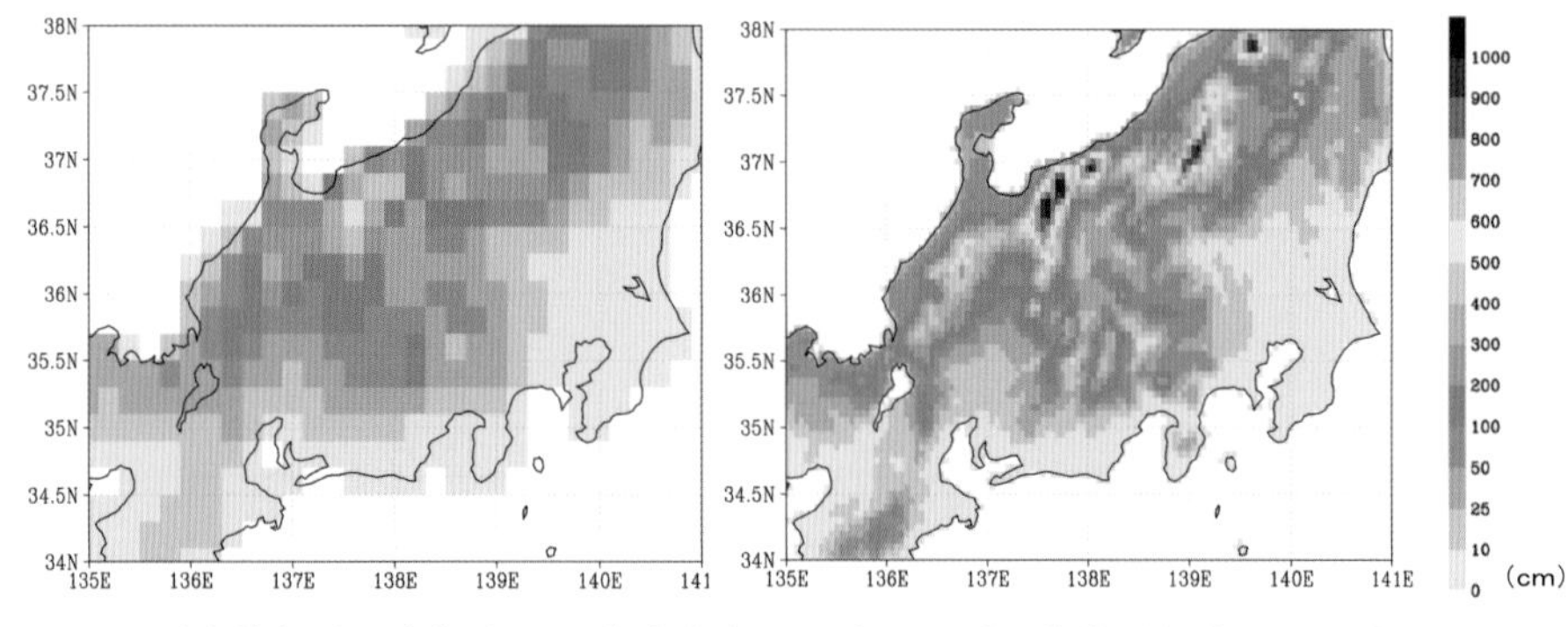

図1　中部地方の年最大積雪深のモデル解像度による違い。31年平均値の例。左20km、右5km

使う際に注意すべきこと

計算領域の縁は使ってはいけません。領域の縁（外枠に近いところ）は低解像度の親モデルに強く影響され、細かい現象を正しく表現できません。通常、縁に近い領域（目安として10～20格子分、解像度5 kmなら50～１００ km）は対象から外します。データセットによっては、あらかじめ解析できる領域だけにしてありますので、確認が必要です。

計算で出てくる年月日は意味がありません。計算結果は特定の日付のものとして得られますが、将来の特定の日が計算で得られた気象状況になるわけではありません。日付は便宜的についているだけと考えてください。ある年代、季節の平均的な様子、つまり気候を求めることが将来予測の目的です。この点は特定の日時をターゲットとする天気予報と異なります。天気予報は現状では長くても1か月程度先までが限度です。

シナリオや親モデルはどのようなものかを知ってください。将来予測の結果は使っている温室効果ガス排出シナリオによって異なります。また、親モデルがどのようなものかにも依存します。影響評価をするうえでの前提条件として把握してください。影響評価の結果や適応策を示す際に、どのようなデータに基づいたかも明示する必要があります。

モデルの結果には癖があります。モデルは完全ではないため、現在気候を再現しようとすると、現実との間に必ず差が生じてしまいます。このようなモデル結果から現実の値を引いた差をバイアスといいます。バイアスは気象要素、場所、季節によって違います。一例として、**図2**にＳＩ-ＣＡＴで作成した５ km解像度の力学的ダウンスケーリングにおける冬季気温のバイアスを示します。この例では北日本で低温バイアス（モデル

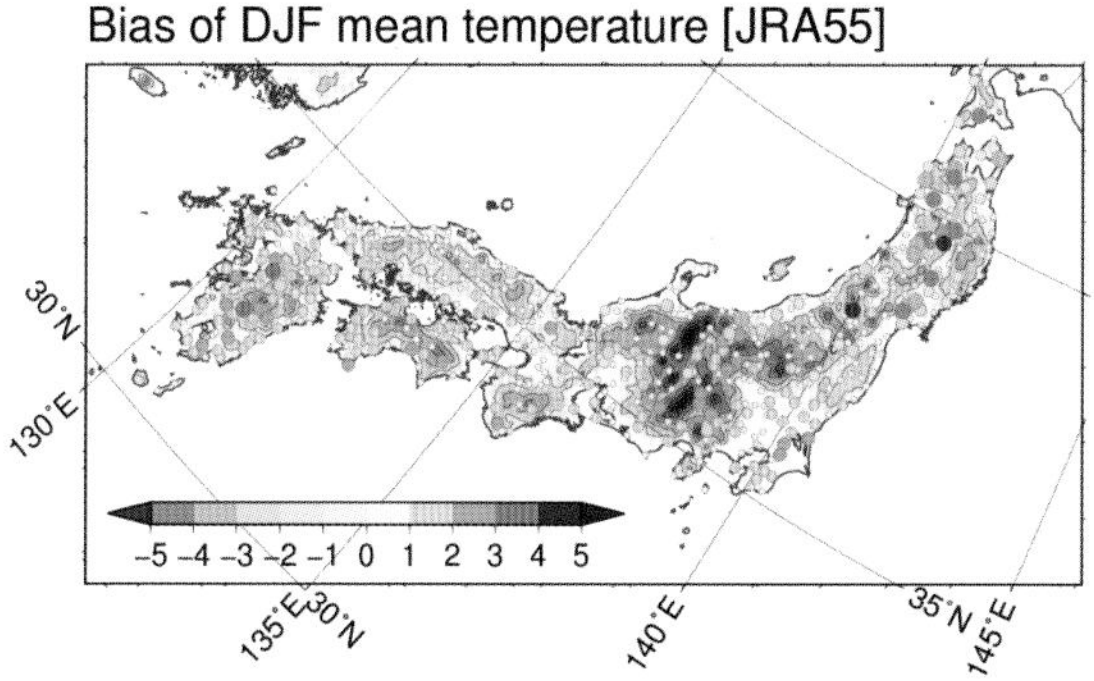

図２　気温のバイアスの例。SI-CATによる５km力学的ダウンスケーリングの冬季気温バイアス。数字の単位は℃でモデルの結果から観測値をひいた値

の結果が低すぎ）、東日本から西日本にかけて高温バイアスの傾向があります。バイアスがあまりにも大きいときには、そのモデルの再現性に疑問符が付きますので、将来予測を行うべきではありません。

将来予測は現在との差をみるのが基本です。バイアスが大きくない場合は、モデルによる将来予測と現在気候再現の差をみることによって、「将来はこのように変化する」という見方ができます。同じモデルでは将来も同様のバイアスが生じるとみなし、バイアスの影響はキャンセルされると考えるのです。モデルの将来予測と観測を比較するのではなく、モデル同士の将来と現在再現を比較するのがポイントです。

場合によってはバイアスを補正します。バイアスが目立つ、しきい値を超えるかどうかをみる、極端現象を扱うといった場合は、バイアスを補正することが望ましくなります。バイアスの補正は、モデルによる現在気候の再現結果と観測を比べ、両者の関係を求めることによって行われます。将来予測の結果も同じ関係を使ってバイアス補正をします。

できるだけデータ作成者と連絡を取ってください。これまで述べてきた注意点などを知ってデータを使うことが肝心ですが、それにはデータ作成者（グループ）に相談するのが一番です。力学的ダウンスケーリングで作られるデータは容量が大きくなります。利用者は必要な地域や気象要素のみを抽出することになるでしょう。自力でやるのはなかなか大変です。本書には書ききれないような技術的な助言も得られるでしょう。場合によっては、もっと適した予測データを紹介してもらえるかもしれません。作成者と協働することで、より適切な影響評価、適応策策定が可能になります。

（山崎　剛）

08 気候変動を踏まえた治水対策の検討に適した大量アンサンブル高解像度大雨データの作成

気候変動を踏まえた治水対策の検討

近年の大雨災害の激甚化・頻発化を受けて気候変動を踏まえた治水対策の検討が急速に進められています。ここでは第１部01で述べた気候変動を踏まえた治水対策に関する検討会(1)(2)(3)で議論された内容を中心に治水対策の検討に要求される予測データの条件および作成方法を説明します。また、どのような検証を経たことで検討に資するデータとして受け入れられることとなったかについても説明します。

大量アンサンブル気候データに基づく大雨の評価

はじめに種々の気候シミュレーションデータセットから検討に適したものを選定する必要がありました。ここでは我が国の大規模河川の計画で用いられる１／１５０や１／２００の年超過確率 用語 の大雨の将来変化を推定することが第一の目的であることから、生起頻度＊の小さい事象に対して統計的な取り扱いに適した大量アンサンブル気候データであるｄ４ＰＤＦが最も相応しいと判断し、検討に用いることとしまし

＊生起頻度
事象の発生する確率を意味しており、「年超過確率」などで表現されます。

た。d4PDFは過去および温暖化進行後の気候条件におけるそれぞれ数千年に及ぶシミュレーション結果を有しており、膨大な降雨事例から温暖化進行後の大雨の特徴を評価することが可能です。また、過去の気候条件下でのアンサンブルデータからモデルが有する系統的な誤差を観測値との比較から検証できることも大きな利点です。

力学的ダウンスケーリングによる降雨の詳細化

流域が有する洪水の危険性の詳細な把握には流域内の降雨の空間分布が把握できるほどの高解像度の情報が必要となります。また、1時間あたりの強い降雨の再現には5km解像度が必要となるとの指摘や降雨分布に影響する山地の地形を詳細に計算に反映する必要性から、本検討では気象庁気象研究所の地域気候モデルNHRCMを用いた5km解像度への力学的ダウンスケーリング（以降、力学的DS）を実施することとしました。

ダウンスケーリングの対象降雨事例の選定

力学的DSは気候モデルの結果を境界条件として、領域モデル等を用いて高解像度で計算を行うものであり、膨大な計算量を必要とします。このためd4PDFのような大量アンサンブルデータをすべて力学的DSにより5km解像度とすることは計算量の点から困難となります。本検討では河川の計画に用いられる時空間スケール（十勝川帯広地点集水域では時間スケール：72時間、空間スケール：流域面積2678km²）での年最大降雨の評価が目的であり、その目的を満たす力学的DSの対象期間を設定す

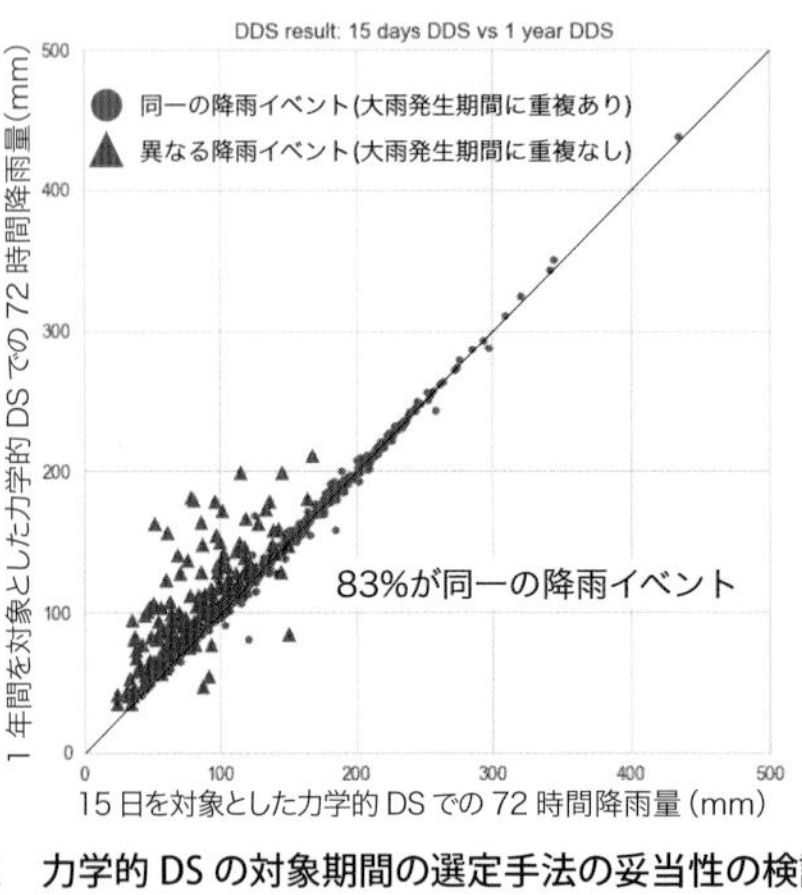

図1　力学的DSの対象期間の選定手法の妥当性の検証

ることで必要となる計算量の削減を図りました。ここでは対象とする時空間スケールでの大雨は天気図スケールの気象場から把握可能と考えました。すなわち20km解像度での大雨事例をダウンスケーリングすることで対象流域での詳細な降雨分布を把握できると想定し、力学的ＤＳの対象を20km解像度のｄ４ＰＤＦから得られる年最大降雨事例を含む15日間としました。この条件設定の妥当性を調べるため、１年間を対象期間とした力学的ＤＳを数百年実施し、15日間の力学的ＤＳの結果と比較することで、計画の対象となる規模の大雨が適切に捉えられていることを明らかにしました（**図１**）。なお、この条件設定のもとでも大量のアンサンブルデータへの適用には依然として膨大な計算量が必要となりましたが、地球シミュレータ特別推進課題の支援を受けることで数か月間の期間での力学的ＤＳが実現され、前述の検討会での議論の土台として活用されるに至りました。

ダウンスケーリング後の降雨と観測された降雨との比較

治水対策の検討にあたっては、得られた降雨データが実際の大雨の特徴をどれほど表現できているかが重要であり、前述の検討委員会においても盛んに議論がなされました。そこで、ｄ４ＰＤＦの過去気候の力学的ＤＳの降雨と観測により得られた降雨とを複数の観点から比較し、実際の降雨の特徴をよく表したデータであることを明らかにしました（**表１**（中央列））。以降では北海道での委員会の対象流域の一つである十勝川帯広地点集水域での結果を示します（**図２**、**３**）。力学的ＤＳにより年最大降雨量の頻度および１時間降雨強度の頻度（特に強雨の頻度）は観測値に近づくことがわかりました。

表１　力学的 DS から得られた降雨量の検証結果と温暖化進行後の特徴

検証項目	5km への力学的 DS での検証結果	温暖化進行後の特徴
年最大降雨量	力学的 DS により、観測値に近い頻度分布となる	温暖化の進行に伴い増大（十勝川帯広基準地点流域での 99 パーセンタイル値は 2℃上昇実験で 1.14 倍、4℃上昇実験で 1.34 倍）
１時間降雨強度	力学的 DS により、強い１時間降雨の頻度が観測値に近づく	温暖化の進行に伴い強い降雨の頻度が増大
降雨の時空間的な特徴	力学的 DS により、降雨の時空間的な集中度が観測値に近づく	年最大降雨は時空間的に集中化する傾向に
気温と降雨強度の関係	気温と飽和水蒸気圧の関係（クラジウスクラペイロンの式）に従う	温暖化進行後も同様にクラジウスクラペイロンの式に従う
台風に起因する降雨量	台風に起因する年最大降雨量は観測値に近い値となる	温暖化の進行に伴い増大（流域ごとに影響の大きさは異なる）

また、観測値から気温別の強雨は気温と飽和水蒸気圧（温度によって決まる水蒸気圧の取りうる限界値）の関係（クラジウスクラペイロンの式）に従うことがこれまでにわかっていますが、**図4**に示すように力学的DSの強雨も同様にこの理論から得られる関係性を有することが明らかとなりました。また、紙面の都合上割愛しますが、年最大降雨の時空間的な特徴や台風に起因する降雨量に関しても力学的DS後の降雨は観測値と高い一致をみせます(5)。

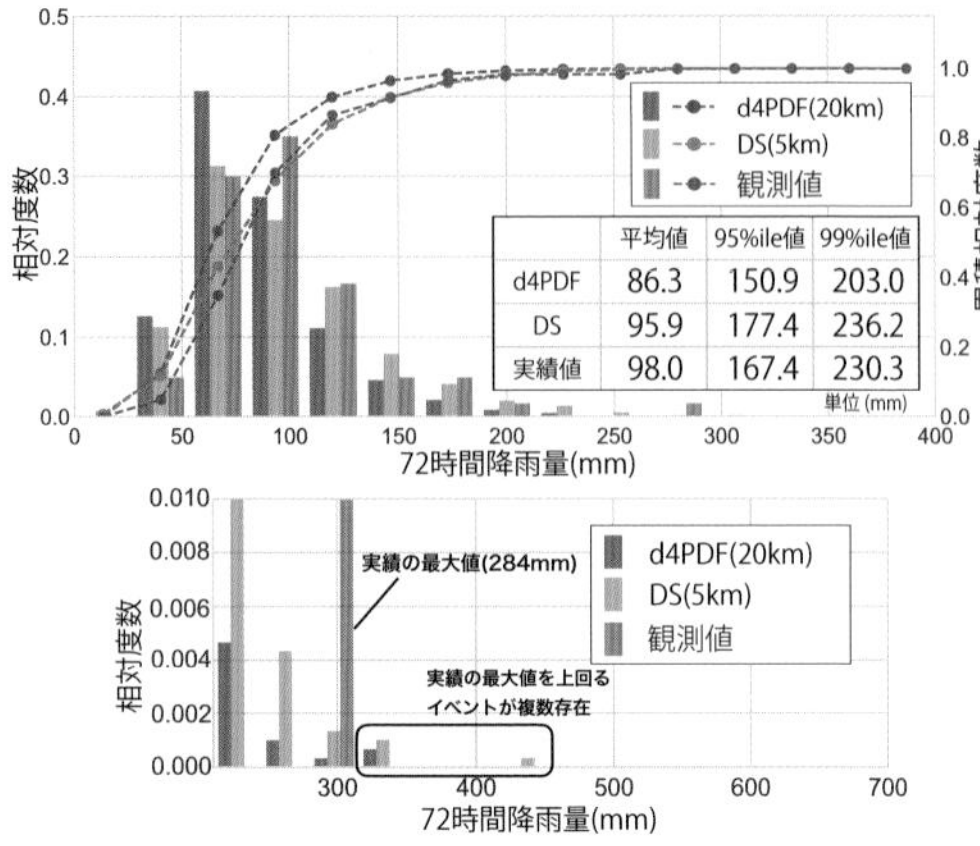

図2　年最大降雨量の頻度分布（観測値との比較）
下は99パーセンタイル以上に着目した図(4)。
力学的DSにより頻度分布が観測値と近づく。

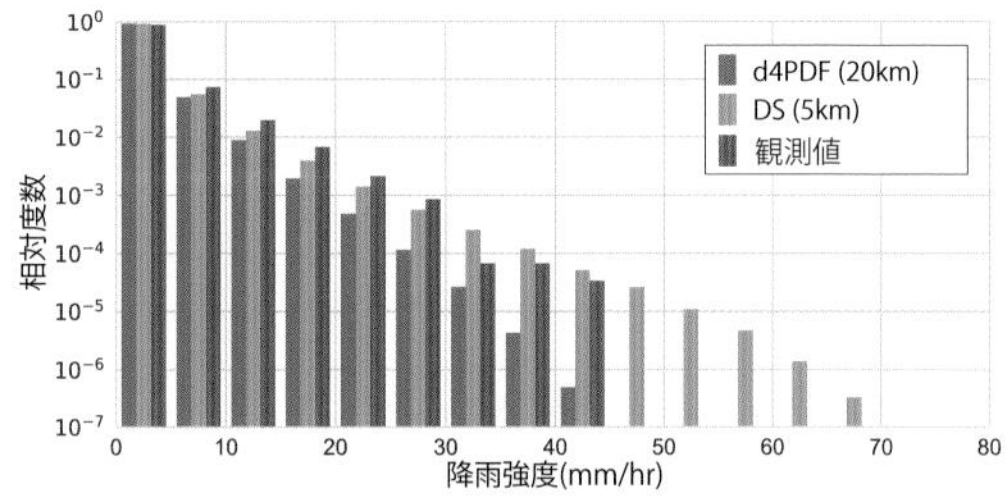

図3　1時間降雨強度の頻度分布（観測値(赤)との比較）(4)
力学的DSにより強い1時間降雨の頻度が観測値に近づく。

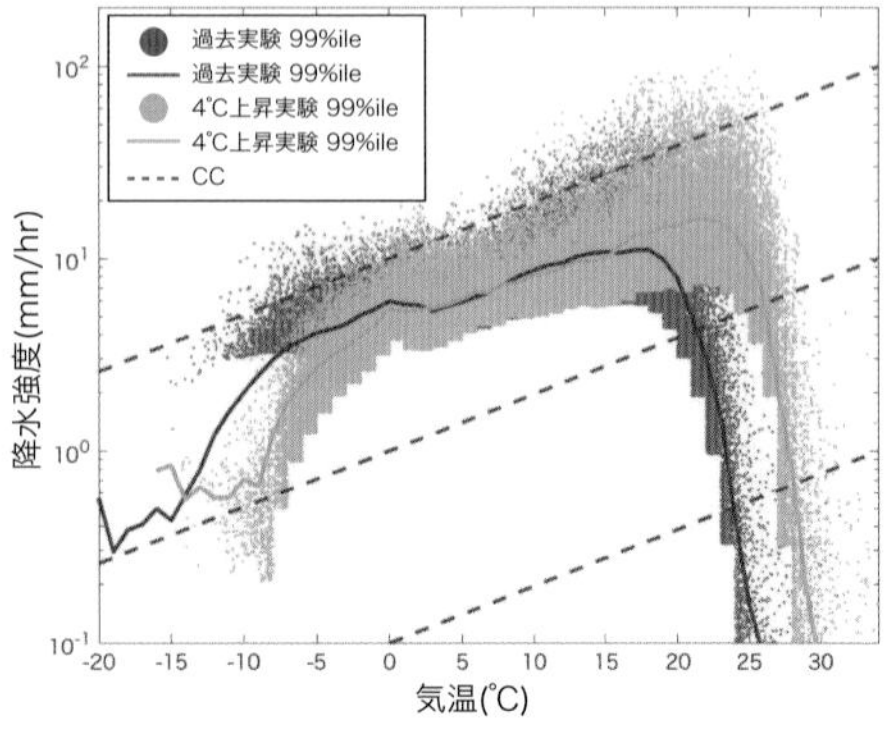

図4　降雨強度と気温との対応関係
気温が高いほど極端な降雨強度は高まる傾向があることから、温暖化の進行に伴い強い雨の頻度は増加する。

温暖化進行後の降雨の特徴

過去と温暖化進行後の気候条件における降雨との比較（**表1**（右列））から、温暖化の進行に伴い年最大降雨量は増大し、1時間降雨強度も強まることがわかりました（**図5**）[4]。また、短時間かつ狭い範囲ではより降雨量が増大する傾向にあることもわかりました（**図6**）[5]。このように温暖化の進行による降雨量の増大と降雨の時空間的な集中化が明らかとなり、両者を踏まえた適応策の検討の必要性があることがわかりました。なお、同様の力学的DSを北海道の石狩川、常呂川、九州の筑後川の流域においても実施し、同様の傾向を示すことから、日本全国での課題であることが明らかとなりました。また、5km解像度の大量のアンサンブルデータを用いることで流域内のさまざまな降雨の時空間パターンの考慮が可能となる

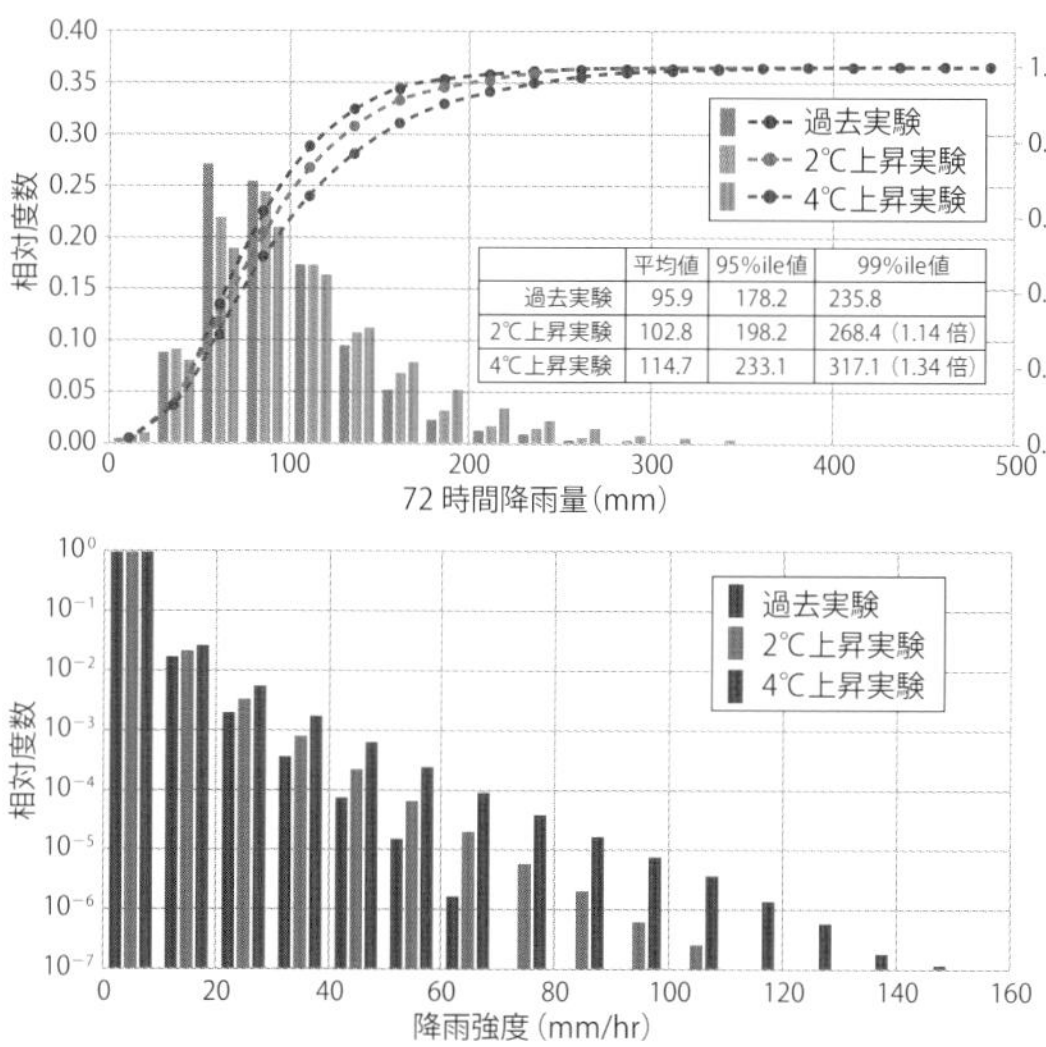

図5　各気候条件での頻度分布（上：年最大降雨量、下：1時間降雨強度）（文献4に加筆）。温暖化の進行に伴い、年最大降雨事例の降雨量と1時間降雨強度は高まる。

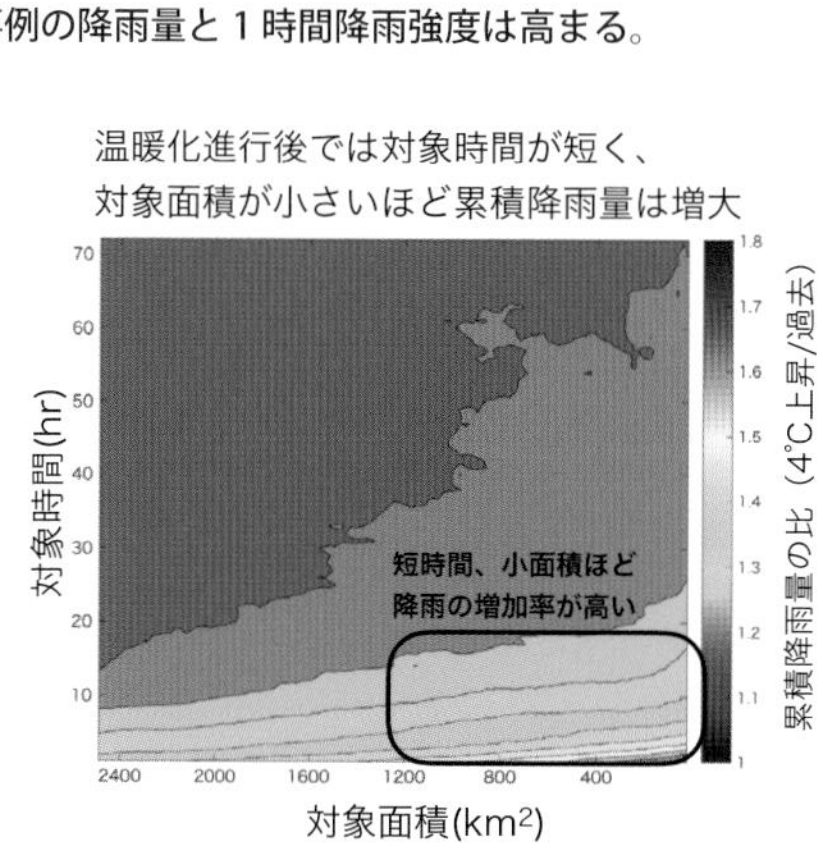

図6　降雨の時空間的な特徴の比較

など、従来では困難であった多角的な視点に基づく適応策の検討も可能となることがわかりました。

（山田朋人）

《参考文献》

（1）北海道地方における気候変動予測（水分野）技術検討委員会、２０１８
（2）北海道地方における気候変動を踏まえた治水対策技術検討会、２０１９
（3）気候変動を踏まえた治水計画に係る技術検討会、２０１９
（4）山田朋人ら「北海道における気候変動に伴う洪水外力の変化」『土木学会河川技術論文集』第24巻、３９１～３９６頁、２０１８
（5）星野剛ら「大量アンサンブル気候予測データを用いた大雨の時空間特性とその将来変化の分析」『土木学会論文集B1（水工学）』第74巻、I-１３～I-１８頁、２０１８
※洪水リスク評価の一連の流れに関して以下に詳細が記載されています。
国土交通省北海道開発局・北海道・北海道大学監修『気候変動を踏まえた新しい洪水リスク解析』北海道河川財団、２０１９

09 建物を解像した街区の熱・風環境シミュレーションによる効率的な熱対策

●建物解像シミュレーションとは

一般的な気象予測シミュレーションは山地や海岸線などの自然地形を考慮したうえで、大気の動き（風）や雲の発達、降雨などを予測します。しかし、建物などの人工物を考慮することができません。一方で、人間が活動する都市街区内での熱・風環境を評価するためには建物による風の遮りや日陰などを考慮する必要があります。建物が熱・風環境に与える影響までを考慮できるシミュレーションを建物解像シミュレーションと呼びます。少し専門的な話になりますが、建物や人間活動の影響を強く受ける、高度１００ｍ程度までの地表付近の気象のことを微気象と呼びます。つまり、建物解像シミュレーションは微気象シミュレーションの一種と考えることができます。

国立研究開発法人海洋研究開発機構ではＭＳＳＧ（Multi-Scale Simulator for the Geoenvironment、通称：メッセージ）というマルチスケール大気海洋予測シミレーションモデルを開発してきました。このメッセージモデルは地形を解像する一般的な気象モデルとしての使い方だけでなく、建物解像シミレーションモデルとしても使うことができます。特に近年になって、建物だけでなく樹冠を考慮したシミュレーションもできるように改良が加えられました。樹冠は風を弱める効果、光を遮る効果、蒸散効果などさまざまな形で街区の熱・風環境に影響与えます。メッセージモデルはこの樹冠の効果までを考慮できる最先端のシミュレーションモデルです。**図1**に、東京都心部を対象とした建物解像シミュレーションの結果例を示します。２０１５年８月７日14時30分時点の気温分布を示しています。南東（図の左上）から風が吹いている時間帯で、大きなビルの風下側に暖かい空気塊がもくもくと筋状に流れていく様子がわかります。

建物解像シミュレーションの適用例

これまでに、メッセージモデルを使って、多くの実在街区に対して建物解像シミュレーションを実施してきました。例えば、丸の内パークビルの中庭樹木による暑熱緩和効果を１m解像度シミュレーションにより定量的に明らかにしました[1]。これは、三菱地所設計、竹中工務店と共同実施した成果です。真夏に行われる東京オリンピック・パラリンピックに関連して、効果的な環境対策の在り方の検討の参考のために、環境省および文部科学省からの協力要請に基づき、東京湾臨海部の緑地の効果を解析したこともあります[2]。さらに、横浜ＭＭ21地区を対象とした暑熱環境予測により、冷涼な海風や緑陰による暑熱緩和効果の再現に成功しています[3]。また、埼玉県の熊谷スポーツ文化公園においては、集中観測結果と２m解像度シミュレーション結果を公園整備計画に反映することに成功しました[4]。これに関してはＣＥＳＳの章（第1部08）で詳述されていますし、シミュレーションの詳細は後述します。これらの建物解像シミュレーション結果の動画は日本科学未来館で展示されています（２０１８年６月〜）し、

図１　東京都心部を対象とした建物解像シミュレーションによって得られた 2015 年 8 月 7 日 14:30 の気温分布

YouTube にも掲載されていますので(5)、パソコンやスマートフォンで実際に見ていただくと、建物解像シミュレーションの威力を感じていただけると思います。

建物解像シミュレーションの準備

熱・風環境に関するシミュレーション結果を得るためには、建物解像シミュレーションの準備、実行、結果の解析という一連の作業を行います。準備では、計算対象日時と計算対象領域を決め、必要なデータを用意します。対象日時における気象データ、計算領域内の各格子3次元情報（地形、建物配置、樹冠配置、人工排熱分布）や表面2次元情報（土地利用情報、建物表面素材情報）を収集し、シミュレーションモデルが扱うことができる格子（グリッド）データ(用語)に変換して用意します。その際には、計算解像度を何ｍにするかも決めなくてはなりません。１階建と2階建の建物を区別し、道路を解像するためには５ｍ解像度よりも精細な解像度が必要です。これまでの経験の蓄積から、５ｍ解像度であれば都市街区の熱・風環境の概略を把握できることがわかっています。さらに、より信頼性の高い結果を得るためには２ｍ解像度、人目線のきれいな可視化画像を得るためには１ｍ解像度が必要になることがわかってきました。計算解像度を高くする（格子サイズを小さくする）と計算コストは跳ね上がっていきます。同じ大きさの計算領域、同じ長さの計算対象時間の場合、解像度を2倍にすると（格子の大きさを半分にすると）、２の４乗倍、つまり16倍の計算コストがかかります。指数の４は空間３次元と時間１次元の計４次元に由来しています。計算コストが16倍というのは、2倍高速に計算できるコンピュータを使っても8倍余計に計算時間がかかるということです。計算コストを抑えつつ、可能な限り高い解像度のシミュレーションを実施するために、対象とする計算領域や対象期間を絞るような工夫が必要になります。

熱・風環境評価のための解析

メッセージモデルは計算に緯度・経度に沿った直行座標系を用いています。出力される結果も格子状の、いわゆる格子（グリッド）データ形式です。地表面気温の水平分布などの2次元分布図を取得するのは無料／有料ソフトを使って比較的簡単に行えますが、**図1**や**図3**のような3次元分布図を描画するには通常であれば高価な可視化ソフトが必要になります。JAMSTECでは、それを手軽に行えるように、VDVGEという可視化ソフトを開発して、無償公開しています。実際、**図1**と**図3**は、VDVGEによって作成した画像セットを、グーグルアース（Google Earth）を使って可視化した結果です。グーグルアースの優秀なGUI(グラフィカルユーザーインターフェース）によって、好きな視点から気温分布を見るようなことが手軽にできます。

埼玉県熊谷スポーツ文化公園を対象とした建物解像シミュレーション

スーパーコンピュータ「地球シミュレータ」を用いてメッセージモデルにより暑熱環境シミュレーションを行いました。そのシミュレーションの対象領域は、熊谷スポーツ文化公園を中心とする5km四方とし、5km四方については5m解像度で、特に対策領域を中心とする、3km四方、高さ400mの領域については、2m解像度でシミュレーショ

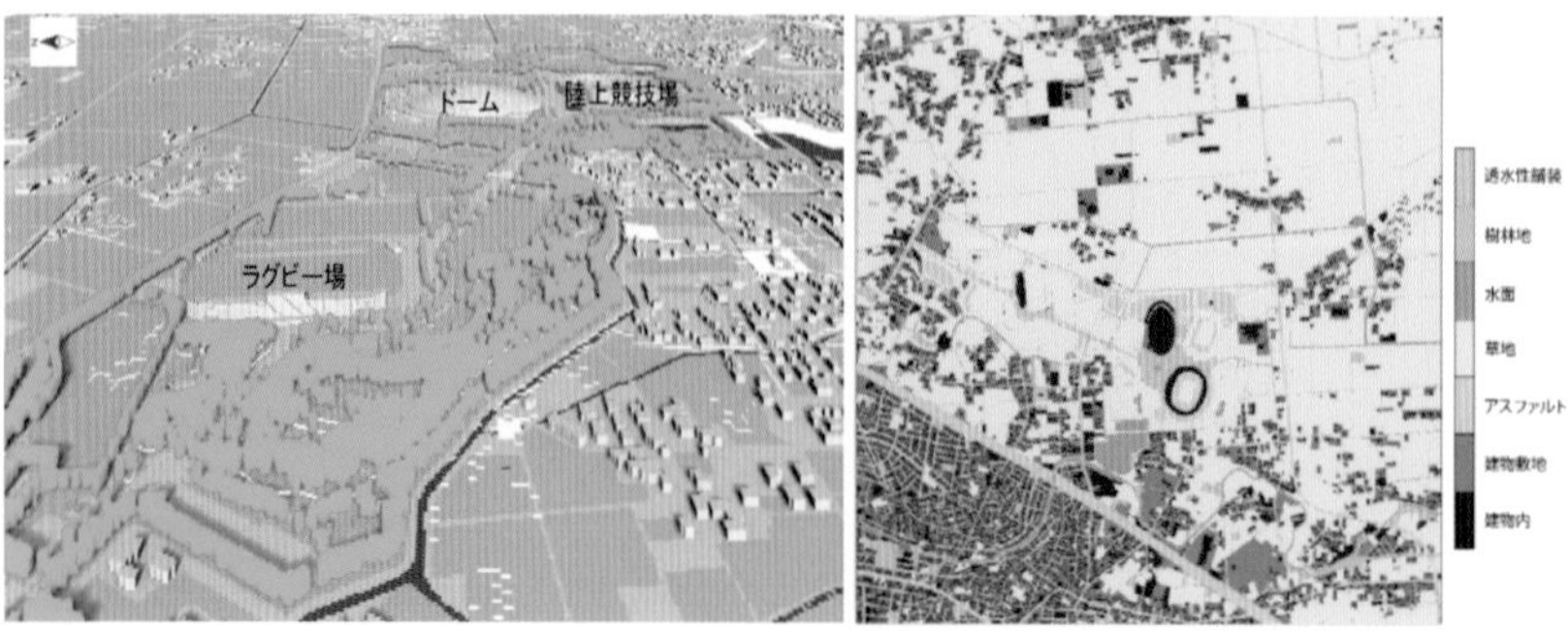

図2　熊谷スポーツ文化公園を中心とした建物解像シミュレーションにおける建物および樹冠配置（左）と土地利用（右）

ンを実施しました。（計算した格子数：約３・４億）。シミュレーションでは、実際の地形、建物、土地利用状況、樹木の位置・種類などの情報を与え、樹木による風への影響や樹木の蒸散作用、建物形状などの影響を考慮し計算しました（**図２**）。予測はすべての格子ごとに、気温だけではなく、湿度、地表面温度、風向、風速、日光の放射量などについて行い、その結果を基に暑さ指数についても予測しました。初期条件としては、過去の典型的な猛暑日（２０１０年８月26日14時）の実際の気温（熊谷気象台平均気温35・7℃）、日射量、風向、風速などを設定しました。以上の条件下で、対策領域に対して実施が想定されるヒートアイランド対策の効果を定量化しました。

シミュレーション結果の例を**図３**に示します。対策前後で、熊谷ドーム周辺の気温の３次元分布がどのように変化（改善）するかを比較しています。対策によって、暖色で示される温暖域が縮小する様子が一目瞭然です。

対策効果を具体的な数字とともに一覧にしたものを**図４**に示します。対策を実施するエリア（対策領域：約１万５０００m²）の気温は対策前と比べ０・７℃低下し、特に「小森のオアシス」付近の気温は、０・９℃低下することが明らかになりました。また、対策領域の暑さ指数も大きく改善し、熱中症で「厳重警戒」または「危険」となる地点が20％減少することが明らかになりました。園路に高木（ケヤキ）を植栽し並木を整備することで、ラグビーワールドカップ２０１９開催年には、対策領域では、観客の動線の約40％が木かげになり、熱中症のリスクが軽減されることが明らかになりました。既存のアスファルト舗装と、対策領域に施工する遮熱舗装の表面温度を比較したところ、日なたで約９℃低下することが明らかになりました。さらに、「小森のオアシス」沿い並木道で、樹木を千鳥に配置した場合と、並行に配置した場合、千鳥配置のほうが相対

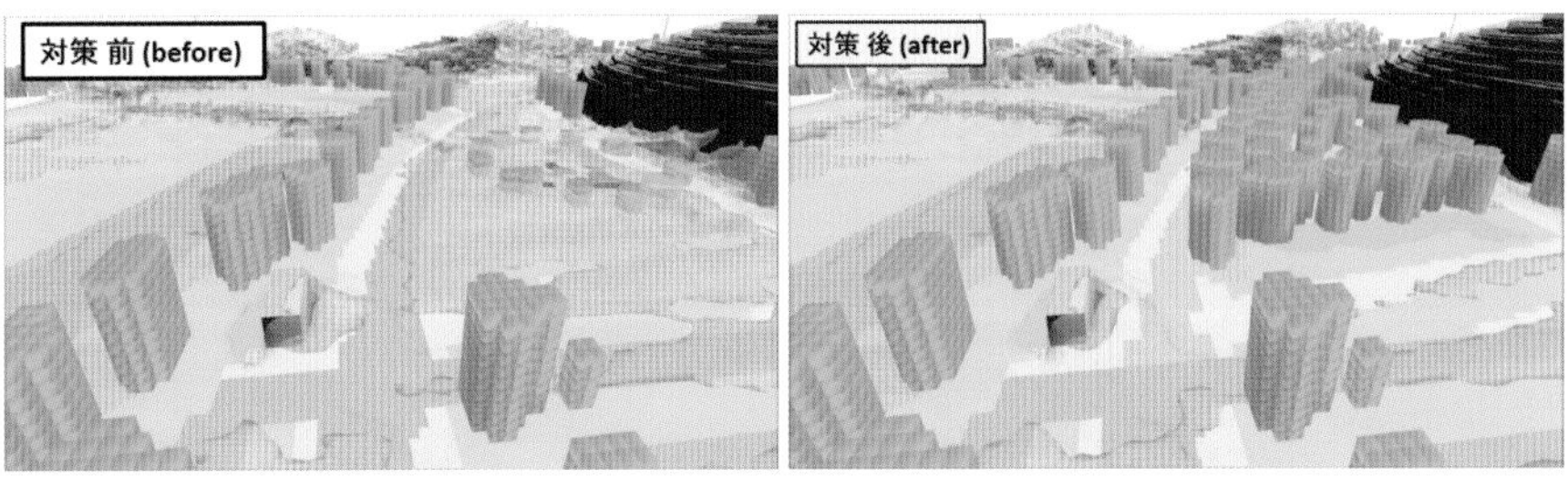

図３　建物解像シミュレーションから得られた熊谷ドーム周辺の気温の３次元分布（1m 解像度）
右上の黒い建物が熊谷ドーム、緑ブロックは樹冠を示す。

的に5％多くの木かげを創出できることが明らかとなりました。この結果に基づき、千鳥配置の植栽が行われました。

●今後の展開

人が集まる都市街区内の熱・風環境を建物解像シミュレーションによって明らかにする方法を解説してきました。入力データを準備し、シミュレーションを実行し、結果を解析するには一部専門的な技術を必要としますが、入力データを簡便に作成するためのＧＵＩツールの開発や、可視化ツールの開発を通して、敷居を下げてきました。実際、埼玉県熊谷スポーツ文化公園の暑熱対策に関しては、シミュレーション結果を対策案作成に活用できるまでになりました。事業に反映するためには、シミュレーション結果を素早く提供しなければならず、それに成功できたことは、社会実装の面で非常に意義が大きいと考えています。

これまでに社会実装に成功できたのは、大型スーパーコンピュータを使った建物解像シミュレーションです。最近になって、機械学習を活用することによってパソコン上で建物解像シミュレーションを実施できるような技術開発を行っています。これに関しては２０２５年度をめどに実用化するような取り組みを行っています。これが成功すれば暑熱対策事業の立案や設計をより身近なものにできるだけでなく、熱ストレスの少ない歩行ルートのリアルタイム提

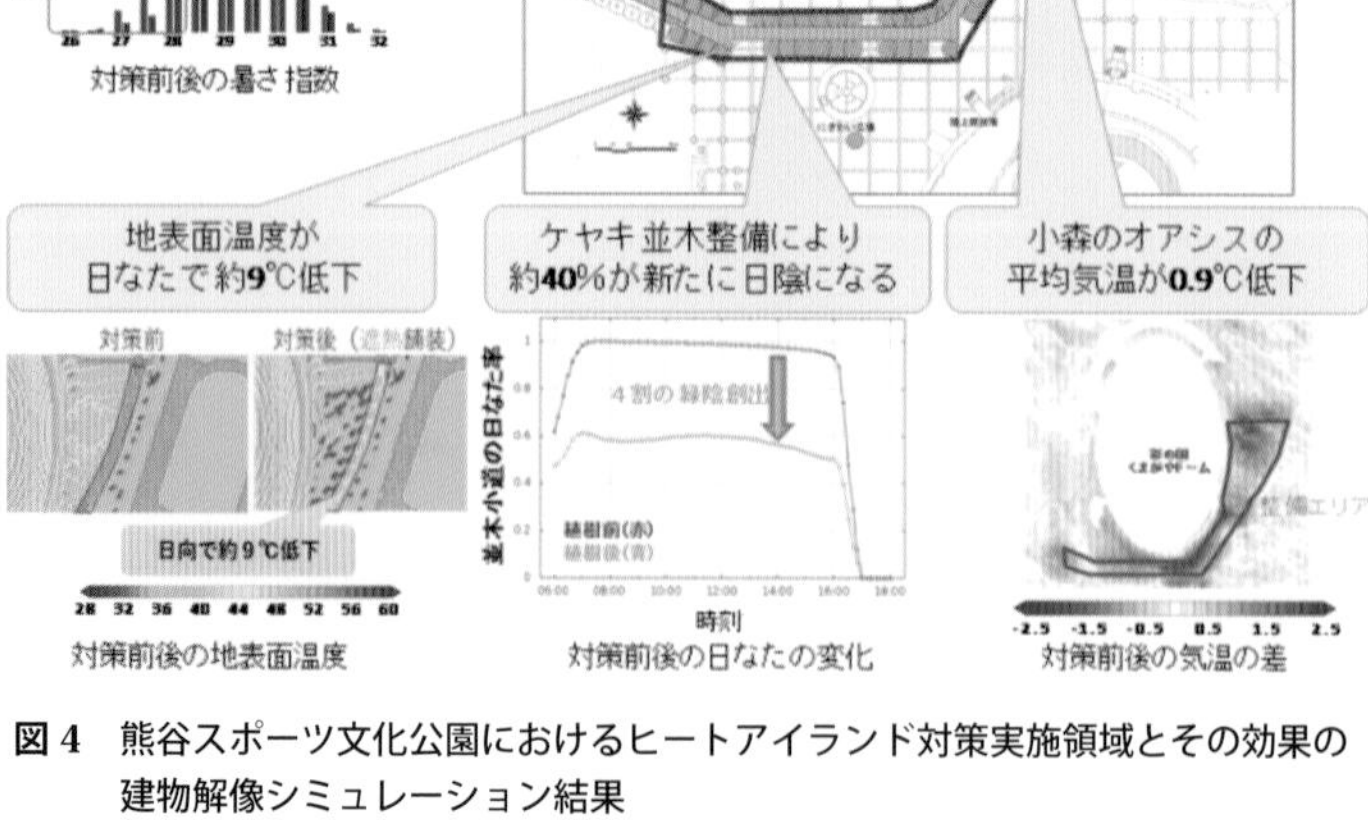

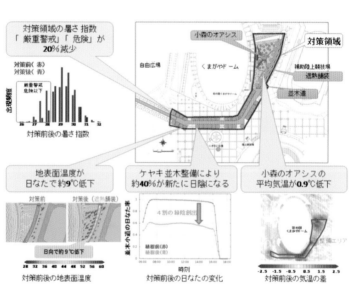

図４　熊谷スポーツ文化公園におけるヒートアイランド対策実施領域とその効果の建物解像シミュレーション結果

案(6)などの新しい社会サービスの実現、社会実装につながると期待しています。

（大西　領）

《参考文献》

（1）「（プレスリリース）高層ビルに囲まれたオアシス緑地の低温化現象と樹木の効果—3次元連続観測と街区解像シミュレーションにより解明」http://www.jamstec.go.jp/j/about/press_release/20150319/

（2）「（プレスリリース）超高解像度数値シミュレーションにより東京湾臨海部の緑地の効果を解析—2020年東京オリンピック・パラリンピック競技大会を契機とした暑熱環境対策の検討に貢献」http://www.jamstec.go.jp/j/about/press_release/20160331_2/

（3）「（プレスリリース）「海洋都市横浜」を海風利用で涼しくさせるまちづくりへ—みなとみらい21地区をフィールドとした数値シミュレーションと観測から解析」http://www.jamstec.go.jp/j/about/press_release/20170519/

（4）「（プレスリリース）最新スパコン技術を駆使して暑さから人々を守る！　熊谷スポーツ文化公園のヒートアイランド対策にスーパーコンピュータによる予測結果を活用」https://www.pref.saitama.lg.jp/a0001/news/page/2018/0621-01.html

（5）「（MiraikanChannel）東京ヒートアイランド—東京圏内都市の熱環境シミュレーション」https://youtu.be/EMm9La3riNA

（6）「（プレスリリース）都市空間での詳細な熱中症リスク評価技術の開発に成功—より安心・安全な行動選択に向けて」http://www.jamstec.go.jp/j/about/press_release/20190723_2/

10 沿岸域の流れと波浪のダウンスケーリング

気候変動による沿岸域の波浪や高潮の災害、砂浜や海洋生態系への影響を考える場合、波浪、海面水位、流れ、水温、塩分の変化を調べることが重要です。１００km以上の大きなスケールな変化は、ＧＣＭで予測される大きな時空間スケールに支配されますが、小さなスケールな変化については、ダウンスケールする必要があります。以下では、沿岸域の流れと波のダウンスケールについて解説します。

●沿岸域の海洋のダウンスケール

沿岸域の海洋の海面水位、流れ、水温、塩分の詳細構造は、平均海面や異常水位の推計および海水交換*や急潮、また水温や塩分は海洋生態系、特に沿岸域では貝類への影響評価に活用可能です。これらのすべては、領域海洋モデルによるダウンスケール計算によって計算されます。

図1は、海洋ダウンスケール計算の計算方法（図右）を、水平解像度1km以下の計算結果(図中)と親モデルである水平解像度10kmの計算結果(図左)とともに示したものです。計算の側方（海洋の深さ方向）および大気と海洋間の境界条件は、広域の親モデル（ここでは図左）の結果から時々刻々与えられ、親モデルの水平解像度10kmから特定の領域

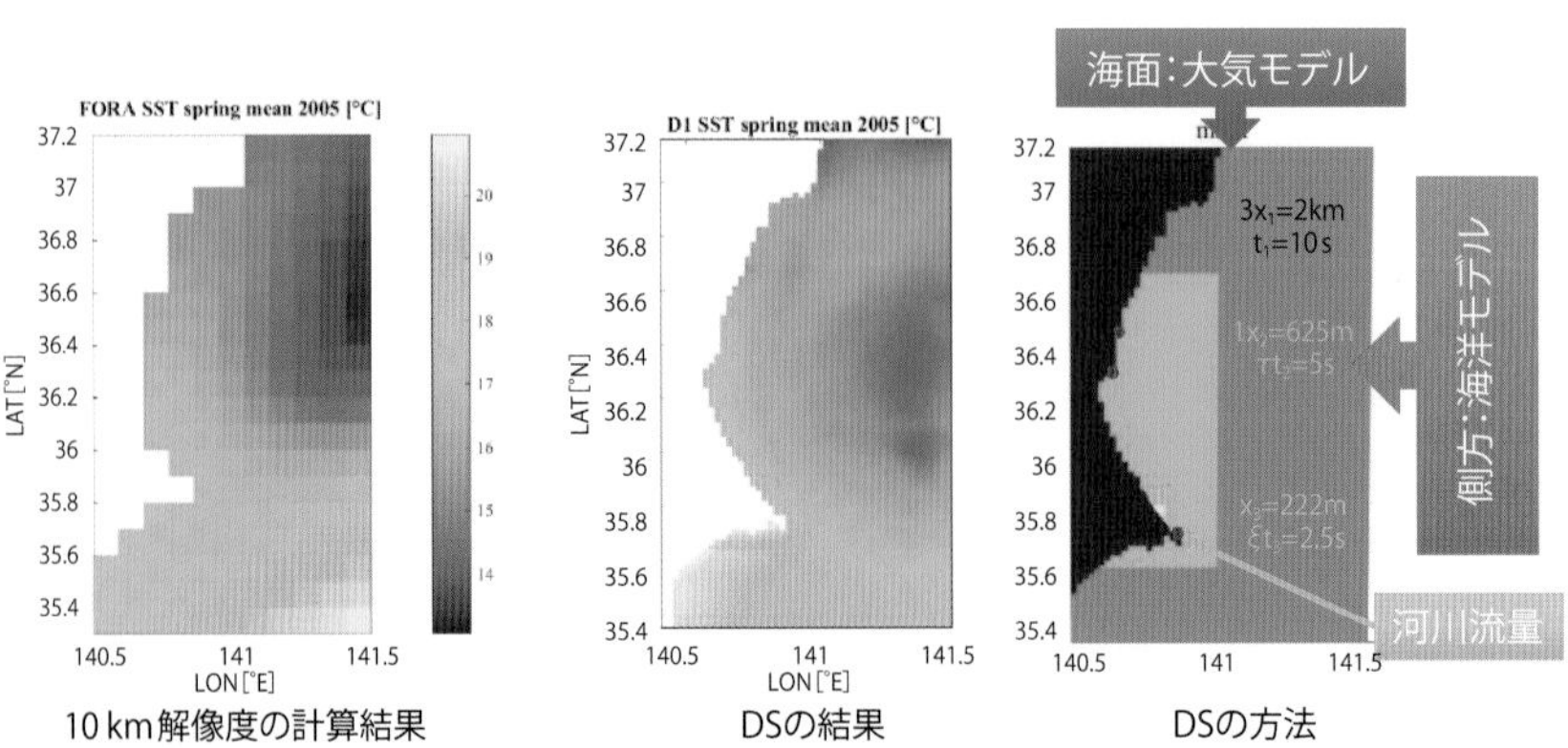

10 km解像度の計算結果　DSの結果　DSの方法

図1　海洋のダウンスケール計算結果（左：解像度10km，中：解像度625m，右：計算方法）

では約２００ｍの解像度まで複数回ダウンスケールされ計算されます。特に沿岸域では、半島や湾の地形や水深の影響が大きく、高解像度の計算によりこれらの水平・鉛直分布の評価が可能となります。高解像度化によって、気候変動によるスケールの大きな変化に加えて、日々の細かいスケールの極端な変化も評価できるようになるのが特徴です。

波浪のダウンスケール

沿岸部では、海の波である波浪もさまざまな影響を与えます。例えば、砂浜の安定性や港湾の稼働率には日々の波の高さの平均値（平均波高＊＊）やその向きが重要になります。海洋モデルには波浪は考慮されていないため、別のモデルで評価することになります。波浪には、何千kmも伝わるうねり＊＊＊とその場で起こる風波＊＊＊＊の2種類があり、うねりの評価のためには太平洋全体を評価する必要があります。一方で、海洋のダウンスケール同様に局所的な地形の影響も受けるため、沿岸では水平解像度１００ｍの高解像度の計算も必要となります。

波浪の計算は大領域から解く必要があり、これまで沿岸部まで考慮した気候計算は困難でした。しかし、**図2**に示すように大領域から湾スケールまで高解像度のダウンスケールの計算を行うことにより、沿岸部の観測値と一致する結果が得られ、観測値を置き換えることが可能になりつつあります。

これまでの予測では、温暖化に伴い、日本沿岸では波の高さの平均値が減少するものの、極端な波の高さは増加する予測が得られています。

（森　信人）

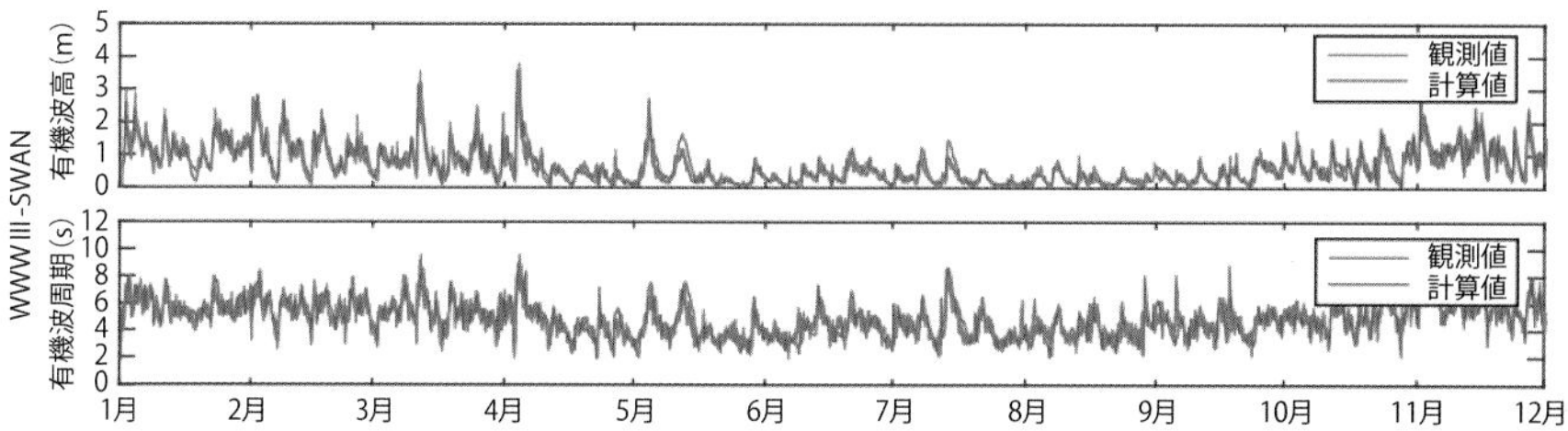

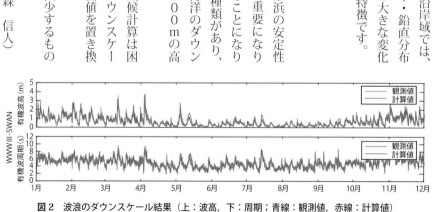

図２　波浪のダウンスケール結果（上：波高，下：周期；青線：観測値，赤線：計算値）

《参考文献》

（1）久保田ら『土木学会論文集B3（海洋開発）』第74巻第2号、I‐617～I‐622頁、2018

＊海水交換
潮汐やほかの海流により、湾内の水塊が入れ替わること。海水交換率が悪いと水質悪化につながる。
＊＊波高
波浪の局所的な峰と谷の差。沿岸の波浪に対する構造物の設計のもととなる。
＊＊＊うねり
風波が風域を出て伝わる海面上の波。数千km以上伝わる。その場の天候に関係なく存在する。
＊＊＊＊風波
海面上の風によりできる海面上の波、波動現象。波浪、風浪とも呼ばれる。周期は数秒から30秒程度。

11 ハイブリッドダウンスケーリング

気候モデルのダウンスケーリングでは、粗い解像度（１００km程度の格子間隔）の全球気候モデルの気温や降水量などの情報が、特定地域で高解像に詳細化された情報に変換されます。力学的ダウンスケーリングでは、粗い解像度の情報を境界条件に、領域気候モデルを使って計算されます。領域気候モデルでは、雲や降水などの現象が物理的なプロセス計算で推定されるため、地形や海陸分布などの地理的条件にあった、より現実的な現象が高解像で計算されます。一方、統計的ダウンスケーリングでは、観測によって得られる気候値と現在気候条件で計算された気候モデル実験の結果を統計的に比較し、その系統的な誤差が補正されます。非常に軽い計算量で推定することができるため、多くのダウンスケーリングプロダクトで利用されています。しかし、特に観測の少ない地域や山岳域などでは、その補正の関係性が適切かどうかに疑わしさが残ります。また、現在気候の計算と将来気候の計算で（用語）、同じ統計的な誤差補正が適用されるため、気候変化量の分布は、全球の気候モデルから見積もられる気候変化量とあまり変わりがありません。

ここで、重要な問題として挙げられるのは、領域気候モデルにおける計算負荷が非常に膨大になることです。例えば、同じ領域で格子間隔を半分にした場合、領域気候モデルでの計算量は、約8倍に増えます。一方で、積乱雲などの対流雲のスケールは10km程

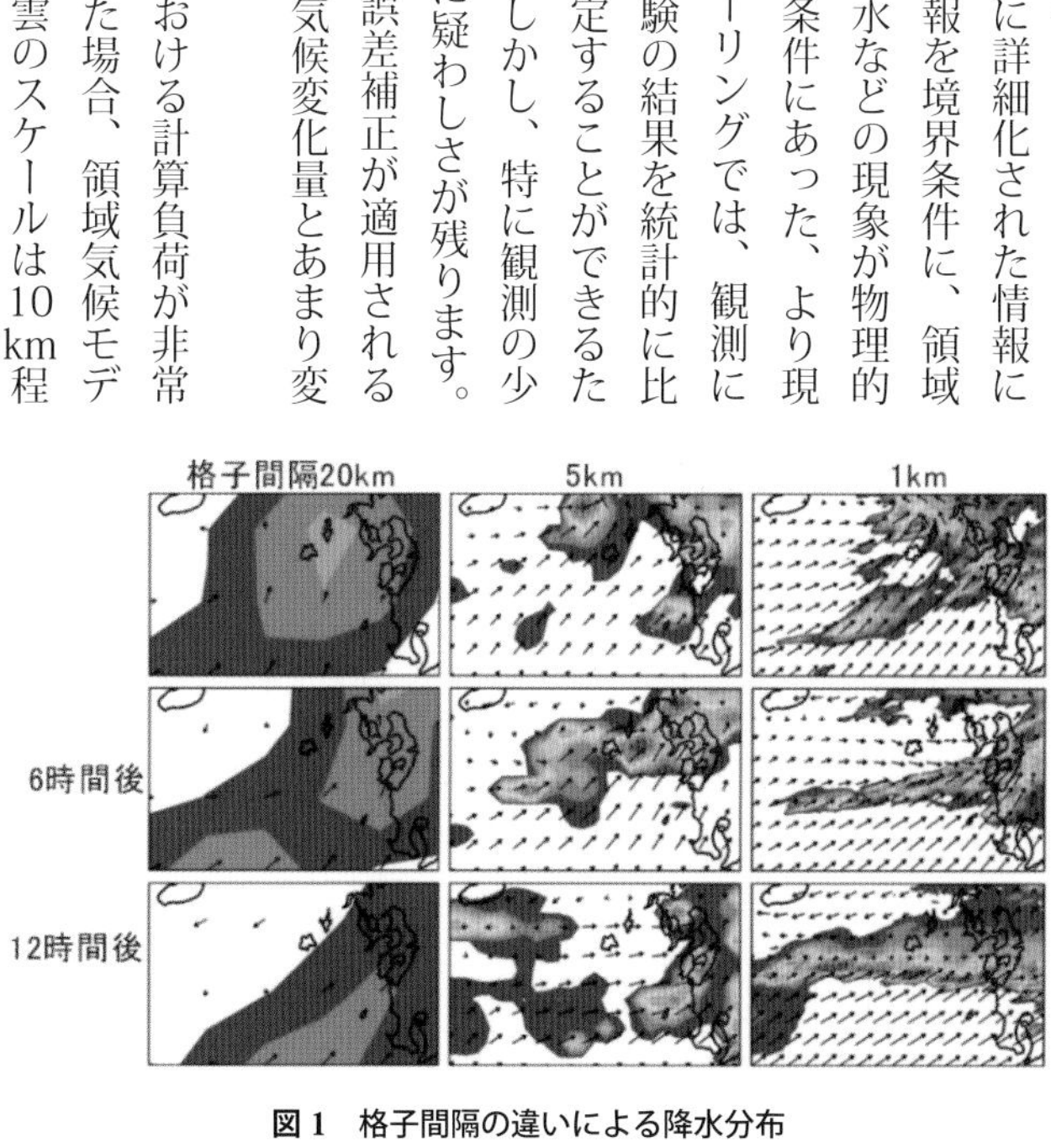

図１　格子間隔の違いによる降水分布

度で、それを領域気候モデルで解像するには、２kmくらいの解像度での計算が必要になります。**図１**は、九州付近で発生した降水イベントを、20km・５km・１kmの格子間隔で計算したときに再現された降水分布の違いを示しています。１km解像度の計算では、梅雨期に頻繁に観測される線状降水帯が再現されていますが、粗い解像度では再現できません。近年、アンサンブル気候計算によって、気候変化予測の不確実性を定量化する試みがなされています。日本では、ｄ４ＰＤＦのような大規模アンサンブル計算のプロダクトが作られ、豪雨災害リスクの気候変化影響評価の研究がなされるようになってきました。しかし、計算量が膨大になるため、豪雨現象を精緻に再現できるような２km程度の格子間隔まで高解像度化することは現状ではできません。

現在の気候変化予測研究では、統計的ダウンスケーリングと力学的ダウンスケーリングによる推定プロダクトが別々に出されているのが現状です。そこで、ＳＩ-ＣＡＴでは、２km程度の高解像度計算を少数実施し、これを比較的多数のアンサンブル計算が可能な、中程度の解像度（格子間隔が20～５km程度）の計算結果と統計的に比較・学習し、統計的ダウンスケーリングによって、高解像のアンサンブルプロダクトを作成する手法（ハイブリッドダウンスケーリング）を開発しています。概念図を**図２**に示しました。技術開発によって、河川氾濫のリスクと関係深い、日雨量の年最大値の分布をある程度精度よく補正することができるようになりました。統計的ダウンスケーリングの弱みと、力学的ダウンスケーリングの弱みを補い合って、あらゆる気候変化影響評価者が共通して利用できるプロダクトの創出を目指しており、今後のさらなる技術開発が期待されます。

（若月泰孝）

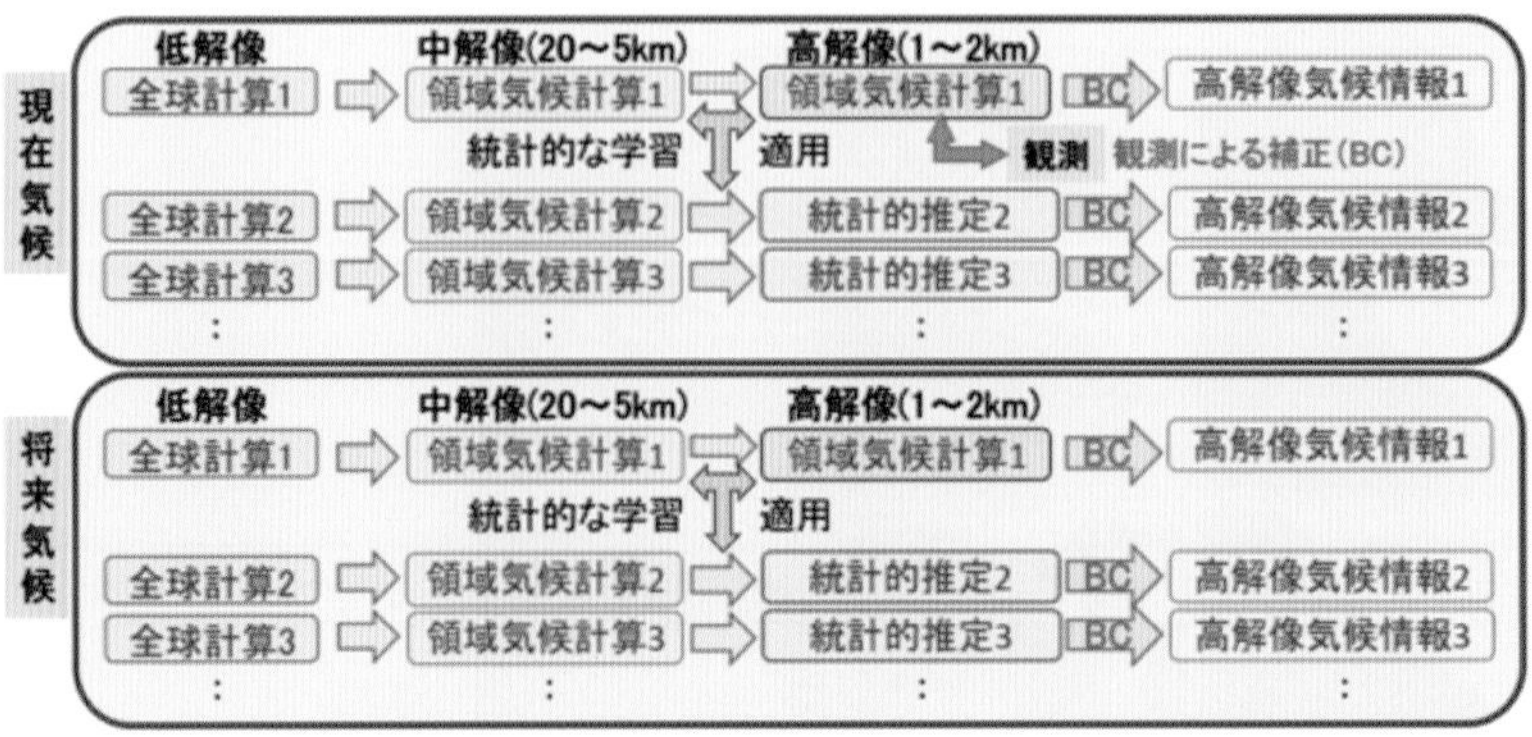

図２　ハイブリッドダウンスケーリングの概念図

その②

分野別将来影響評価と使える実践メニュー編

12 我が国のコメ生産への影響評価と適応策

背景と目的

20世紀末以降継続する温暖化により、我が国の農業において高温によるさまざまな影響が顕在化しています。今後、温暖化が進行することで影響が益々深刻化すると予想されます。特にコメは我が国における最も主要な作物の一つですので、予測される気候変動がその生産性へ与える影響を具体的かつ定量的に示すことが特に重要な課題として認識されています。

この章では、SI-CATで実施した、全国を対象とした高解像度によるコメ生産性影響評価の事例を示し、結果の一例と影響軽減のための適応策導入の考え方、結果を利用する際に注意すべき事柄について解説します。

影響評価の手順

気候変動によるコメ生産性影響評価は、**図1**に示す手順に従い実施されます。影響評価モデルとして導入した水稲生育収量予測モデルは、主に発育プロセスと光合成プロセスにより構成され、前者は発育段階（幼穂形成期、出穂期、成熟期など）を算定し、後

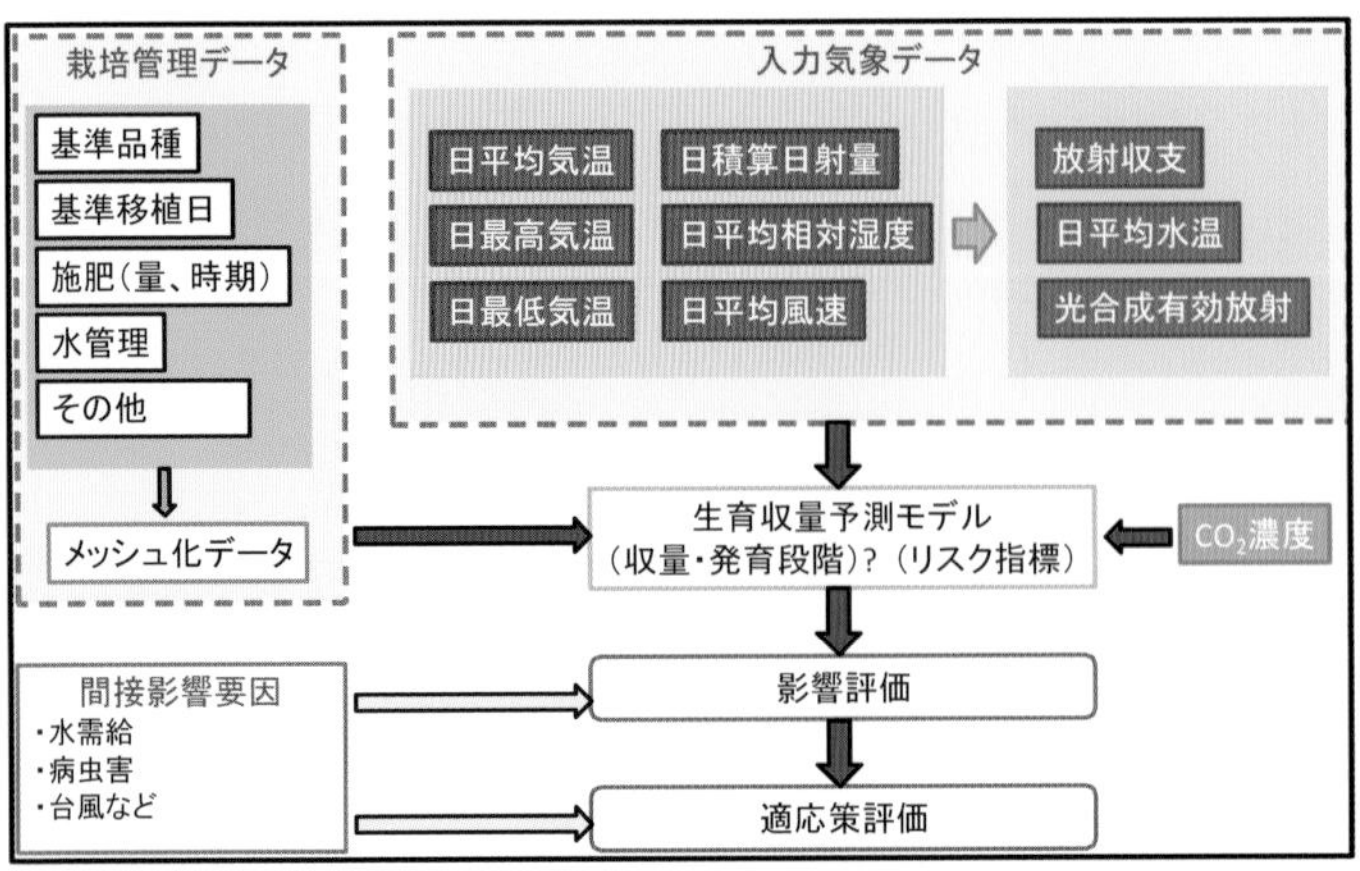

図1 影響評価モデル計算プロセスのフロー図

者はバイオマス生成量（乾物生産量）を算定します。なお、光合成プロセスにおいては、CO_2濃度上昇による増収効果に伴うバイオマス増加も考慮されています。このモデルの稼働には、品種や移植日（田植え日）といった栽培管理データ、日別の平均・最高・最低気温、積算日射量、平均相対湿度、平均風速といった入力気象データ、各年の大気CO_2濃度が必要となります。出力結果を自治体スケールにおける詳細な空間分布として示すため、モデル入力値として用いるすべてのデータを約1km×1kmの高解像度規格で整備しました。

影響評価で対象とするコメ生産性を表す指標として、収量と品質の二つを考慮します。ただし、全国評価に利用できる品質予測モデルは未開発であるため、ここでは高温による品質低下リスクを表す指標として、既往の研究で明らかになっている出穂後20日間の日平均気温26℃以上の積算値（単位は℃・日、以下HDm26と呼ぶ）と1等米比率との関係を参考に、**表1**に示す基準でリスク度合いを表すこととします。

影響評価結果

推定結果の一例として、気候シナリオMIROC-5 - RCP2.6（第2部04参照）による2041年～2060年の20年間の平均収量（1981年～2000年を基準期間として、基準期間の平均収量を100とした場合の相対値）およびHDm26値の分布を**図2**に示します。この気候シナリオにおける温度上昇量は、基準期間と比べて全国平均でプラス2.3℃です。なお、ここでは栽培条件（品種や移植時期など）が、将来も現行のままである（適応策なし）という条件で計算を行っています。

表1　HDm26値と高温による品質低下リスク程度

HDm26値	リスク程度
0℃・日≦HDm26＜20℃・日	高温による品質低下リスク小
20℃・日≦HDm26＜40℃・日	高温による品質低下リスク中
40℃・日≦HDm26	高温による品質低下リスク大

収量は、概ね東日本山間部から北で増収、関東から東海までの平野部と西日本で変化が小さく、一部地域で減収となる特徴がみられます。温暖化条件では、増収要因として、温度上昇によって減収の要因であった冷害が解消されることやCO_2濃度上昇による増収効果が現れる一方、減収要因として生育期間の短縮*や高温不稔**の発生が挙げられ、これらのバランスで収量の増減が決まります。**図2**に示した例では、現状で低温がコメ生産の制限要因となっている北日本や東日本山間部においては、温度上昇により冷害による減収が解消されることに加えてCO_2濃度上昇が顕著な増収をもたらす一方、すでに高温が制限要因となっている東日本平野部から西の地域では、さらなる高温により減収が助長され、CO_2濃度上昇による増収を卓越することにより減収が現れたと考えられます。

一方、品質に関係するＨＤｍ26の値は、「高温による品質低下リスク大」に分類される40℃・日以上の領域が、関東から西の広い地域に広がっており、北陸や一部東北地方でも出現しています。そのため、収量が増加あるいはほとんど変らない地域においても、品質に深刻な影響が出てくる可能性があります。

●適応策導入の検討

一般に、高温に対する適応技術としては、高温回避型と高温耐性型に分類でき、それぞれ実施のタイミングにより、予防型と治療型の2種類に分類されます。適応策を導入する場合、予防型技術を第一に考え、将来予測の不確実性も考慮して治療型技術の準備もすることになります。水稲の場合、予防型の例として、移植日の移動や発育特性の異

＊生育期間の短縮

高温により発育が早まることで生育期間（移植から成熟までの日数）が短くなり、光合成によるトータルの炭水化物生成量が少なくなります。総光合成量は単純には植物体に吸収された日射量の総和に比例するため、生育期間が短いほど総光合成量が少なく稲全体の大きさが小さくなり、収量も少なくなります。

＊＊高温不稔

開花時の高温により受精がうまくいかず、種子が実らない現象を指します。高温で、葯（やく）の裂開が不十分で花粉が落ちにくくなる、花粉そのものの機能が低下する、といったことが原因と考えられています。

なる品種の導入（高温回避型）、高温耐性品種の導入（高温耐性型）があり、導入が必要となる時期や規模、コストなどを考慮して検討する必要があります。一方で治療型としては、適切な水管理（高温回避型）や肥培管理（高温耐性型）による対処があり、気象予報情報に基づいた早期警戒システムなどの利用が有効です。

図３は、高温回避型の予防型技術の一例として、長野県松本市付近の気象条件でのコシヒカリの栽培における、温度上昇の影響に対する移植日の移動による効果を示しています。この地域の現行移植日は５月上旬であり、基準期間（左図）において計算上で最多収量になります。一方、２℃上昇条件（右図）では、最多収量を得る移植日（収量重視移植日）は現行移植日から２週間程度早くなり、「高温による品質低下リスク小」に分類される収量が最多となる移植日（品質重視移植日）は、現行移植日から約２か月も遅くなります。すなわち、このケースでは、高温条件下での収量と品質にはトレードオフの関係があり、どちらを重視するかによって、取るべき適応策は大きく変わってくることになります。さらに、

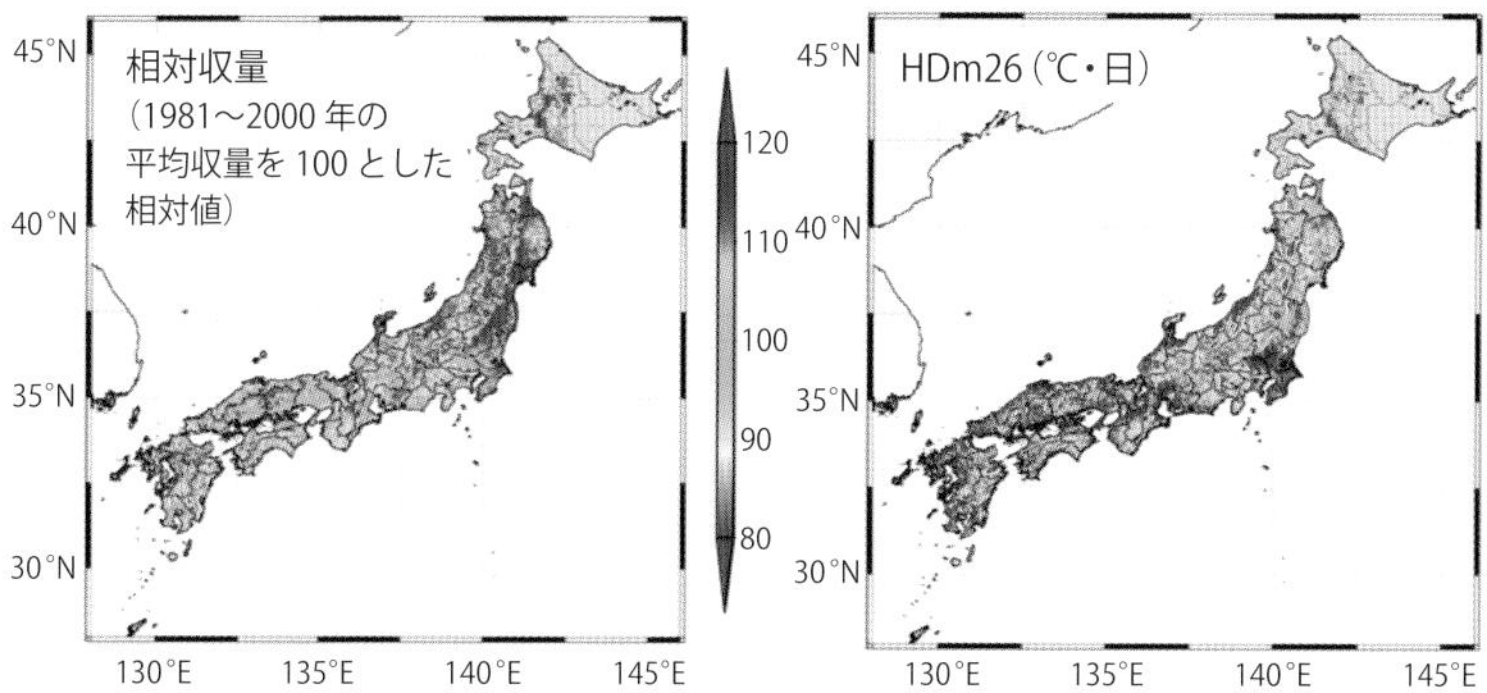

図２　気候シナリオ MIROC5_RCP2.6 による相対収量（左）および HDm26 値（右）の分布

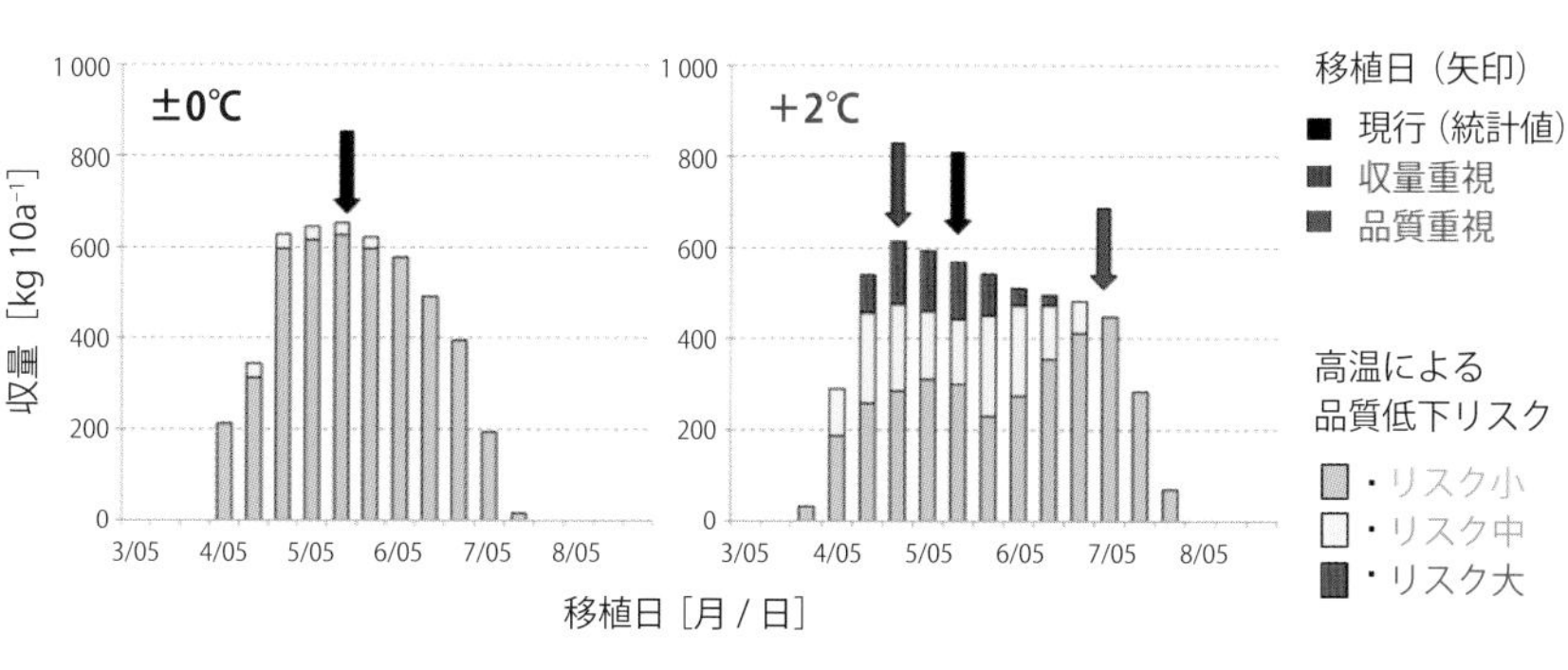

図３　温度上昇に対する移植時期の移動よる適応の効果

異なる発育特性を持つ品種を導入した場合の効果をモデルシミュレーションにより明らかにすることで、代替品種候補選定の際の重要な情報となり得ます。

実際に適応策を導入する際には、実施に伴うコストや生じうるほかのリスクを考慮する必要があります。例えば移植時期の移動は比較的低コストで実施できる適応策と言えますが、水利慣行や労働力確保の観点から容易に導入できない可能性もある点に注意が必要です。その他、水需給関係の変化や台風常襲期との遭遇、病虫害の発生といった、現在のモデルに含まれていない影響要因を考慮に入れることも重要であると言えます。

（石郷岡康史）

《参考文献》

（1）Ishigooka Y, Fukui S, Hasegawa T, Kuwagata T, Nishimori M, Kondo M, 2017: Large-scale evaluation of the effects of adaptation to climate change by shifting transplanting date on rice production and quality in Japan. Journal of Agricultural Meteorology 73(4), 156-173.

13 温暖化による水稲白未熟粒発生の増大

地球温暖化は作物生産に甚大な影響を及ぼし、食料安全保障を脅かすことが懸念されています。一方で、地球温暖化は作物の収量だけでなく、作物の品質にも影響を及ぼすことがわかってきています。日本においては、主食である水稲の生産において高温による著しい収量低下の報告事例はほとんどありませんが、品質低下については数多くの報告があります。このことは、より喫緊の課題として温暖化による水稲の品質低下に対する適応策を検討・実施する必要性があることを強く示唆しています。

日本の水稲生産において品質低下の中でも最も大きな要因となっているのは、米粒が白濁化する白未熟粒の発生です。白未熟粒は、花が咲いてから実にデンプンが詰まっていく登熟期の高温により多発することがさまざまな研究で報告されており、今後の温暖化によってさらに白未熟粒の発生が増大することが懸念されています。白未熟粒が大きな問題となるのは、砕けやすく加工時のロスをもたらしたり、白未熟粒が多く含まれると検査等級を下げることになるからです。一般にコメの取引単価は検査等級に応じて決まるため、白未熟粒が多いと農家収入を減少させることになります。したがって温暖化による白未熟粒発生の増加は経済的損失の増大を引き起こしうる大きな問題なのです。

図1はコシヒカリにおける出穂後20日間の平均気温（T 20）と白未熟粒発生率の関係を示しています。これによるとT 20が増大すると白未熟粒発生率が増大するのがわ

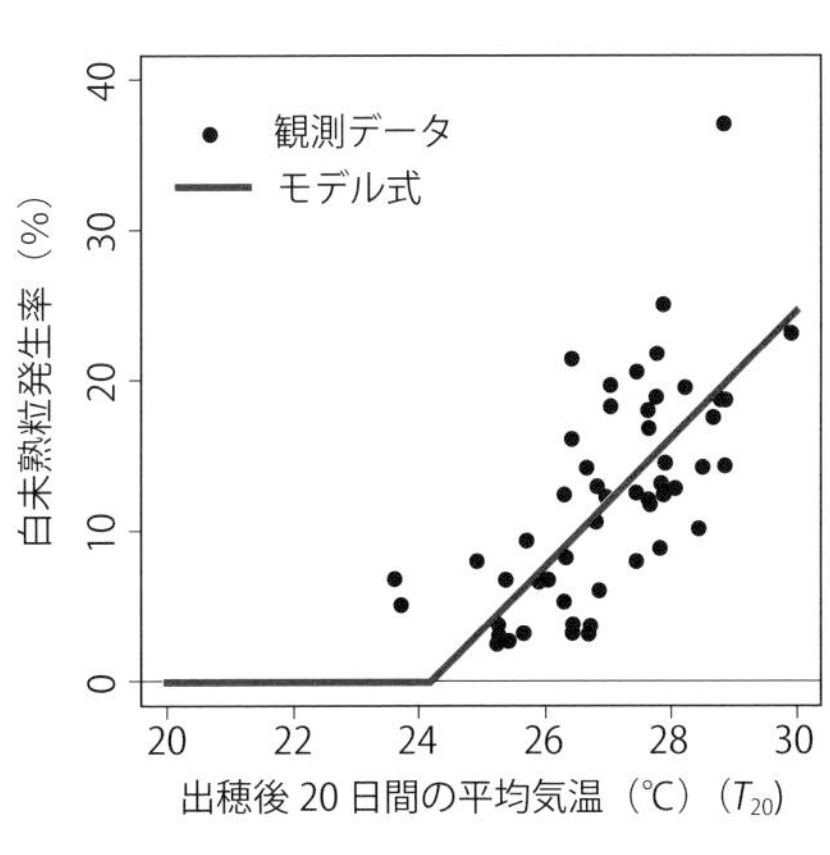

図1　コシヒカリにおける出穂後20日間の平均気温［℃］（T20）と白未熟粒発生率［%］の関係（Masutomi et al., 2019）

かります。**図1**中の線は観測データ（**図1**中の点）から推計されたモデル式を表しています。このモデル式を利用することによって、さまざまな気温における白未熟粒発生率を推計することができます。

図2は各地点の気温を**図1**のモデル式に入力し、日本全国で平均した白未熟粒発生率を示しています。推計値の幅は異なる気候モデル結果を利用したことによるものです。これによると将来になるにつれ白未熟粒発生率が増大していくことがわかります。RCP8・5の2040sにおける発生率は気候モデル平均（**図2**中の点）で12・6％となり、2010sにおける発生率6・2％の約2倍になることがわかります。

以上のように温暖化によって確実に白未熟粒発生率は増大していくと予想されます。この影響軽減に向け長期的には高温耐性品種の開発・導入が必要であり、短期的には栽培管理や水管理の変更といった現場レベルの適応策の実装が必要不可欠であると考えられます。

（増冨祐司）

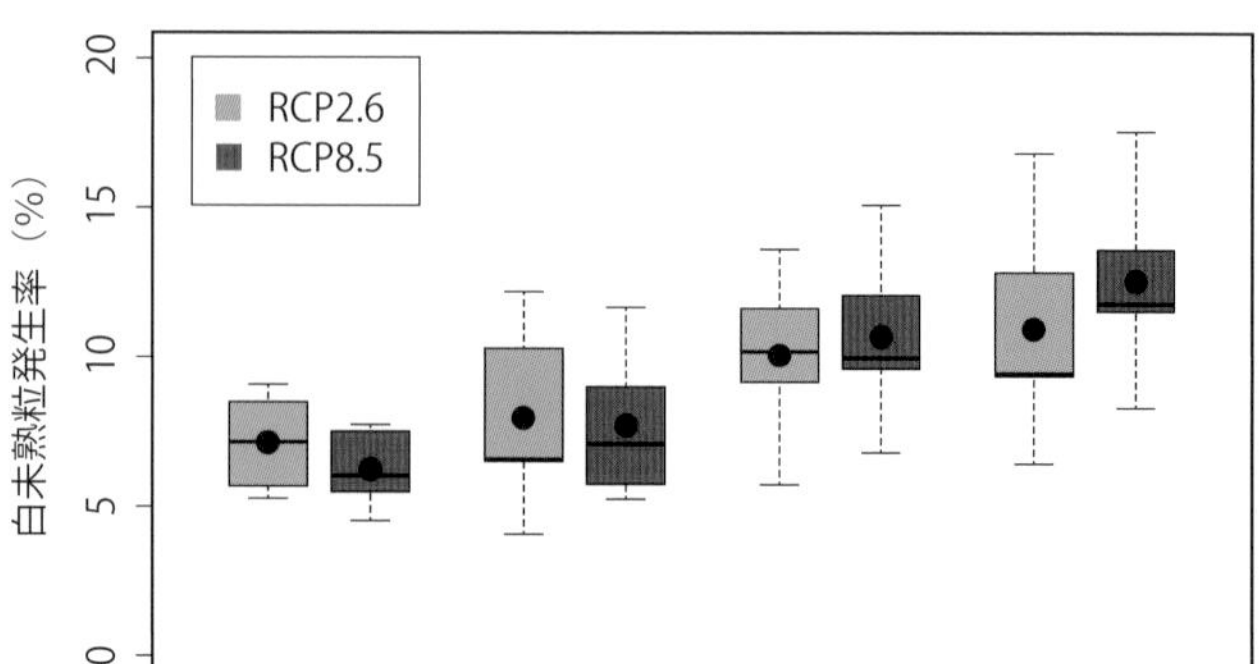

図2　日本における平均の白未熟粒発生率［%］（Masutomi et al, 2019）

14 ウンシュウミカンなど果樹の栽培適地への影響評価

●緊急性の高い果樹の適応計画策定

農業は気象環境への依存性が高い産業ですが、とりわけ果樹は温暖化の影響が現れやすい作物です。その原因は、果樹の気候に対する適応性の幅が狭いことにあります。これは例えば水稲の栽培が北海道から沖縄まで広がっているのに対し、リンゴの産地は東北地方と長野県がほとんどを占めるなど果樹産地は偏在することからわかります。また、果樹は一度栽植すると30～40年間は同じ樹で栽培を継続するため、温暖化対応品種に改植するなどの適応策の実施や普及に長時間が必要です。

さらに果樹は山梨のブドウ、鳥取のナシなど、各地に無数の地域ブランドがあります。既存のブランドを守るにしても、新しい樹種のブランド化を図るにしても、個別の農家ではできません。自治体などと協力して長期的な戦略すなわち適応計画の策定が必要になりますが、すでに温暖化に起因する果樹の被害が顕在化するなかで、地域の適応計画策定は喫緊の問題と言えます。

適応計画のベースとなる将来の適地予測

果樹産地の適応計画を考えた場合、今後も適応策なしで産地が継続してゆけるのか、現在の栽培樹で生産を継続するための適応策導入が必要なのか、ほかの作物の導入を進めたほうがよいのかを、まず、産地ごとに判断することになります。そのための基礎資料として将来の適地予測が必要です。

栽培適地を決める要因は土壌条件（パインアップルは酸性土壌を好むなど）、社会的立地（イチジクは輸送性が低いため都市近郊で栽培されるなど）、日射条件（すべての果樹は日当たりを強く好む）、降水（ブドウは雨が苦手）、風（リンゴは風に弱い）などさまざまですが、最も重要な要因は気温です。

気温は越冬、休眠期（低温要求性がある）、開花期・収穫期（開花から収穫までの期間が短いと果実が大きくならない）、果実成熟期（果実の高温障害など）などさまざまな局面で果樹に影響を与えます。

果樹は国が振興方針を定めている14品目（政令指定品目）に加え、地方で奨励されているものなど、多くの樹種があります。それぞれ適地が異なりますが、いずれも植物学および栽培適地の観点から、四つのグループ（**図1**）に分類されていますので、参考にしてください。

栽培適地予測の実際

SI-CATでは日本の果樹の生産量が1位と2位のウンシュウミカンとリンゴ、ま

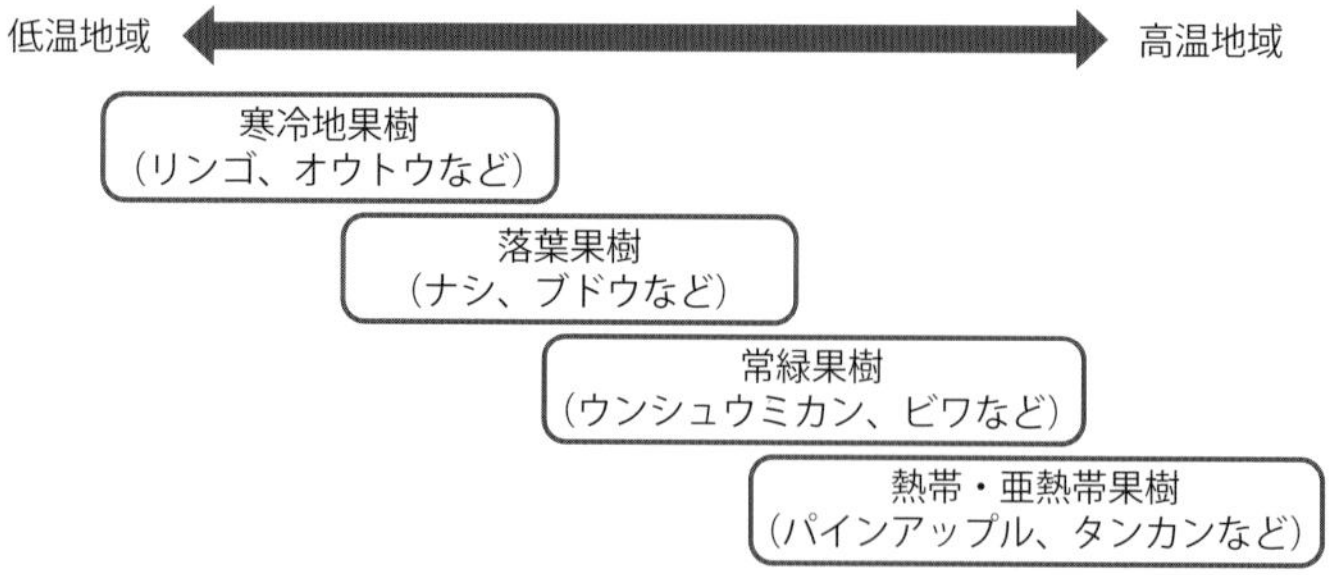

図1　果樹のグループと栽培適地

た亜熱帯果樹としては1位のタンカンについて、将来の栽培適地予測を行いました。ここではウンシュウミカンを例に推定方法を示します。

適地判定基準は、過去の研究に従って、「（ア）20年平均気温が15℃以上18℃以下」を適地としました。この条件で将来の適地判定をすると、栽培適地は北にあるいは標高の高い内陸部に移動します。しかし、内陸部は気温の日較差・年較差が大きくなるため、真冬の厳しい冷え込みに遭い、落葉や枝が枯れ込むなどの寒害が発生しやすいと考えられます。そこでＳＩ-ＣＡＴではもう一つの適地条件として「（イ）年最低気温マイナス５℃未満になる年数を20年間で4回以下」を付け加えました。20年間で4回まで許容したのは、一般に、寒害が起きても頻度が低ければ不適地とまでは言えないためです。

気温データとして１９８１～２０００年については「メッシュ農業気象データ」を、21世紀中ごろ（２０３１～２０５０年）については農環研データセットを、月平均および最低極温に関するバイアス補正を行って使用しました。

（ア）（イ）の両方の条件に一致する場所を適地とした場合、１９８１～２０００年は、関東以西の太平洋あるいは瀬戸内海の沿岸部が適地となり（**図2**）、ここには現在の主産地がほぼ含まれます。

21世紀中ごろになるとウンシュウミカンの栽培適地は北方に拡大し、日本海側にも適地が現れます。また、九州南部では、沿岸部でもウンシュウミカン栽培には気温が高過ぎる地域がみられます。将来予測は今後の温室効果ガス排出量にも左右されますが、21世紀中ごろでは、温室効果ガス排出量が非常に多いことを前提としたシナリオ（ＲＣＰ８・５）でも、少ないことを想定したシナリオ（ＲＣＰ２・６）でも大差が認められません。すなわち、こうした適地変化が起きる可能性は比較的高いと考えられま

図２　1981～2000年におけるウンシュウミカン栽培適地（赤色の地域）

す（図3）。

栽培適地予測の結果の利用

予測結果を利用する前に、ここでいう果樹栽培の適地とは何かをご説明します。栽培適地は経済栽培に適する地域という意味で、生物学的適地とは少し異なります。生物学的適地はウンシュウミカンの樹が育つ、あるいは実がなる（子孫が残せる）場所で、庭木として果樹を植えるなら、こうした場所に植えることができます。一方、農業が営まれる栽培適地は、農家の収益が十分に確保できるよう、収量、品質が十分であることが前提となります。すなわち、「経済栽培」が可能で産地として長く存続できる場所が栽培適地です。生物学だけでなく経済学がかかわり、例えば果実の単価が高ければ、産業として成り立つ地域が広がるため、栽培適地は広くなります。パインアップルはかつて鹿児島県や東京都の島嶼部でも広く栽培されていましたが、沖縄返還やその後の関税の縮小を経て、現在では沖縄県より北ではほとんど栽培されなくなりました。栽培適地は生物学や気候学などの自然科学的な要素だけで決まる厳密なものではなく、社会科学的な要素で決まる部分が大きいことを理解する必要があります。

果樹分野の温暖化に対する適応策には、三つの段階が想定されます。最初の段階（ステージ1）は現在栽培している樹を生かしたまま、栽培方法の改善による適応策で、「栽培技術による適応」です。ウンシュウミカンでは、日焼けや浮皮が多発する部位に着果させない表層摘果などの導入があります。ステージ2は「高温耐性品種への改植」であり、ステージ3はほかの樹種への改植などにより、その土地でこれまで栽培してこなかっ

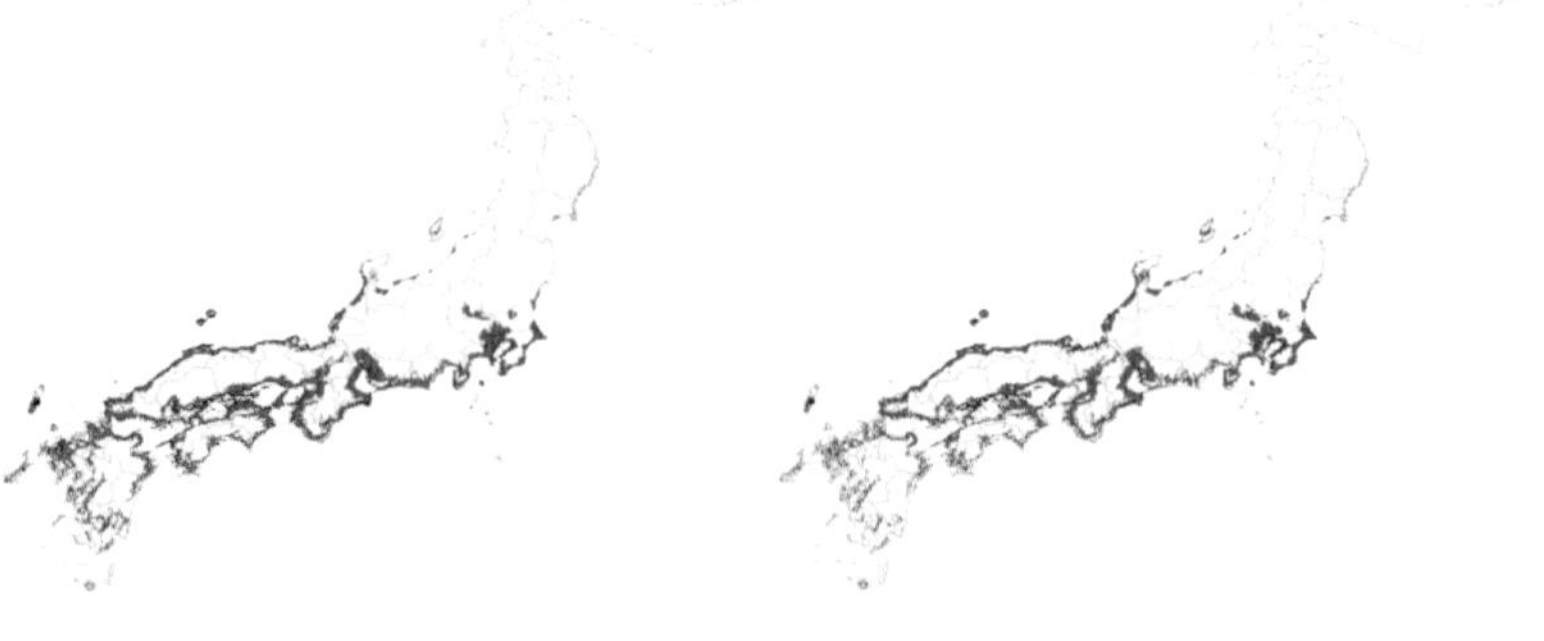

図3　21世紀中頃（2031～2050年）のウンシュウミカンの栽培適地
（赤色の地域、MIROC5による）

た樹種に取り組む「樹種（品目）転換」になります。

図2、**3**で示した栽培適地は適応策を想定していません。したがって適地の範囲から外れても何らかの適応策で対応できる可能性があります。実際は気象には年々の変動幅があり、適地に入っていても温暖化を何年も先取りしたような高温年には被害が出ます。したがって、まだ適地のうちはステージ1または2を、適地から外れるようならステージ3も含めて適応策を検討することになります。

（杉浦俊彦）

15 河川流況・水資源への影響評価

ここでは、日本全域水資源モデルを用いて、気候変動がもたらす気温や降水量などの気象条件の変化に応じて、河川の流況や利用可能な水資源量にどのような影響が表れることが予想されるのか、また、予想される流況変化に対してダム操作規則を変更する効果を評価した例を紹介します。

● 水資源量の評価に用いるモデルの概要

水資源量の評価に用いるモデルは、小槻ら(1)が開発した日本全域水資源モデルを改良したモデルで、五つのサブモジュール（稲成長・水文陸面・灌漑・河道流下・ダム操作）から構成されています（**図1**）。モデルでは流出、河道流下などの自然の水循環に加え、灌漑やダム操作などの人間活動の影響も考慮されています。森林や草原など通常の陸面過程モデルが扱う自然植生に加え、湖や都市が混在した複雑な地域を対象とできることが大きな特徴です。灌漑モジュールでは、水田と畑地の2種類の形態を表現可能で、陸面モジュールの水・熱収支計算により追跡する水深（水田の場合）や土壌水分量（畑地の場合）から、水需要量や排水量を決定します。灌漑モジュールで解析される「灌漑必要水量」は、水ストレスによる作物生育の制限を受けないように土壌水分を適切な

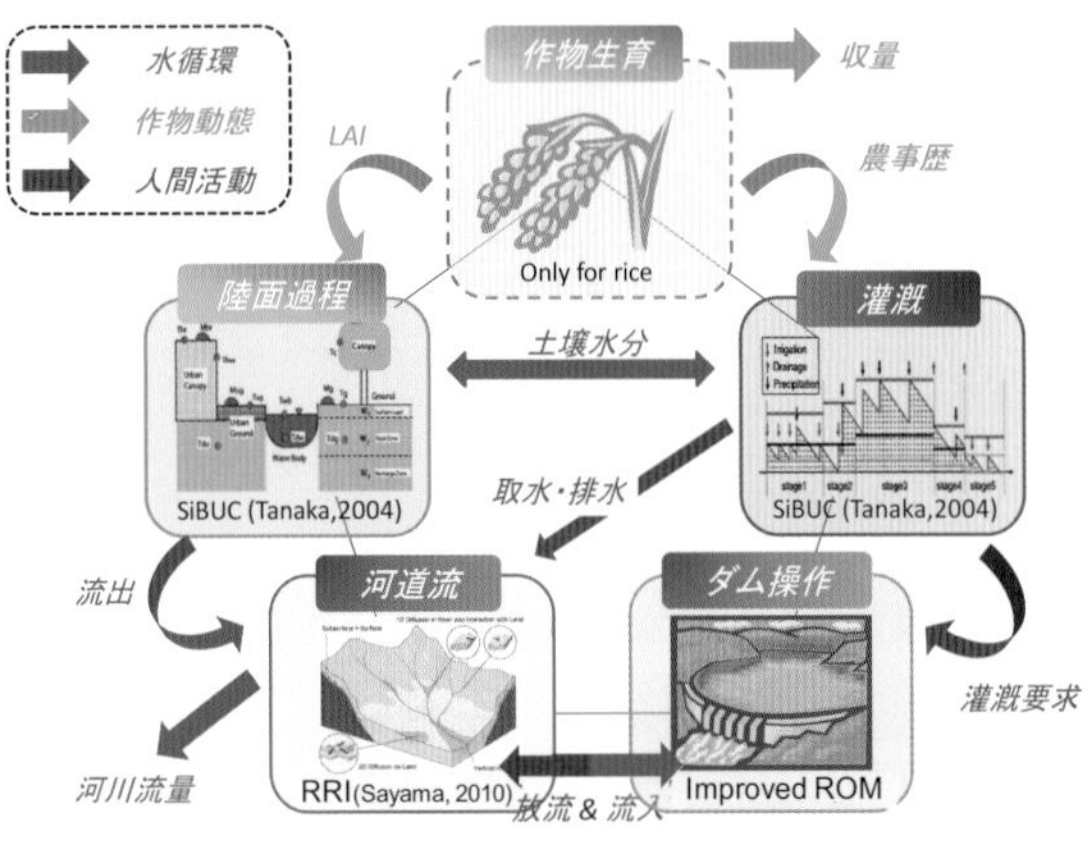

図1 日本全域水資源モデルの構造

範囲で管理するのに必要な水分量で、多雨、少雨といった気象条件を反映した水・熱収支計算の結果として決定されるため、気候変動が灌漑必要水量に及ぼす影響を物理的に評価することが可能です。洪水と氾濫を一体的に解析できるＲＲＩモデル(2)を河道流下モジュールに採用することで、洪水解析によく用いられてきたモデルでは適用が難しかった低平地についても解析が可能になりました。ダム操作モジュールでは、放流量はダムの目的、年平均流入量、下流域の水需要量などを用いて、その日の貯水量の四つの段階に分けて定式化されています。個別のダムを具体的に検討する際には、過去のダム流入量、放流量、貯水量の実績データにできるだけ整合するようにダムごとにパラメータを調整する必要があります。

水資源量評価の手順

前節で紹介したモデルを動かすために、解析対象地の条件を反映した地表面パラメータ（土地利用面積率、農事歴など）と地表付近の気象データ７要素（降水量、日射量、大気放射量、気温、水蒸気圧、風速、気圧）を整備します。提供される気候シナリオデータの格子に合わせて陸面解析の格子を設定する場合と、解析目的により決定された陸面格子に合わせて、異なる図法で表現された気候データを内挿して用いる場合があります。格子点中心の座標を元に地表面パラメータを解析するので、任意の格子系に対応できます。ＳＩ-ＣＡＴでは空間解像度約１kmの気候シナリオが提供されますが、時間解像度は日単位なので、陸面モジュールにおいて、時間単位でデータが得られる場合と日単位でしか得られない場合に生じる誤差についても検討しました。水循環解析では、特にダムへの影響を考える場合には、流入量がどの時期に何トン増える（減る）という定量的な数値が重要になります。このため、過去気候再現計算の気候データの統計量が観測値に整合しているかを確認して、必要に応じてバイアス補正を施します。統計的ダウンスケーリングで作成されたデータでは本来バイアス補正は不要です（すでに観測値が取り込まれているため）が、解析に使用したデータの違いや観測値にどこまで合わせるかに応じて差が生じることがあります。気温と降水量に関して、過去気候再現計算と観測値の差を打ち消すように、月単位でバイアス（補正比率）を求めて、将来気候シナリオにもこれらのバイアスを適用して補正しました。

影響評価

四つの１km解像度気候シナリオを用いて水循環解析を実施し、気候変動が木曽川水系（**図２**）の河川流量や水資源量に及ぼす影響を評価しました。ここでは、21世紀後半（２０５１～２１００）と現在（１９７０～２００５）の差について紹介します。

四つの気候シナリオによる年蒸発散量はいずれも増加（43mmから１０９mm）します。降水量の将来変化はシナリオによりさまざまで、犬山地点の河川流量の変化もさまざまでした。三つの将来気候シナリオにおいて7月に流量が大きく増加しますが、逆に減少するシナリオもあります。犬山地点の上流に位置する二つのダム（味噌川ダム、阿木川ダム）について詳細に分析した結果、気候変動下においても現行と同じ操作規則で両ダムを運用する場合、気候シナリオによっては冬季の貯水量は減少することがわかりました。

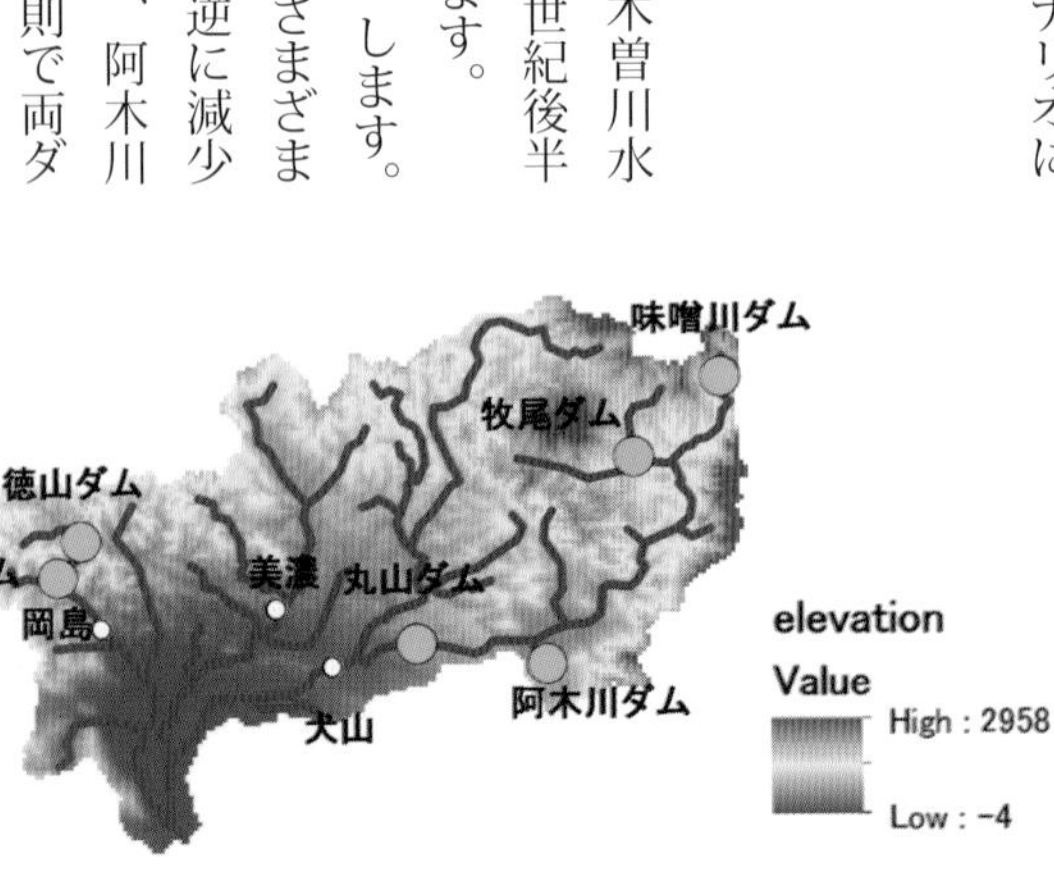

図２　木曽川水系の基準点とダムの位置

●適応策の検討

堆砂容量以上にダム堆砂は進行せず、有効貯水容量は変化しないという仮定の下で、ダム操作の二つの適応オプションの効果を検討しました（**図３**）。

（ada１）：洪水期に治水容量を増やす（利水容量を減らす）

（ada２）：洪水期の開始日と終了日を変更する（30日前倒し）

その結果、ada２では非洪水期の貯水量の増加をもたらし、気候変動によって引き起こされた極端な渇水に対するダムの能力を高める効果があることがわかりました。さらに、５月に発生する洪水を防ぐことができます。また、９月下旬と10月上旬の洪水はダムの貯水量回復に貢献しています。ただし、ada２を選択した場合、５月の平均貯水量は、現行の操作規則やada１での値に比べて減少することに注意が必要です。ada１では、洪水調節能力を高める効果はありますが、洪水期に水位を下げた影響は、非洪水期まで及び、年間を通じて水力発電には不利な状況になります。

●影響評価結果利用の注意点

影響評価の結果は用いる気候シナリオに大きく依存します。SI-CATのデータでは、将来の降水量が増えるという結果になっているため、主に洪水対応の適応策を検討しましたが、別の気候予測データ（MRI-AGCM３・２SのSSTアンサンブル実験やd４PDFのNHRCM20（用語）など）では、木曽川水系において夏季の渇水が懸念されています。特に降水量変化については気候モデルにかなり依存しますが、確

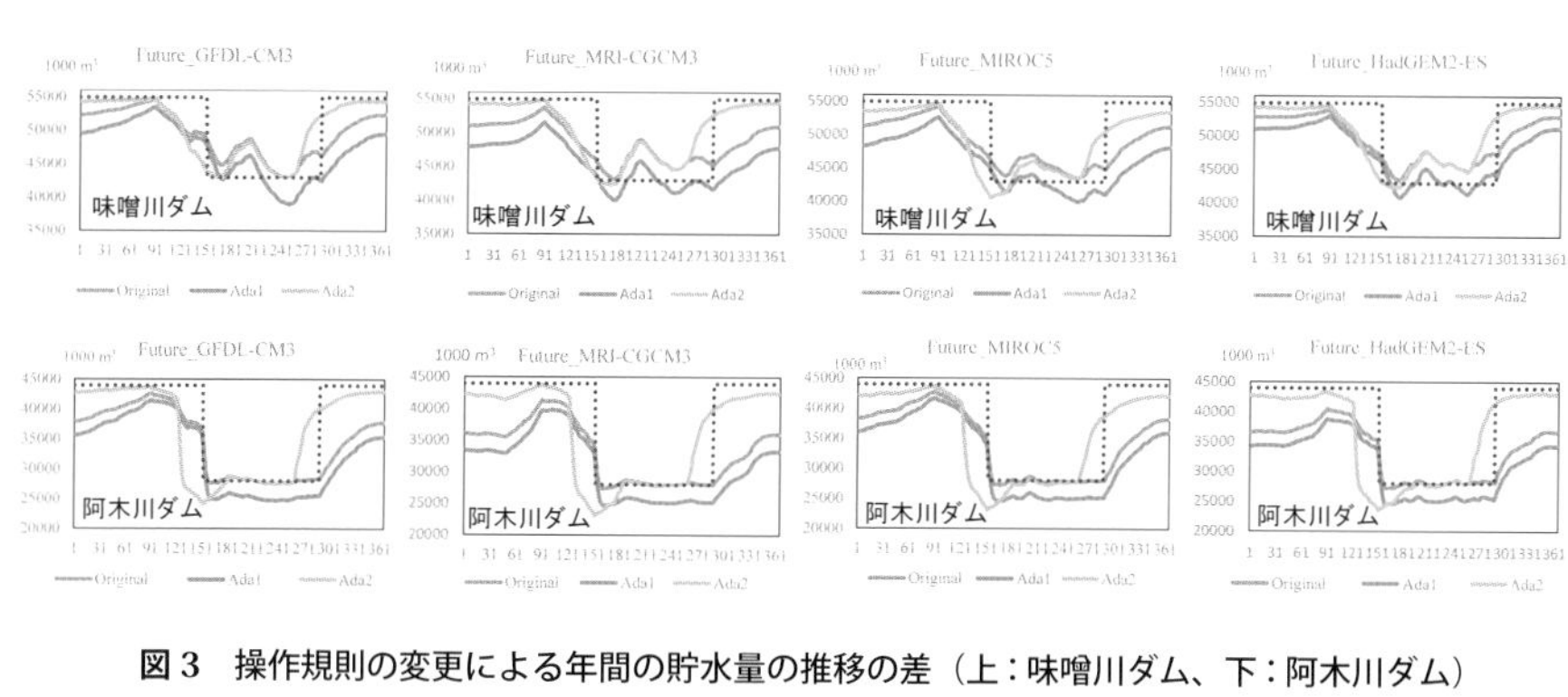

図３　操作規則の変更による年間の貯水量の推移の差（上：味噌川ダム、下：阿木川ダム）

実に言えることは、気温上昇に伴う冬季の降雪の減少、融雪の早期化と年間を通じた蒸発散量の増加です。特に積雪地域においては積雪期間が短縮することも蒸発散量の増加に寄与します。温暖化するとなぜ蒸発量が増えるのかと質問されることがよくありますので、**図4**を用意しました。温暖化により、気温が数度上昇すると、地面の温度もほぼ同じだけ上昇しますので、地温と気温の差はほとんど変化しません。一方、水蒸気圧については、高温側にずれるほど地面と空気の水蒸気圧差は拡大します。このことから、湿潤地では、地表面熱収支において、顕熱（温度差に比例）よりも潜熱（水蒸気圧差に比例）にエネルギーが使われることになります。

現時点で言えることは、このような気候変化に対しては、流域の水文循環はこのように応答するという物理的な因果関係です。どの将来気候シナリオが現実のものとなるかは現時点ではわかりませんが、ある気候変化に対してはどのような適応策が有効かを事前に把握しておくことで、今後の気候変化の推移を見極め、然るべきタイミングで然るべき適応策オプションを実行できるように準備しておくことが大切でしょう。

（田中賢治）

《参考文献》

（1）小槻峻司ほか「気候変動が日本の水資源に与える影響推計（I）―日本全域水資源モデルの開発」『水文・水資源学会誌』第26巻、133～142頁、2013

（2）Sayama T. et al.: Rainfall-runoff-inundation analysis for flood risk assessment at the regional scale. Proc. of the Fifth Conference of Asia Pacific Association of Hydrology and Water Resources (APHW), pp.568-576, 2010.

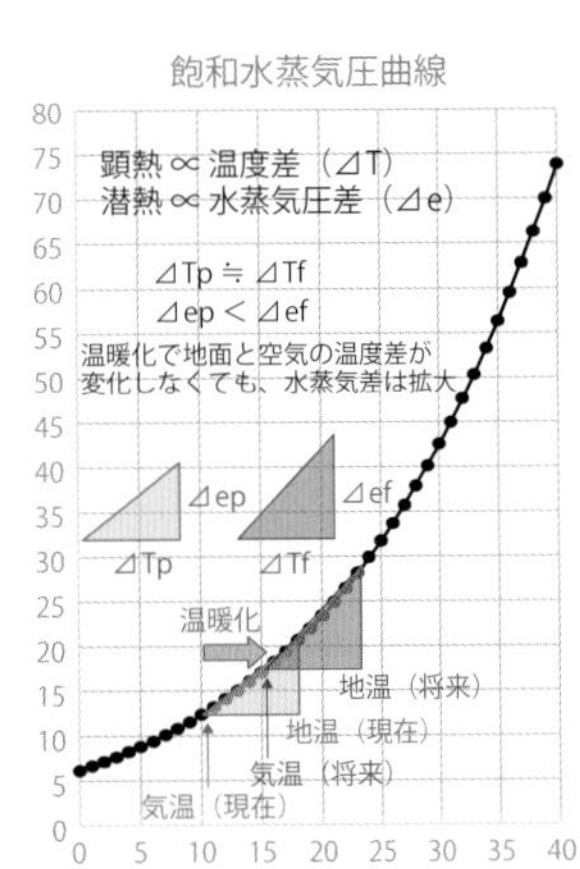

図4　温暖化で蒸発量が増えるメカニズム

16 森林生態系への影響評価

●影響評価の流れ

生物への影響を評価する方法には、生物の分布情報に基づく方法や、気候条件の変化に基づく方法があります（**図1**）。対象生物が決まっており、分布情報がある程度把握されている場合には、影響を詳細に検討することができます。一方、野生生物のすべてについてモデルを構築することは現実的ではないので、汎用的な指標を用いて適応策を検討する場合があります。そのような場合、気候条件に基づく影響評価が有効です。

●生物の分布情報に基づく影響評価

生物の分布情報に基づく影響評価では、対象種が分布する位置情報と、評価対象エリアの気候データが必要となります。また、気候以外にも、地形や土壌など、対象種の分布を規定する重要な条件が想定される場合、それらのデータも収集・整備したうえで、生物の分布情報を現在の気候や環境条件などで説明する統計モデル（分布予測モデル）を構築します。構築したモデルに現在や将来の気候条件を当てはめ、対象種の潜在分布域を推定・比較することで、温暖化に脆弱な地域や安定した地域を特定し、適応策を検

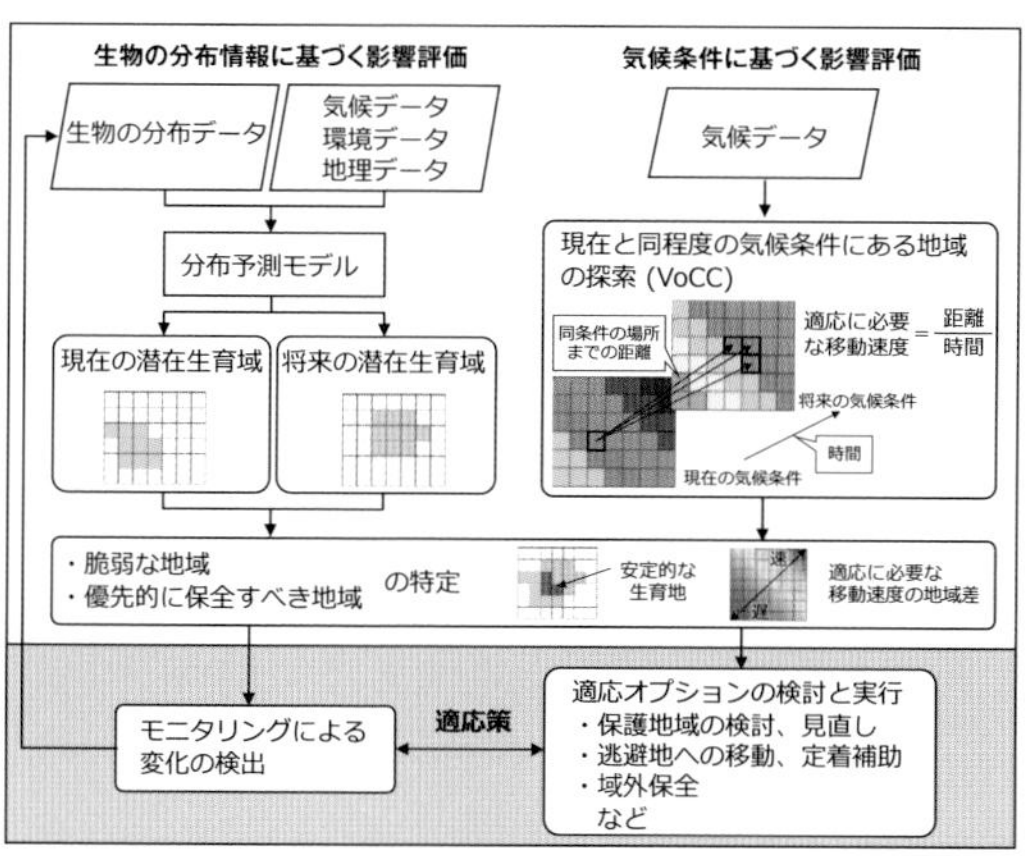

図1　生物・生態系影響評価の流れ

討するための基礎情報とすることができます。

気候条件に基づく影響評価

気候条件に基づく影響評価では、対象地域の現在と将来の気候データを使用します。ある場所の現在と将来の年平均気温を比較し、将来気候下で、現在と同様の条件（例えば気温差が1℃以内）となる場所までの距離を算出します。この距離を、対象期間（将来と現在の年の差分）で割ったものが、「気候変動の速度」Velocity of Climate Change（ＶｏＣＣ）です。例えば年平均気温15℃の場所が１００年間で１００km北上すればＶｏＣＣは１km／年です。これは、現在と同様の気候条件へ、生物が逃避するために必要な移動速度と考えられ、気候変動の強度（危険度）を地域ごとに評価する指標の一つになります。ＶｏＣＣが特に速ければ、多くの生物の逃避が間に合わないリスクが高く、温暖化に対して脆弱な地域であると考えられます。逆にＶｏＣＣが遅い地域は、気候条件の変化速度が緩やかであるため、生物の移動が可能となり、逃避地としての機能が期待されます。

影響評価の実践例

①ライチョウ

ライチョウは、中部山岳の高山帯のみに分布しており、温暖化に対して、脆弱とされる高山植生に強く依存するため、保護管理策の策定が急務です。ライチョウへの影響評価には、温暖化が高山植生を変化させることによる、間接的な影響を考慮する必要があります。そこで、高山植生の分布と気候条件との関係をモデル化し、その推定結果に基づいて、高山植生の変化や地形の影響を組み込んだライチョウの潜在分布域の変化を予測しました。

ライチョウ分布の中心である、北アルプスを対象とした影響評価の結果、ライチョウは稜線に近く、ハイマツ群落、雪田草原や風衝地植生といった、異なる高山植物群落がバランス良く成立する場所に生息しやすいことがわかりました。RCP8・5相当のシナリオ下では、今世紀末のライチョウの潜在分布域は、現在の0・4%にまで減少すると予測されました。日本の高山帯はそれぞれ孤立していて移動が難しいため、気候変動適応策として、繁殖補助や移動補助（用語）などの保全策を進める必要があります。ライチョウに関しては、第1部09「社会実装のかたち〔生態系編〕長野県」においても詳細な解説があります。

② VoCC

現在と将来の年平均気温データを用い、日本陸域の基準地域メッシュ（約1km^2）を対象に、気候モデルなどの条件を変えながら、全54通りの異なるVoCCを推定しました（**図2**）。その結果、同じ温度帯を見つけるために、全国平均では、最短でも1年で37〜309m移動する必要があり、都道府県別では、平野部が大半を占める千葉県や茨城県、および島嶼や半島部の多い沖縄県や長崎県のVoCCが速いと推定されました。山の多い山梨県、長野県、静岡県などでは、少し斜面を登れば冷涼なところが見つかるので移動距離は短く、結果としてVoCCは遅い値になりました。一方で、標高

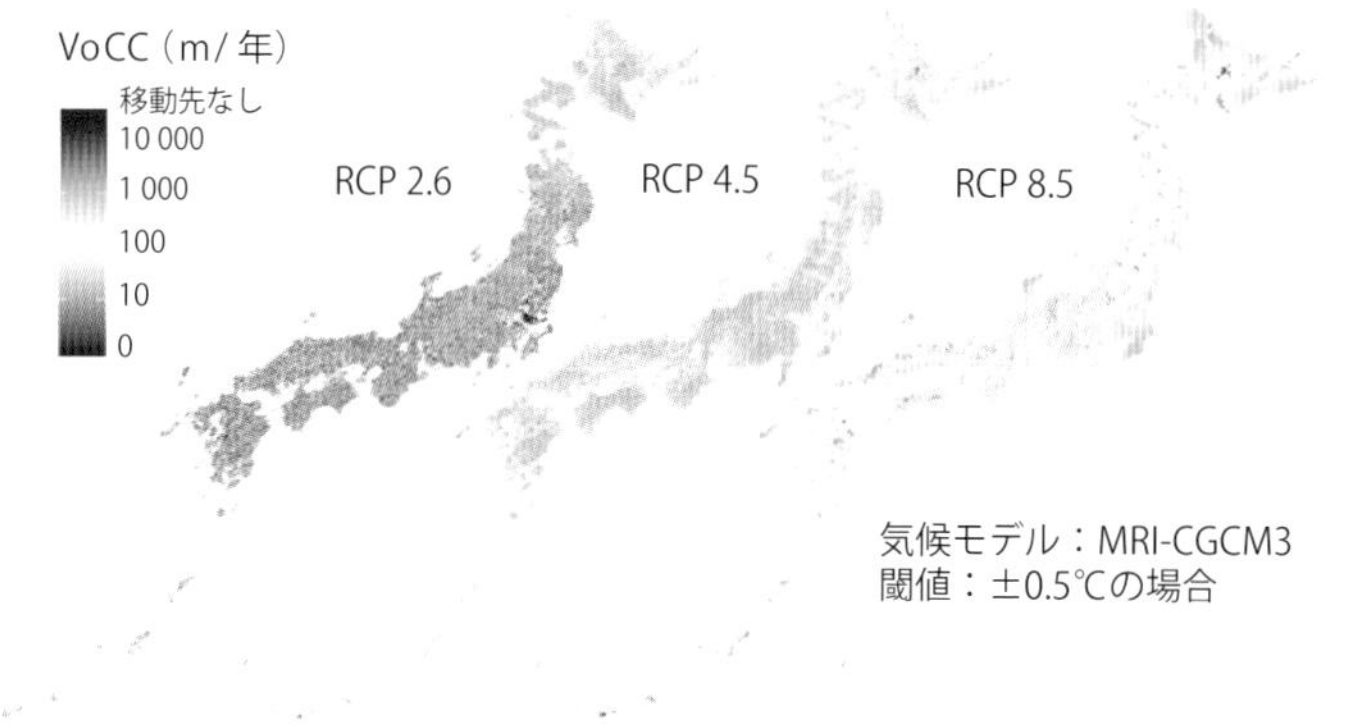

図2　VoCCの計算事例

が非常に高い山頂部の場合は、これ以上は高い場所に移動することができず、遠くの山に移動しなければならないケースが多いので、ＶoＣＣは非常に速い値になりました。つまり、高山生態系は温暖化に対する脆弱性が高いことがわかりやすく示されました。このように、ＶoＣＣは、地方自治体の温暖化対策担当者や、一般市民に温暖化影響をわかりやすく示すことができる指標です。

●気候変動適応策

温暖化に脆弱な生物種、生態系、地域を対象としたモニタリングの結果に基づいて実行する気候変動適応策には、人為介入の度合いによっていくつかの段階があります。具体的には、現在の保全策の継続や追加、自然保護区の配置見直し、生物の移動経路の確保や整備、分布域内外への生物種の自律的もしくは人為的な移動・定着の補助、動植物園など管理環境下での飼育・栽培や、種子などの遺伝子資源の管理・保全などがあります。これらの異なる適応策を、生物種の実情や地域の現状を考慮しながら実施することが必要です。

（松井哲哉・平田晶子・中尾勝洋・堀田昌伸・津山幾太郎・松橋彩衣子・髙野（竹中）宏平・尾関雅章）

《参考文献》

（1）Hotta, M., Tsuyama, I. et al. : Modeling future wildlife habitat suitability: Serious climate change impacts on the potential distribution of the Rock Ptarmigan *Lagopus muta japonica* in Japan's northern Alps』BMC Ecology, 2019, DOI: 10.1186/s12898-019-0238-8

（２）高野（竹中）宏平ほか「自治体の地域気候変動適応に向けたVelocity of Climate Change（ＶｏＣＣ）の解析」『環境情報科学』第33巻、49～54頁、２０１９

17 水災害の影響評価と適応策

●洪水・高潮の影響

氾濫モデルと被害モデルによるシミュレーションを日本全国で実施すると、洪水と高潮のリスクの地域性を知ることができます。伊勢湾台風のケースで確かめられたシミュレーションを用いると次のような結果が得られました。

潜在的な年平均期待被害額＊は、洪水単独災害において1・1兆円、高潮単独災害において4678億円、洪水・高潮複合災害において7865億円と推定されました（**図1**）。単純に考えると複合災害の被害が大きくなりそうですが、このシミュレーションの場合、毎年の平均的な被害額を考えているので、極めて稀に起こる複合災害は、年発生確率が大変低く、年平均的にみると比較的小さな被害になります。もちろん、一度生じると甚大な被害が発生します。これらの絶対値に大きな意味はないですが（後述）、相対的な大きさには意味があります。日本全土の総被害額を評価すると、複合災害より洪水単独の被害リスクが大きくなります。沖縄県を除く46都道府県中、東京都、大阪府、愛知県における被害額がほかと比べて甚だ大きく、これら3県における被害額の合計は全体の被害額の32％を占めます。38都道府県において洪水単独による被害がほかの2災害と比べて大きいです。高潮単独による被害がほかの2災害と比べて大きいと推定され

＊年平均期待被害額
数百年を眺めたときに、平均的に1年で生じる水災害被害金額

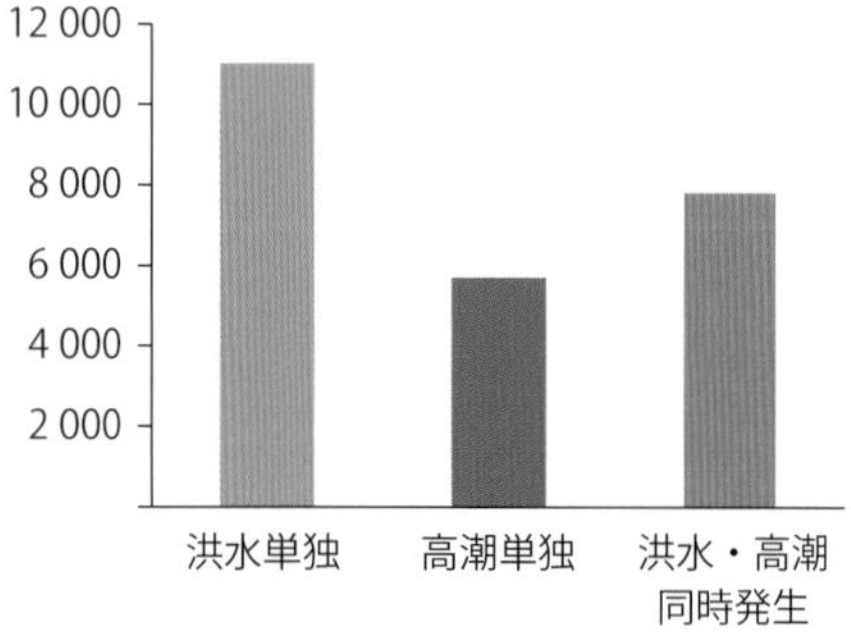

図1　3水害の全国年期待被害額（単位：億円）

たのは佐賀県のみでした（**図2**）。複合災害による被害がほかの2災害と比べて大きいと推定されたのは宮城県、愛知県、三重県、大阪府、兵庫県、岡山県、徳島県の7府県でした。この結果は、上記7府県において単独災害にのみ焦点を当てた治水整備をする従来の治水計画では不十分であることを示唆しています。日本の場合、河口部分の堤防は洪水単独災害に従って設計されている場合が多いのですが、高潮と同時に生じた際の水位を考えて堤防の高さを決める必要がある場合もあります。

不確実性

これらのシミュレーションの結果は誤差や不確実性を含んでいます。そのため絶対値に意味がないとも言えます。例えば、前の計算では高潮による潮位のピークと洪水の水位のピークが最も高くなるときの計算をしています。この潮位ピークの時刻の違いによる被害額の差は、０・１～９８３２億円になります。潮位は大潮小潮や満潮干潮などの季節や時刻によって大変大きく変動します。場合によっては、被害がほとんど発生しない場合もあります。台風時には大雨と気圧の減少、風の吹き寄せによって川と海の水位が同時に高くなることも計算の不確実性を大きくします。

将来の予測をする際には、降雨のデータを予測する全球気候モデル（ＧＣＭ）の差異も結果に影響します。複数のＧＣＭによる洪水の年平均期待被害額について、標準偏差＊は６００億円前後であり、気候シナリオ間の平均年期待被害額の差額は１９２億円でした（**図3**）。温室効果ガスのシナリオ間のばらつきは、ＧＣＭによる推定被害額のばらつきに含まれる大きさであることがわかります。例えば、平均年期待被害額の標

＊標準偏差
平均値からのばらつきを表す。標準偏差が大きいほど不確実性が大きい。

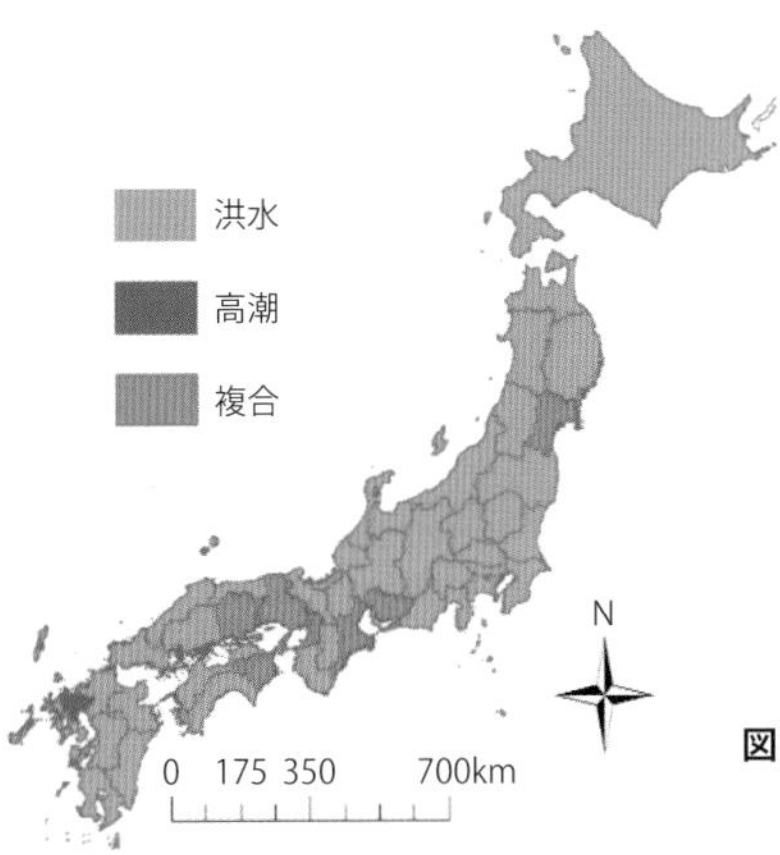

図２　県別最大年期待被害額を示す災害

準偏差はＲＣＰ２・６シナリオにおいて５０７億円、ＲＣＰ８・５シナリオにおいて６８０億円でした。各シナリオの平均年期待被害額に対するこの標準偏差の割合はそれぞれ３・56％と４・70％です。大変小さな割合と言えます。

シミュレーションに使うデータの細かさも結果に影響します。被害額を求める地域の最小範囲を１km四方から２５０ｍ四方に細かくすると２２３９億円の差額が生じます。この差額が年平均期待被害額に占める割合は１km四方において13・９％、２５０ｍ四方において16・１％となり、ＧＣＭやＲＣＰシナリオより大きな影響になります。国全体や県全体でみる場合、必ずしも詳細に計算すると誤差が小さくなるわけではありません。こうした利用するデータについても不確実性があります。

だからといってシミュレーションによる推定に全く意味がないわけではありません。将来にわたって増え続ける傾向や相対的な地域差を明らかにすることは意味があります。

●適応策と効果

洪水や高潮の氾濫にはさまざまな対策が考えられます。国土交通省はハードウェアとして、ダムの設置、既存ダムの有効活用、遊水地、放水路、河道掘削、引堤、堤防嵩上げ、河道内樹木伐採、決壊しない堤防、決壊しづらい堤防、高規格堤防、排水機場、雨水貯留施設、雨水浸透施設、遊水機能の保全、部分的に低い堤防の存置、霞堤、輪中、二線堤、樹林帯、宅地嵩上げ、土地利用規制、水田保全、森林保全を、ソフトウェアとして、予測情報の提供、水害保険、早期警戒システム、ハザードマップの配布、法律の整備と数

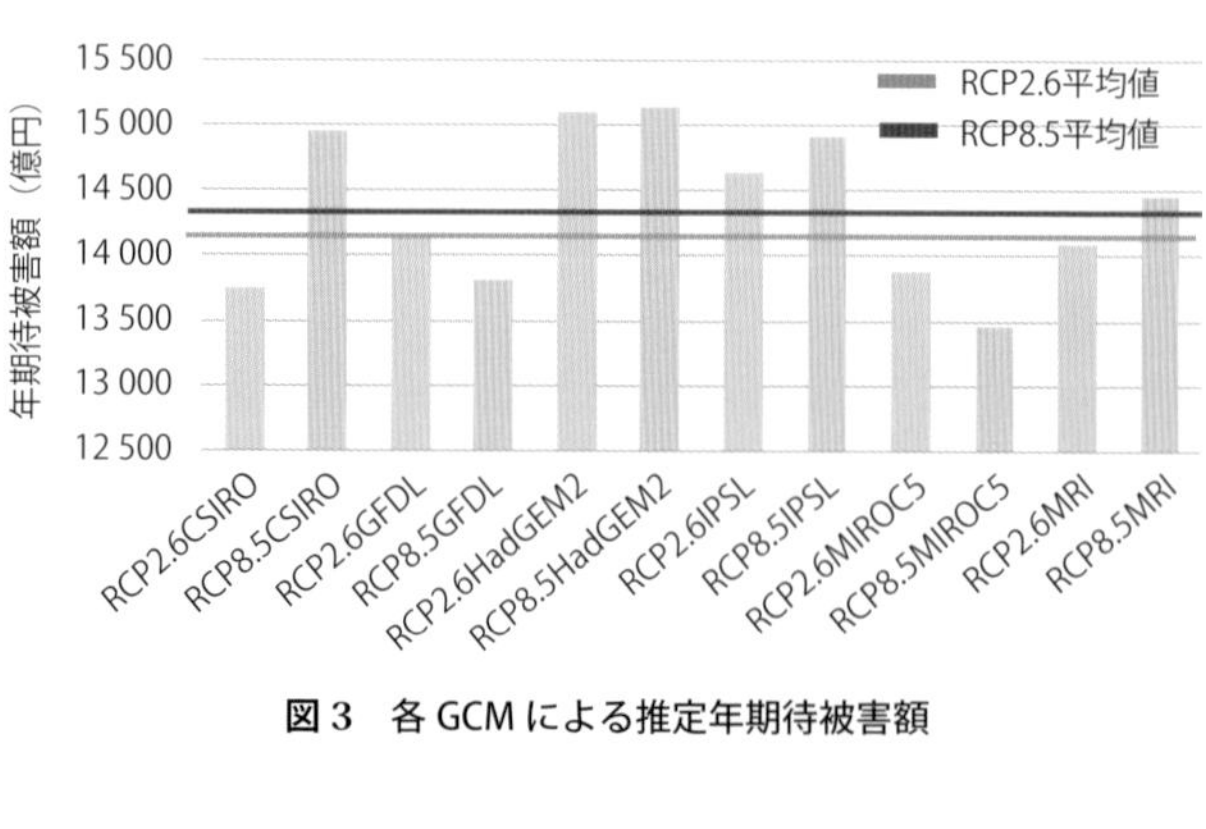

図３　各 GCM による推定年期待被害額

多くの適応策を挙げています。その中で人口減少社会では危険な地域から撤退して、安全な地域に集中して住むコンパクトシティを含む土地利用規制が有望とされます。

１００年に一回生じるような洪水時に浸水深10ｍを超える土地に対し土地利用規制を行うと、現在将来ともに約５７６億円の年平均期待被害軽減効果があります（**表１**）。一方、ＲＣＰ８・５からＲＣＰ２・６へ温暖化を緩和した場合の洪水災害の年平均期待被害軽減額は約１９２億円（表の４６１億円のうちの洪水分）になります。洪水対策については、再現期間20年＊ほど治水レベルを上げると現状とほぼ同じリスクになるとも言われており、将来に高まるリスクに対する適応策への投資の必要性と、その具体的な内容について議論されています。

（風間　聡）

＊再現期間20年
１０００年位でみると約20年に一回生じる洪水のこと。この文では例えば50年から70年に一回生じる洪水に備えること。

《**参考文献**》

（１）田中裕夏子・風間聡・小森大輔「洪水・高潮複合災害リスク評価」『土木学会論文集Ｇ（環境）』第74巻第５号、Ｉ-２５７～Ｉ-２６４頁、２０１８
（２）山本道・風間聡・峠嘉哉・多田毅・山下毅「気候変動による洪水被害に対する」『土木学会論文集Ｇ（環境）』第75巻第２号、Ｉ-１０８７～Ｉ-１０９２頁、２０１９
（３）山本道・風間聡・峠嘉哉・田中裕夏子・多田毅・山下毅「気候変動による洪水被害額の推定におけるＧＣＭと空間解像度の影響」『土木学会論文集Ｂ（水工学）』第75巻第２号、Ｉ-１０９～Ｉ-１１４頁、２０１９

18 流域圏の水・土砂災害における影響評価と適応策

流域圏は、河川上流から下流に向かって、大まかに、「山間集水域」「中流氾濫原域」「下流都市域」に分類することができます。各エリアは河道や雨水を介してつながっており、実効性の高い洪水対策を行うには、流域圏全体を俯瞰的に捉え、ハード・ソフトの両面からバランスの取れた複合的な適応策を策定する必要があります。本章では、流域圏において発生する特徴的な水・土砂災害の事象、さらにそれらに有効な適応策や研究事例について紹介します。

特徴的な災害事象および影響評価・適応策

【山間集水域】

上流部の山間集水域に豪雨が生じると、大量の土砂や流木が雨水とともに河道内に流入することが懸念されます。土石流や流木の河川への流入を阻止するための最も基本的な適応策として、「砂防堰堤」「流木捕捉工」などがあり、さまざまなタイプの捕捉施設の開発が行われています。また、「流木発生ポテンシャル」という概念により、流木がどこへどの程度到達するのかを評価する試みも進められています。さらに、土砂や流木が河川流を堰き止めてできる「天然ダム」の形成やその崩壊時に生ずる「段波」(用語)の発生を監視するために危機管理型水位計を用いた「リアルタイム監視システム」の重要性も指摘されています。

鹿児島県、鹿児島市、垂水市、出水市、南大隅町と連携して、斜面の深層崩壊の発生要因の一つである地下水の集中箇所を渓流水の電気伝導度（用語）と流量から抽出する手法および湧水を指標として深層崩壊発生の危険度を評価する手法を開発した研究事例を紹介します。渓流水の電気伝導度が高く、無降雨時の比流量（数km²未満の小流域において、無降雨時の流量（基底流量）を流域面積で除した流量）が多い流域は地形的流域界を越えた地下水流入のある箇所であり、上流急斜面に多量の湧水がある箇所は深層崩壊の危険性が高いと考えられます。**図1**の紫の箇所は、そのような指標から抽出された危険箇所を示しており、過去の崩壊発生位置とも概ね一致します。紫色の斜面から流出する地下水流量に基づいた深層崩壊の警戒避難基準（深層崩壊発生の湧水危険流量10 L/s）を過去データから決定しており、同基準を用いて深層崩壊に対する有効な警戒避難システムを構築することが可能となります。

洪水時にのみダムとして機能する「流水型（穴あき）ダム」（**図2**右図）は、堤体下部に洪水を流下させるための穴を持つ洪水対策に特化したダムであり、環境への負荷が比較的小さな適応策として注目されています。天然ダムや上流の既存ダムが万一崩壊して段波が発生する場合でも、下流に流水型ダムがあると、そこで一旦段波を受け止めることで下流の被害を大幅に軽減することができます。また、上流から下流に直列配置された複数のダム群を有する流域においては、上流側のダムで「異常洪水時防災操作（但し書き操作（用語））」を行うことによる非常用洪水吐き（用語）からの放流を許容し、下流側ダムから流出するピーク流量を効果的にカットする洪水制御法である「カスケード方

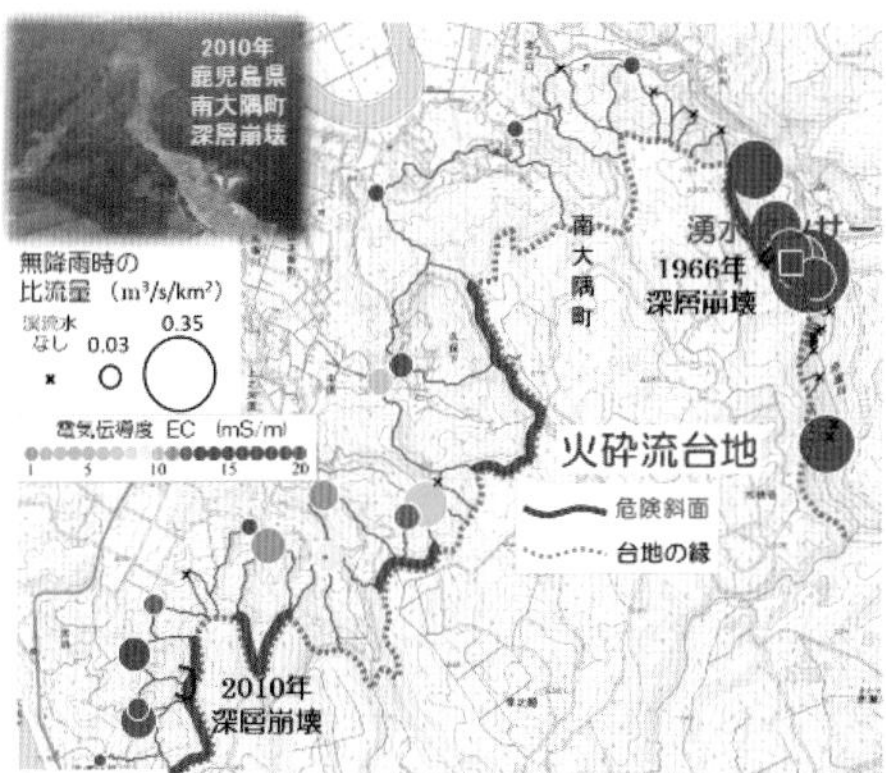

図1　深層崩壊リスク評価（南九州火山地域における深層崩壊発生危険箇所の抽出、鹿児島大学 地頭薗隆教授 提供）

式」も提案されています（**図2**左図参照）。

将来の極端豪雨に対して、佐賀県K川流域の既設ダムを連携運用する洪水への適応策について紹介します。対象降雨としてd4PDFから抽出された48時間降水量900mm（現在計画よりも46％降雨が多い超過洪水）を用いました。ここでは二つのダムを連携運用した洪水制御として、多目的用Kダムに加えて、利水用Hダムを事前放流により治水利用する場合を検討しました。まずKダムの現在の治水容量のみを用いたところ、超過洪水であることからKダムだけでは対象洪水を制御できないことがわかりました。次にHダムを治水にも利用して、HダムとKダムの両方を用いたカスケード方式で制御できる限界の治水容量を求めたところ、Hダムでは有効貯水容量の84％、Kダムでは有効貯水容量の71％を各治水容量として用いれば対象洪水を制御でき、現状と比較して基準点のピーク流量が33％低減されることがわかりました。

【中流氾濫原域】

河川断面が流しうる流量を越えると河川堤防を越水し、住宅地や農地などに洪水流が流れ込む「外水氾濫」が起こります。また、たとえ越水しなくても、長時間にわたって河川水位が高い場合、堤防内に大量の水が浸透することで「パイピング現象」が起こり、堤防が決壊に至ることがあります（越水なき破堤）。従来的な適応策である「宅地の嵩上げ」「輪中堤」「霞堤」「二線堤」「田圃ダム（水田に一時的に貯留）」などの積極的な活用に加え、将来の洪水を想定した「堤防の嵩上げ」や大量の浸透流でも破堤しない「堤防の強化」も重要です。不飽和浸透流(用語)解析によって算定した被覆土層底面に生じる過剰間隙水圧Wと被覆土層重量(用語)Gの比に基づいて堤防の破壊危険度を評価し、優先的に強化すべき地点を見出すための研究も行われています。

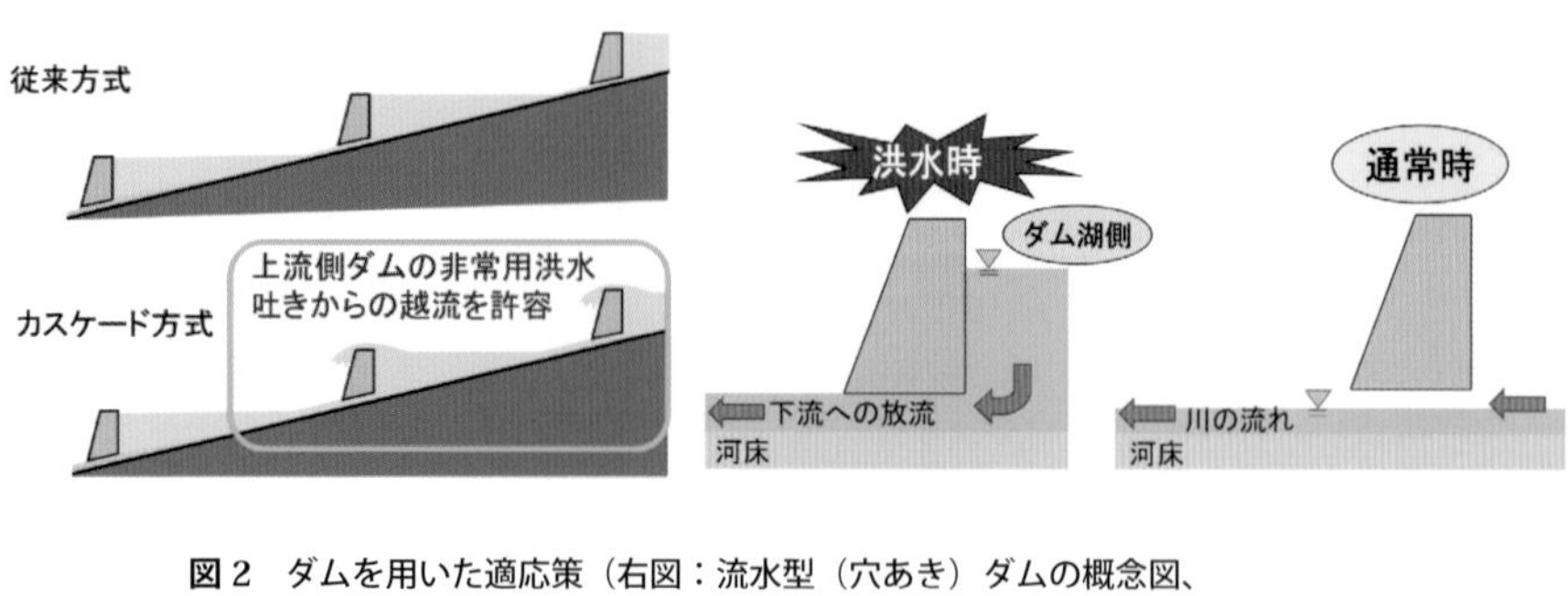

図2　ダムを用いた適応策（右図：流水型（穴あき）ダムの概念図、
左図：直列配置されたダム群によるカスケード方式の洪水制御法の概念図）

【下流都市域】

河川からの越水により洪水が生じる場合に加え、本川水位が高いために雨水が河川に排水できずに氾濫に至る「内水氾濫」が発生します。また、都市部では地下空間にまで開発が進んでいることが多く、氾濫水による地下空間の大規模な浸水は甚大な被害を引き起こします。ハード面での適応策として「堤防の嵩上げ」「雨水排水施設の拡充」「地下空間入り口への止水板の設置」「下水道施設の水位モニタリング」などが挙げられます。また、ソフト面の適応策には「水防に係るタイムライン」「避難誘導計画」の策定などがあります。河川管理者（国・自治体）と下水道施設管理者（自治体）は、河川水位、内水氾濫危険水位情報の提供設備の構築とその周知、地下空間管理者には情報を基に防災体制を構築することが求められます。

大阪梅田地区の地下街における浸水被害を想定した研究事例を紹介します。まず、**図３**（右図）に示すような街路や下水道網を精密に表現した数値モデルの解析によって地上の浸水リスク評価を実施し、どこから（浸水箇所の把握）、どのように（浸水経路の把握）、どれくらいで（浸水時間の把握）、浸水が地下空間に広がるのかについて検討しました。ここでは、下水道の水位情報を利用して止水板を設置した場合と、何ら対策をしない場合での浸水状況の比較を行い、水位計情報を活用した止水板設置では１００年に一度発生する大雨（76mm／hr）に対しても浸水を防ぐことが可能であることが確認されています。また、１２０mm／hrの場合には、地下空間への流入量を75％まで削減できるとされています（**図３**左図）。

【ソフト適応策としての自助・共助】

災害外力が増大する状況下において、全国津々浦々にまで公助によるハード的防災・

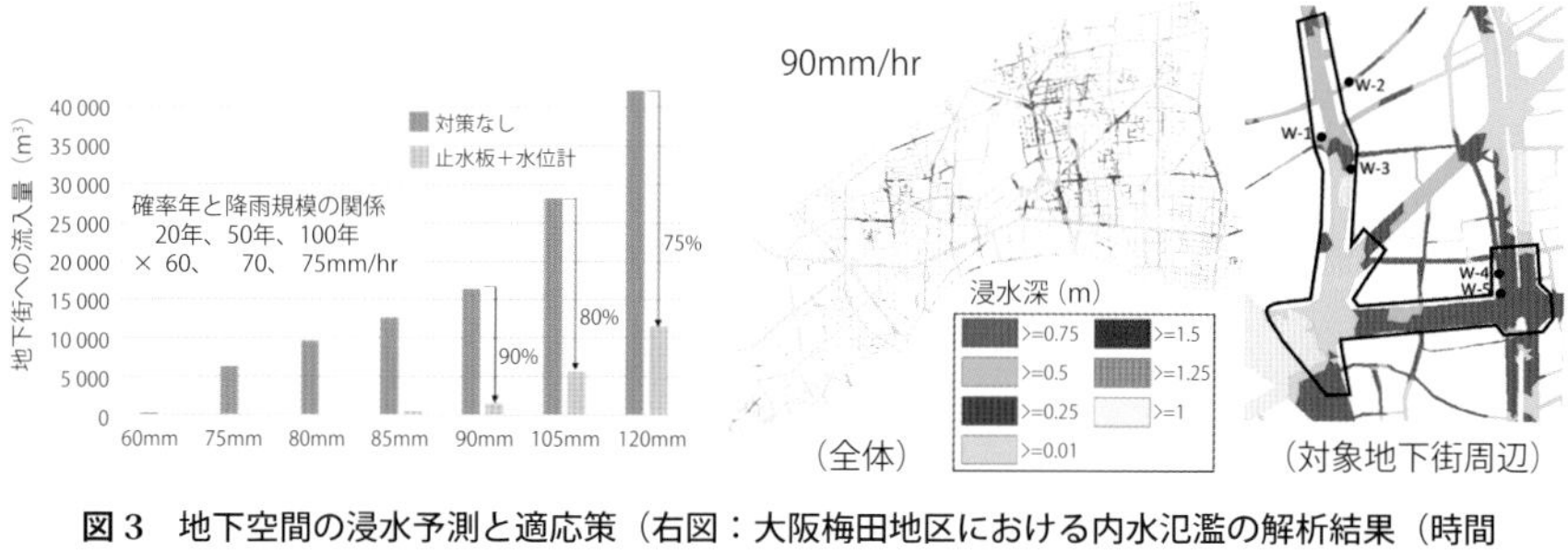

図３　地下空間の浸水予測と適応策（右図：大阪梅田地区における内水氾濫の解析結果（時間雨量 90mm/hr のケースでの最大浸水深）、左図：地下流入量と適応策の効果、関西大学尾崎平准教授提供）

減災を図ることは、経費的・時間的に不可能です。最低限人命の損失を防ぐためには、自助・共助に頼らざるを得ません。ただ、個人では持続が容易でないため、共助（自主防災組織など）が極めて重要となります。大きな被害（特に人命の損失）を受けると地域の雰囲気は暗くなって一層過疎化につながり、復興にも大きな障害となります。共助の代表例である自主防災組織を継続していくためには、中心者の固い意志、自分たちで自由に使える自己資金（協賛地場企業群など）、志を同じくする活動家グループなどが不可欠ですし、防災士（民間資格）の養成やその活用も有効です。防災はプラスの価値は生まない（完全でもゼロ）ため、防災だけでは自主防災組織を継続することは困難です。そのため、街づくりや防犯、地域イベントなどほかのことと結び付けて魅力ある組織にする必要があります（香川県丸亀市の川西地区自主防災会の先駆的な例）。

最後に、命を守るうえで重要なポイントとアイテムを挙げておきます。

◎常日ごろから親密な人間関係を地域で築いておく。
◎地域で相談して前もって自主避難場所を決めておく。
◎避難する時間的余裕がないときのために、2階へ、さらには屋根の上への垂直避難の手立て（ハシゴ・ロープなど）や、逃げる手段すら失くしたときのためにライフジャケットなども用意する。
◎避難時はクツ・傘（泥水中を歩行して避難する際の杖の替わり）・ロープなどが必要である。

（杉原裕司・押川英夫・橋本彰博・田井　明・小松利光）

19 氾濫、洪水への影響評価

●四国の中小河川での最大の洪水の規模をどう推定する―鏡川を例として

本章では、地形性降雨の影響が強く、流域規模の小さい高知平野の鏡川を対象として開発した、現在気候での最大規模の降雨による洪水の規模を推定する方法についてご紹介します。最大規模の降雨についてして参照できるデータとしては、国が公開した想定最大規模降雨のデータがあります。これは、降雨特性に合わせて日本列島をいくつかのグループに分けて、その領域で過去に発生した降雨を分析し、ある面積・ある時間における最大雨量を算出したものです。つまり、「この規模の雨は実際に発生しているよ」という情報になります。しかし、この数値はこれまでの河川計画で用いられた数十年に一度の雨に対して最大で2倍程度となっており、自治体や河川管理者にとっては、河川計画の規模ですら対策を進めている途上であり、それをはるかに超過する規模の洪水に対してどう対策をしていいか困惑するものでした。

高知平野は降雨が多いことで有名ですが、高知平野を取り巻く上流の山間部は、平野の2倍程度の降雨が発生する場合があるなど、雨の空間分布が独特です。それを前提に鏡川の河川整備基本方針などが定められています。国の報告書では、最大流量の算出も従来の計画手法と同様の手法を使うように指示しています。しかし、山地で強い雨が発生している場合の各地点の降雨を、定められた24時間雨量に合わせるまで補正をすると、1時間降水量２００mmの降雨になる地点が出てくるなど過大な洪水規模になる可能性があります。また、短時間で通過した台風に対して24時間雨量を基準に補正を行っても同様です。そこで鏡川や四国南部での過去の降雨データなどを分析したところ、与えられた最大規模降雨が鏡川流域全体を覆うように発生する場合が、山地で過剰な雨量を発生させず、なおかつ最大流量になることを明らかにしました。

●四国の河川における気候変動予測モデルを活用したリスク評価

気候変動によって吉野川と鏡川で洪水規模がどう変化するかを分析しました。具体的には気候変動予測データの中で、現在の気候を再現しているデータによって算出される洪水規模が、実際に観測された洪水規模を表現できているのかを確認し、そのうえで気候変動後の洪水流量の増加を分析します。ＳＤＳやＲＣＭとしてｄ４ＰＤＦや５kmＲＣＭを対象としました。ＳＤＳでは雨が強くなる山地では値が大きくなるなど地形性降雨の再現性は高いですが、与えられるデータは日雨量だったので、実際に降った雨の1時間ごとの雨量の変化を当てはめて詳細な毎時間の雨量を設定することで、再現性を高めました。

20kmグリッドのｄ４ＰＤＦでは現在再現に対して吉野川の中流の池田ダム地点（**図1**右　ｄ４ＰＤＦ現在再現と河川計画）では妥当な結果となりましたが、地形性降雨のある中小河川の鏡川では過小評価（**図1**左　ｄ４ＰＤＦ現在再現と河川計画）となりました。また、鏡川において５kmＲＣＭでは現在再現の段階でも既往最大・計画規

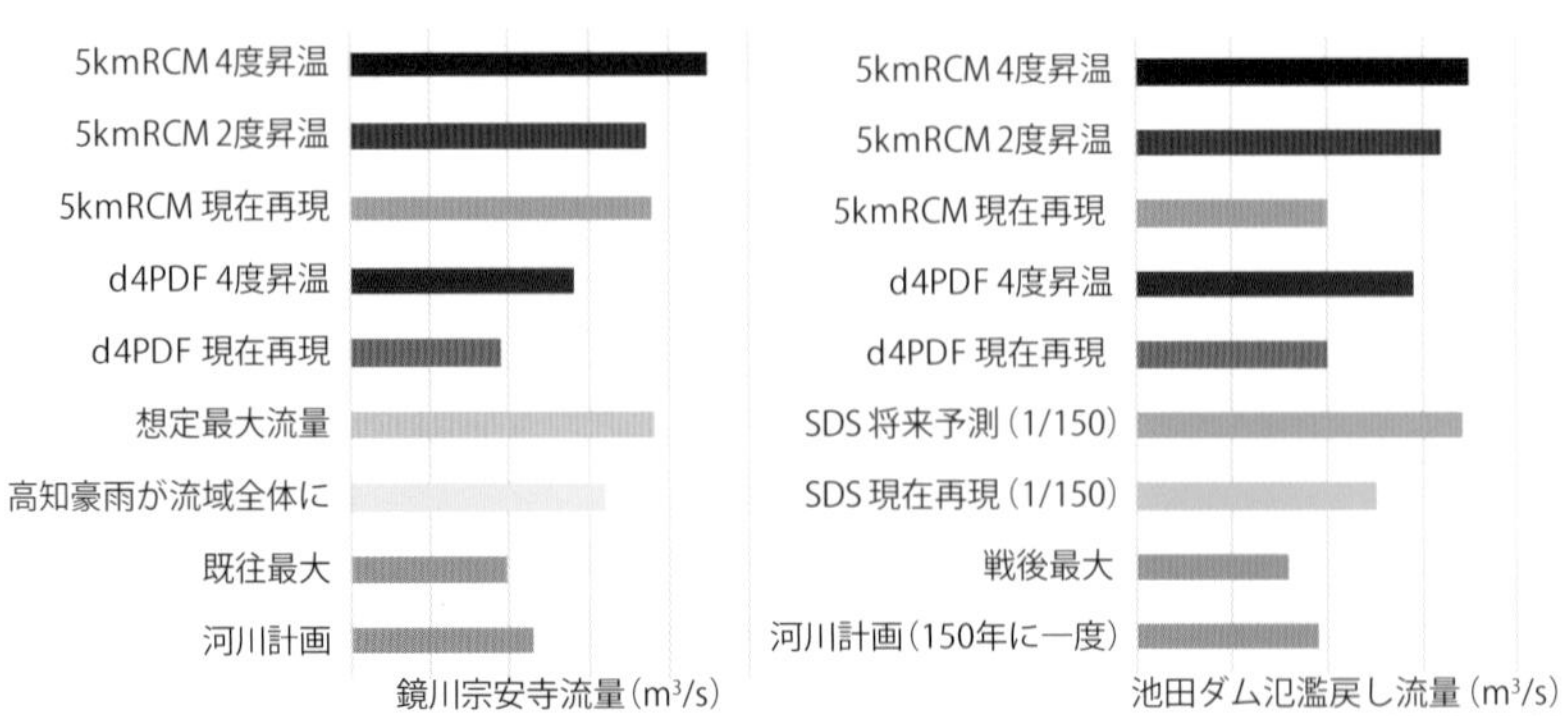

図1　鏡川の宗安寺地点と吉野川中流の池田ダムへの各予測データによる洪水流量

模を上回る洪水が見られました（**図1**左　５km ＲＣＭ現在再現）。これは、鏡川が四国山地南部を源流としており、モデル内で地形性降雨が強く表れたためであると推定されます。

また国が想定最大規模降雨として参考にしている地域最大降雨について、気候変動を考慮して今後さらに大きな値に見直されるのでは、というのも自治体の懸念事項となっています。過去の四国南部で鏡川や早明浦ダム集水域程度の面積での最大雨量は高知豪雨の事例です。しかし国が想定最大雨量として参照しているレーダーアメダスは90年代の精度が低く、地上観測データに比べて過大評価の傾向があります。この過大評価による増加率は１・２倍から１・４倍程度で、気候変動によって上昇する気温と空気中の水蒸気量（雨量に相関）の関係から推定する増加率や、気候変動予測データから相対的に推定する洪水規模の拡大とほぼ同等の数値です。そのため、地上観測点での最大雨量を「現在発生しうる最大の降雨」、レーダーアメダスで推定された最大雨量を「将来発生しうる最大の降雨」であると考え、自治体の防災政策に貢献する情報として提供しました。

自治体や市民に有用な情報を提供できる氾濫シミュレーションの改良

氾濫モデルでも自治体のニーズに応じた改良を行っています。現状では解像度は50ｍですが、レーザープロファイラーで生成された５ｍや10ｍといった高解像度、しかも築堤なども再現された標高データが利用可能となっています。しかし、氾濫モデルを単に高解像度化しても、計算時間や精度の点で課題があります。そこで先行研究を参考に、低解像度で氾濫解析を行い、高解像度の標高データで補正する手法を導入しました。

図２　従来の地形図ベースの標高データによる氾濫解析（左）と、高解像度化した氾濫解析（右）

これまでは50ｍメッシュで計算していたため、低平地の危険な地区への浸水は明確でも、地区内のどの場所がどのように危険になるか、といった具体的な浸水被害を想像するのは難しかったのですが、高解像度化を行うと道路や小河川周辺への浸水が明確になり、自治体担当者にとっても有益な情報となりました（**図2**）。

河川管理者が公開する浸水想定区域図では、最大浸水深の重ね合わせのみで、破堤点ごとの具体的な氾濫流の動きを見ることは困難であり、また各種のオンライン上へのデータ公開も途上となっています。また自治体のオフィスではＰＣのセキュリティ対策が厳しく、ＧＩＳソフトなども導入が不可能であるため、地図と重ね合わせた各時間でのスナップショット的な浸水予測画像や動画データも提供しています。さらに、協議で得られたニーズに応じて破堤から何時間で浸水するかや避難所情報を重ねたマップを作成しており、防災部局の担当者にとってもわかりやすく、今後の市民への情報提供にも貢献すると思われます（**図3**）。

●洪水の経済的影響を分析するハイブリッド連関分析

ＳＩ-ＣＡＴの前身であるＲＥＣＣＡでは、気候変動による季節的な渇水により、水を利用する産業が受ける経済的被害を通常の産業連関分析により解析していました。ＳＩ-ＣＡＴでは洪水による経済的被害を分析します。通常は浸水区域に存在する資産や事業所の直接的損失および営業損失などの間接的損失を分析しますが、本研究では、産業連関分析により、ある産業の営業停止が他産業に及ぼす経済的損失を評価し、さらに復興事業の経済的効果も評価できるハイブリッド産業連関表を開発しました。

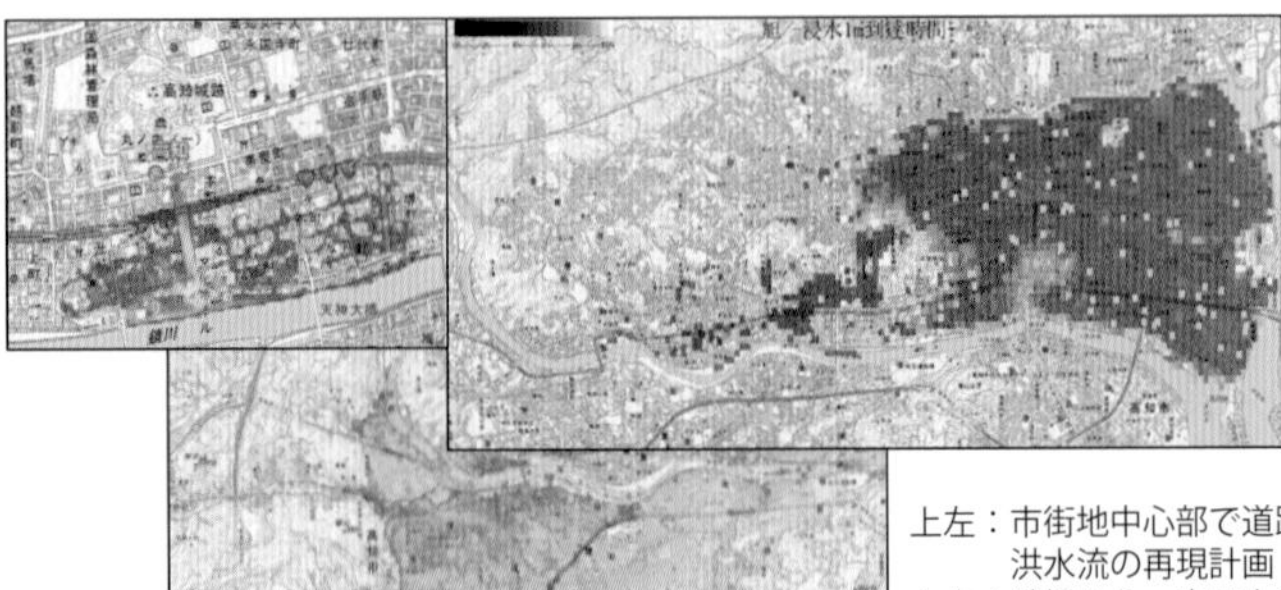

上左：市街地中心部で道路に集中する洪水流の再現計画
上右：破堤から一定以上の浸水深になるまでの時間を可視化したマップ
下：最大浸水深に津波避難ビルや指定避難所などをオーバーレイしたマップ

図３　自治体のニーズを反映させた提供データの例

図4は水害による経済損失の解析結果で、市内のセメント工場が被災し操業能を停止した場合、セメント産業（緑丸）だけではなく、関連産業（赤線）にも経済損失が波及していることが予測されています

復興活動については、建設産業であれば、洪水発生後の初年度の事業活動は、洪水による建物などの資産的被害からの復興で、作業としての瓦礫撤去と運搬が主要な活動です。次年度は本格的な復興としての通常の建設活動が行われ、多様な産業と資材が連動します。従来の地域経済を表現した金銭的産業連関表と復興に関わる産業群を物理量の移動で表現した物理的産業連関の連関表を、地域間産業連関表として連結した新しい開発したハイブリッド産業連関表は、金銭表示では分析できない物理量の移動を分析することにより経済効果を評価するしくみです。

これにより、被災後の年度ごとに変化する復興産業構造、およびその影響で縮小した従来産業構造の連関効果を総合的に分析することが可能になりました。従来の産業連関表では解析できなかった年度ごとの産業構造および資材移動の変化を解析するとともに、資材の価格変化なども評価できます。また、物理量で復興活動を表現することで、経営資源の価格変化の影響も表現できます

図5は建設産業を対象にした解析の概念図です。建設産業は、災害発生後は通常の建設の事業活動を停止し、復興需要に応え同額の復興の事業活動を行います。その際、地域経済は通常の建設活動を失い（切り出し）、その活動と同額の復興活動が実施されると考えると、それに使用される経営資源は異なります。例えば、初年度の復興活動の中心は瓦礫撤去であり、労働と運搬の資源が専ら使われ、同額で行われる建設産業で消費される資材の利用は小さいなど、金銭的には同額でも物理的に使用する経営資源量は異

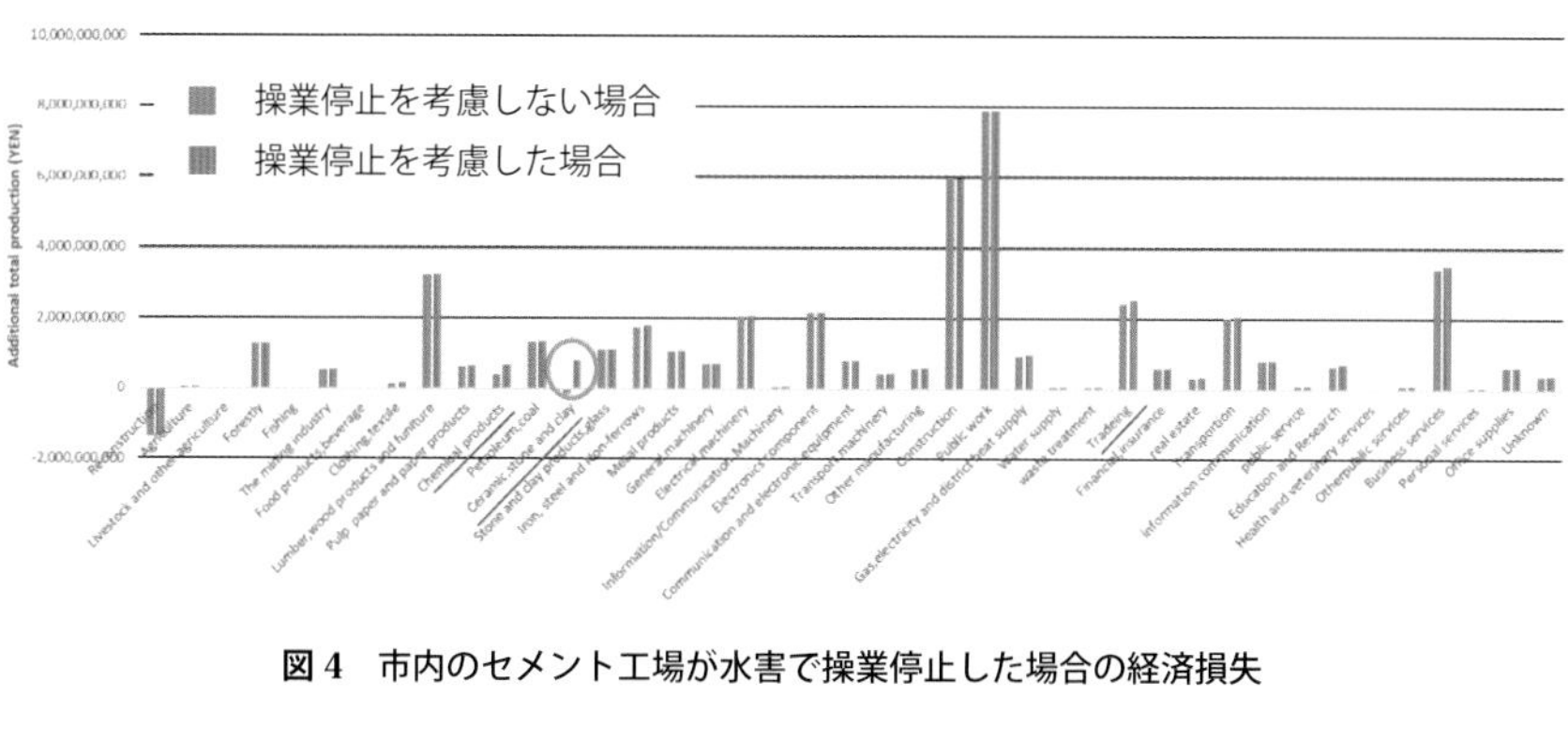

図４　市内のセメント工場が水害で操業停止した場合の経済損失

なります。つまり、消費される経営資源が異なる復興活動に置き換えられ、それが個々の産業の復興活動の需要に充てられます。

下図で表すモデルはそのプロセスをモデル化したものであり、金銭的地域経済と物理的復興経済の連関関係を表現することで、通常の建設活動の減少と復興活動の増加の波及効果を計算することができます。また、最終需要および各産業の産出量の変化や、物理量で復興活動を表現することで、経営資源の価格変化の影響も計算できます。これにより、洪水などの災害による被災後の年度ごとの経済効果や資材移動、従来産業構造へのインパクトを確認できるようになりました。

（那須清吾・吉村耕平）

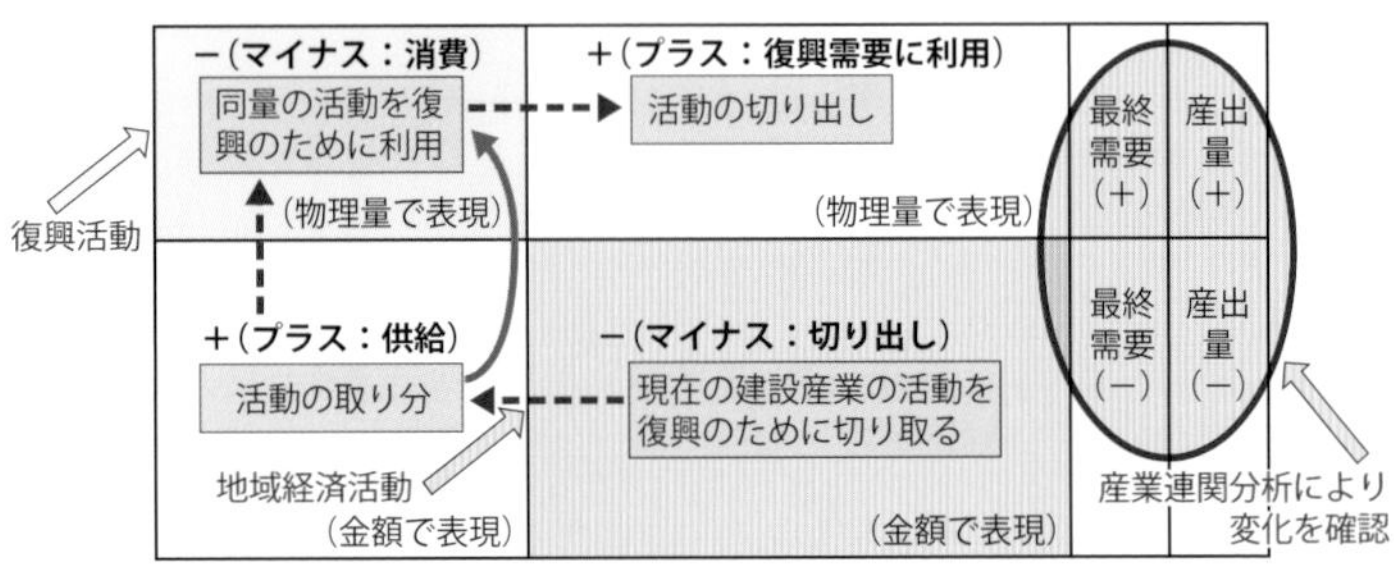

図5　建設産業を対象にした金銭と物理量に関するハイブリッド産業連関分析の概念図

20 斜面崩壊への影響評価と適応策

●土砂災害の軽減に向けての現在の対応と課題

豪雨による災害発生に応じて、自然現象の解明、社会環境課題の調査解析が進められ、これらの結果も踏まえて地域防災計画や各種ガイドラインの策定、見直しによる対策の進展が図られています。しかし、観測史上の極値を更新する豪雨現象の頻発などもあり、甚大な災害が多く生じています。気候変動に伴い短時間雨量、および豪雨頻度はさらに増大化すると推測されており、時間の変化に応じてさらに防災対策を進展させることも必要です。過去の経験を「よく学び」、科学技術から得られる情報を用いて現在と将来を「よく知り」、過去 - 現在 - 将来をよく比較して「よりよい備え」を持続させなければなりません。先端の科学技術を導入した高度な対策や一元管理できる危機管理情報ツールに頼るだけでなく、地域特徴に応じた防災強化も図ることで「よりよい備え」を構築していく必要があります。地方自治体が防災上で取り組むべき責務も大きく、国と地方自治体との連携強化も不可欠です。

我が国の土砂災害の軽減については、土砂災害警戒区域など（特別警戒区域も含む。以下、土砂災害警戒区域）における土砂災害防止対策の推進に関する法律（以下、土砂災害防止法）の施行以降、ハード対策だけでなくソフト対策の推進も重点化されています。土砂災害警戒区域を指定し、国から市町村自治体までが連携して、危険の周知、警戒避難体制の整備や住宅などの新規立地抑制などソフト対策を推進する取り組みがなされています。ただし、区域の基礎調査より、対象区域が相当数になることがわかっています。従前の対応だけでは急速な災害軽減効果が期待できず、地域の特徴や、気候変動や社会環境の変化に伴う区域ごとの将来展望も見据えて、地域に応じた災害軽減のための方法論や方策を改善、工夫していくことが必要になります。

●気候変動による斜面崩壊への影響

気候変動の斜面崩壊への影響として、従来は、気候モデルの情報に基づいた空間解像度１km×１kmによる日本列島全域の斜面崩壊発生確率を評価し、影響評価のマップを開発してきました。ただしこの方法では、広域に対する全体像の特徴が把握できたとしても、例えば、空間解像度の細やかな土砂災害警戒区域に対して具体的な対応を示すことができず、社会実装上での課題を含んでいました。そこでＳＩ-ＣＡＴは、個別の斜面崩壊現象も捉えることのできる２５０ｍ×２５０ｍの細かな空間解像度を対象に地質の多様性を考慮した斜面崩壊の影響を解析しました（**図１**）。また、早急な対応が必要とされる土砂災害警戒区域に着目した斜面崩壊の発生確率を評価しました。気候変動だけでなく地域特性を考慮して土砂災害警戒区域の影響を評価することで、地形、地質や現況の社会環境の見地より現状で危険である区域の時間変化に応じたリスク上昇量を求めることができます。そのため、相当数となる土砂災害警戒区域の将来に向けた方策の手順を具体的に計画することが可能となります。

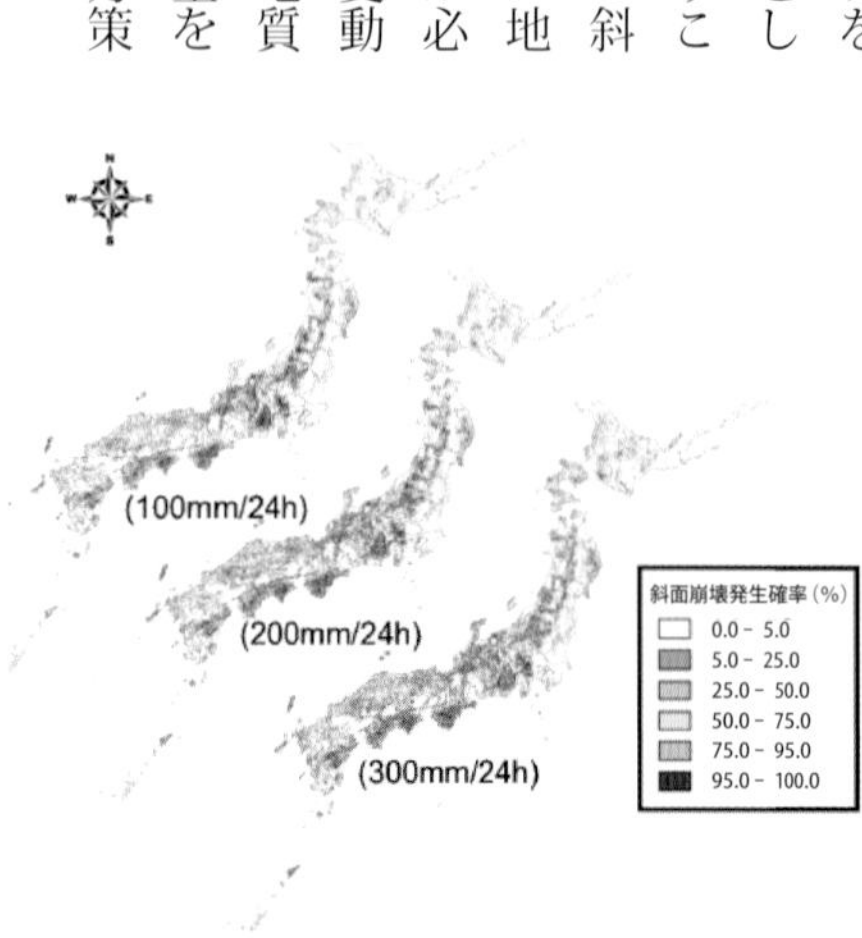

図１　降雨感度に応じた細空間解像度の斜面崩壊発生確率マップ

図２は山地、台地地域の占拠面積が大きい長野県を対象に土砂災害警戒区域の斜面崩壊発生確率をシミュレーションした結果です。観測史上最大値、ＲＣＰシナリオに応じた気候モデルの降雨量データを用いた発生確率が示されています。なお、降雨条件には気温変化による可能最大降水量も利用しています。気温に応じて大気中に含まれる水蒸気量の上限（飽和水蒸気量）も変化するため、気温上昇にしたがって強い降雨が発生しやすくなると考えられています。すべての強い降雨が水蒸気量の増加で説明できるわけではありませんが、水蒸気量の考え方に基づいた極限値の可能最大降水量を用いて将来の甚大な降雨のシミュレーションも行っています。斜面崩壊の現象は、地形や地質に大きく依存するため、全体像を表示するだけでは降雨による変化を見分けるのが困難です。

そこで、**図２**の情報を、土砂災害軽減方策に取り組まなければならない市町村自治体単位の情報に変更します（**図３**）。**図３**は、観測史上最大値と２１００年期の極限に相当するＲＣＰシナリオ８・５、可能最大降水量の発生確率90％以上を示した土砂災害警戒区域数の差です。傾向として、山地面積が大きく人口の集中する市町村ほど発生確率90％以上の区域が多くなっています。ただし、一概にその傾向に含まれない市町村も存在しています。このように、斜面崩壊発生確率を加工することで、土砂災害警戒区域と市町村自治体の関係が明瞭になり地域の特徴を把握することができます。地域の特徴を示すことで、市町村の将来のビジョンや予算状況も勘案し、どのリスクまでをどのような方策で対応すればよいのかを具体的に議論できるようになります。

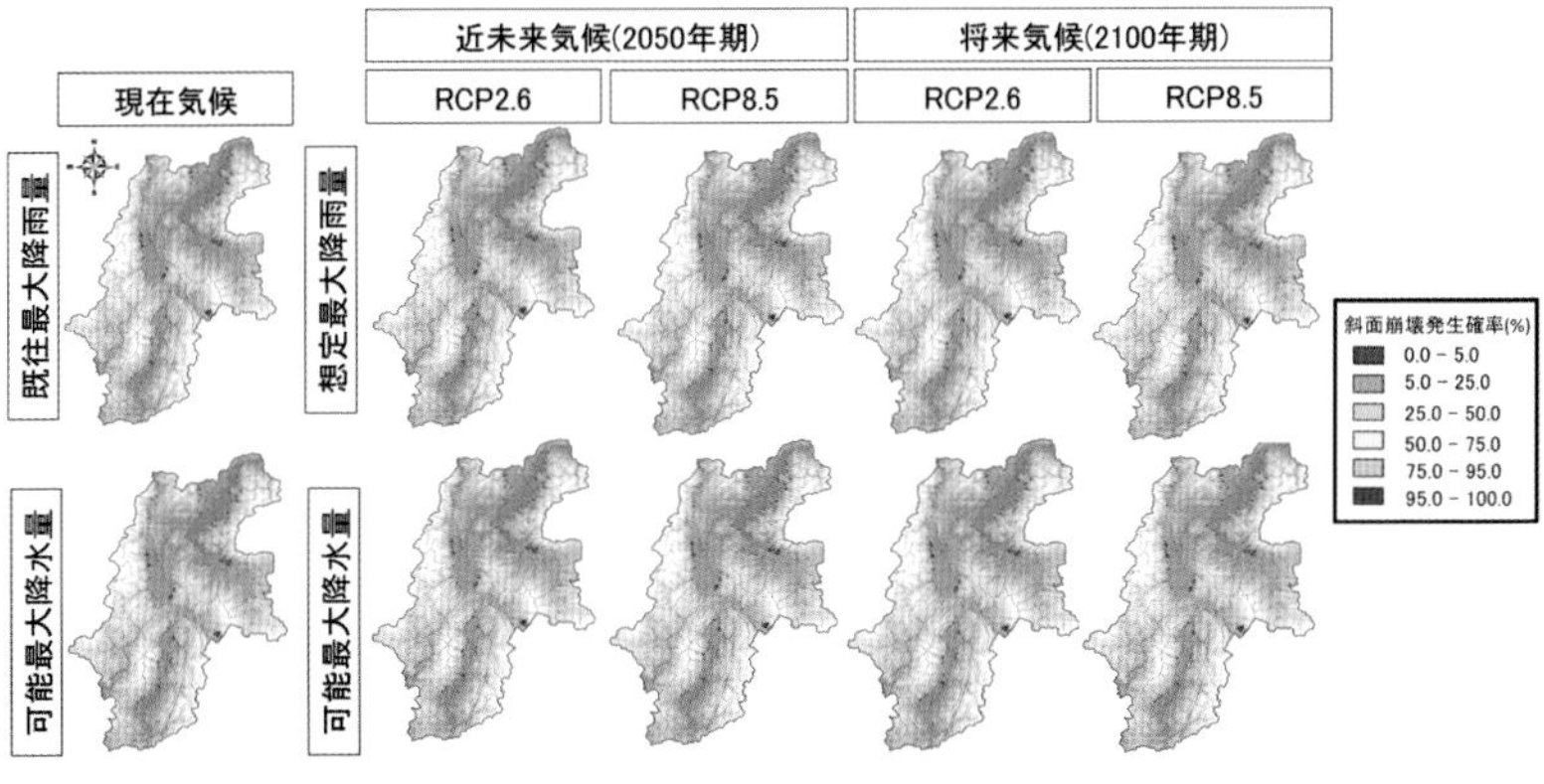

図２　長野県の土砂災害警戒区域の斜面崩壊発生確率マップ

土砂災害の軽減に対する将来の適応に向けて

ソフト対策推進の重点化に合わせて精力的な防災情報の提供がなされています。例えば土壌雨量指数＊などのリアルタイムに活用される情報は、豪雨予測時に早急にメディアを通じて発信される状況まで発展しました。ただ、持続的な安全を担保するためには、リアルタイムの一時的な回避に特化するだけではなく、活動領域の危険度をあらかじめ把握し、活動拠点の適性を検討していくアプローチも必要です。これらの情報を併せて運用することで、安全に向けた最適な防災体制が展開されると考えられます。気候変動による豪雨頻発が指摘される状況下、最新の科学技術に基づいた予測結果を利用した斜面崩壊発生確率の算定は将来の活動拠点のリスク導出に有効な手法と言えます。こうした結果に地域固有の過去から現在までの経験値、人口減少や高齢化の動向、自治体で進めることのできる持続可能な開発の将来へのデザインも加えて、地域に応じた土砂災害軽減のための「よりよい備え」に位置づけられる最適な対策を検討していくことが必要です。

（川越清樹）

《参考文献》

（1）川越清樹・風間聡・沢本正樹「数値地理情報と降雨極値データを利用した土砂災害発生確率モデルの構築」『自然災害科学』第27巻、69～83頁、２００８
（2）川越清樹・肱岡靖明・高橋潔「温暖化政策支援モデルを用いた気候変動に対する斜面崩壊影響評価」『土木学会地球環境研究論文集』第18巻、29～36頁、２０１０

＊土壌雨量指数
降った雨による土砂災害危険度の高まりを把握するための指標。

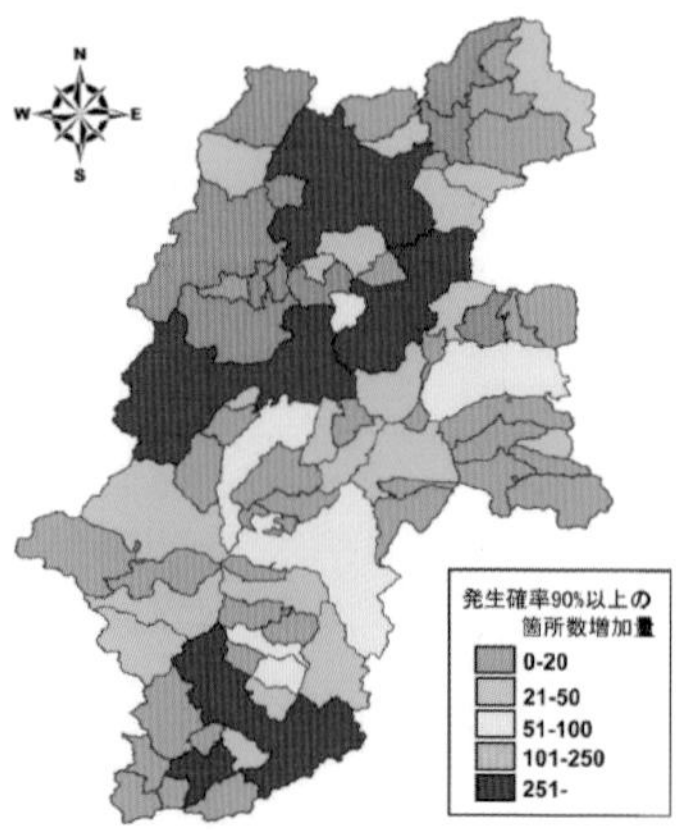

図3　既往最大降雨量とRCP8.5時の可能最大降水量による土砂災害警戒区域の発生確率90%以上箇所数差

（３）齋藤洋介・Thuy Thi Thanh LE・川越清樹「地域への適用性をふまえた斜面崩壊発生確率のモデルとアウトプットの開発」『土木学会論文集Ｇ（環境）』第73巻第５号、Ⅰ-２２９～Ⅰ-２３７頁、２０１７
（４）Thuy Thi Thanh LE, S. Kawagoe, Estimation of probable maximum precipitation at three provinces in Northeast Vietnam using historical data and future climate change scenarios, Journal of Hydrology: Regional studies, Vol.23, doi.org/10.1016/j ejrh. 2019.

21 佐賀平野の高潮災害に対する適応策

ここでは、九州の有明海およびその湾奥部に位置する低平地（佐賀平野）を対象とし、温暖化気候（世紀末に全球平均気温が４℃上昇した気候）によって生じる台風による高潮災害（特にここでは高潮による浸水被害）について、影響評価および適応策の検討を行った例を紹介します。

● 佐賀平野にとって危険な台風経路

本検討では、ｄ４ＰＤＦから抽出した台風を外力とし、高潮氾濫シミュレーションモデルを用いて予測計算を実施します。しかし、数千年規模のデータを有するｄ４ＰＤＦから有明海に接近したすべての台風に対して予測計算を実施することは計算コストの関連から不可能です。したがって、予測計算を実施する前に、台風がどのような経路をとったとき、佐賀平野に浸水被害を及ぼす危険性が高いのかをあらかじめ調べておき、検討に使用する台風を選定する必要があります。そこで、有明海付近を通過する仮想的な台風経路を網羅的に設定し、高潮計算を行うことで、佐賀平野にとって危険な経路を調べました。その結果、**図１**の赤い領域を台風が通過した場合に浸水被害が生じる可能性が高いことがわかりました。

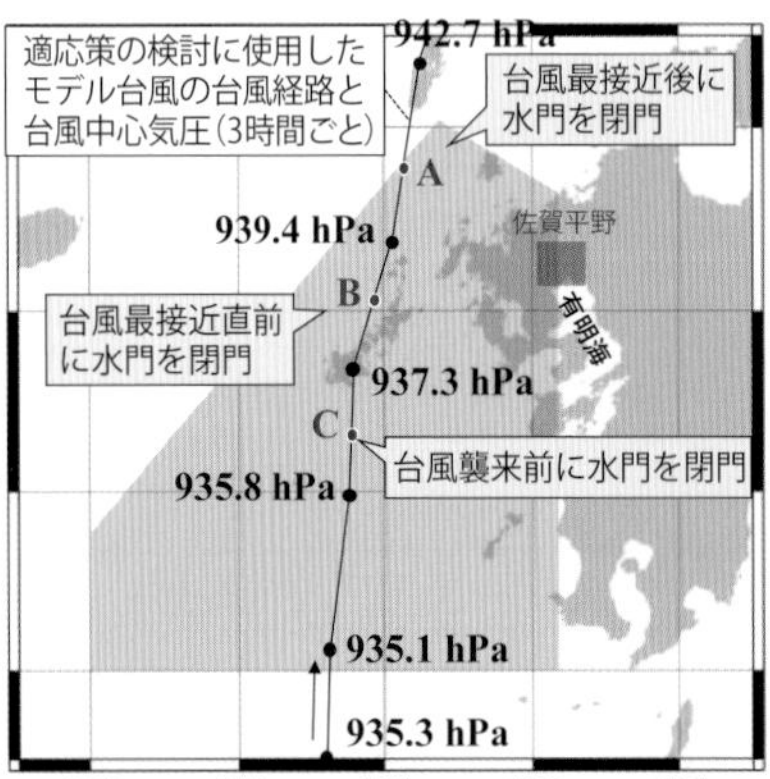

図１ 佐賀平野にとっての危険な台風経路およびモデル台風の経路

台風特性の将来変化に対する統計的解析

ｄ４ＰＤＦの過去実験と将来実験（全球平均気温４℃度上昇）から**図１**に示した赤い領域を通過する台風をすべて抽出し、佐賀平野へ最接近した時刻における台風の中心気圧について累積確率を描くと**図２**のようになります。過去実験の累積確率（青線）に比べて将来実験（赤線）は全体的に中心気圧が低い側にあり、現在気候に比べ将来気候では用語勢力が強い台風が襲来する割合が高くなることを示しています。例えば、中心気圧が９４０hPa以下の台風は過去実験において上位10％程度であるのに対し、将来実験では上位30％が９４０hPaを下回る台風となっています。したがって、将来的に現在よりも強い台風が高い頻度で襲来し、佐賀平野における高潮災害のリスクも高まると考えられます。

台風外力の力学的ダウンスケーリング

ｄ４ＰＤＦで計算された台風外力（気圧と風）の空間解像度は20kmと粗いため、特に台風の中心付近の気圧や風を正確に再現できていません。有明海のような複雑な陸上地形に囲まれた海域では、外力の空間解像度が高潮推算の精度に大きく影響します。そのため、台風外力に対して力学的ダウンスケーリング（ＤＤＳ）を実施し空間解像度を５kmまで高めます。ＤＤＳには、大きな計算コストを必要としますので、過去実験および将来実験に対して、前節で抽出した台風のうち有明海に最接近した時刻での中心気圧が低い（勢力が強い）ほうから、それぞれ10ケースずつを対象にＤＤＳを実施しま

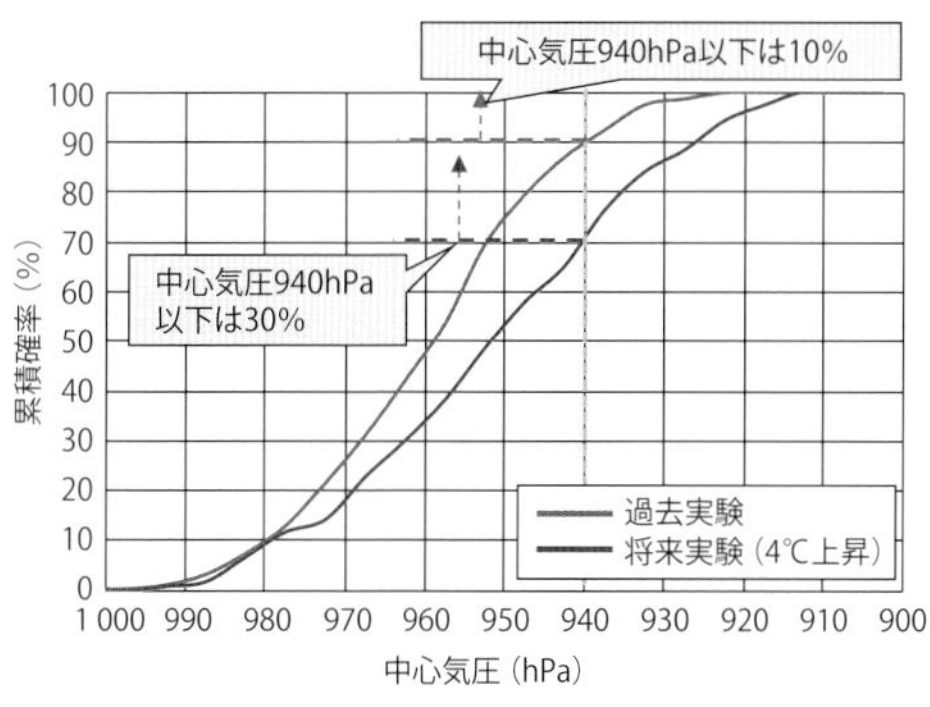

図２　台風中心気圧の累積確率

した。一般的に解像度を高くするほど台風外力の再現性が向上することが知られています。

影響評価

前節で選定した過去・将来実験それぞれ10ケースの台風に対し、DDSを実施した外力データを用いて、高潮氾濫シミュレーションを実施しました。**図3**は過去実験および将来実験のそれぞれ10ケースすべてを重ね合わせた場合の有明海湾奥部における最大浸水深を描いたものです。過去と将来の両実験において広い範囲で浸水が生じていることがわかります。さらに、将来実験では過去実験に比べて、浸水範囲が広がり、浸水深も深くなっていることがわかります。また、**図4**は、過去・将来実験それぞれで、10ケース中何ケースで浸水が生じたかを確率で示したものです。最大浸水深だけでなく、浸水確率も将来実験が過去実験を上回っており浸水頻度の観点からも将来的に危険性が増す結果となりました。また、過去および将来どちらの実験においても筑後川や六角川中流域で浸水する確率が高いこともわかります。これらの検討から、今後の防災を考えるうえでどこを優先的に防護していくべきかを判断する有益な知見を得ることができました。

適応策

第1部05（佐賀県高潮）で述べたように、佐賀平野には高潮やその他の水災害に対する対策施設が整備されています。自治体と協議のうえ、対策施設を活用した実現性の高

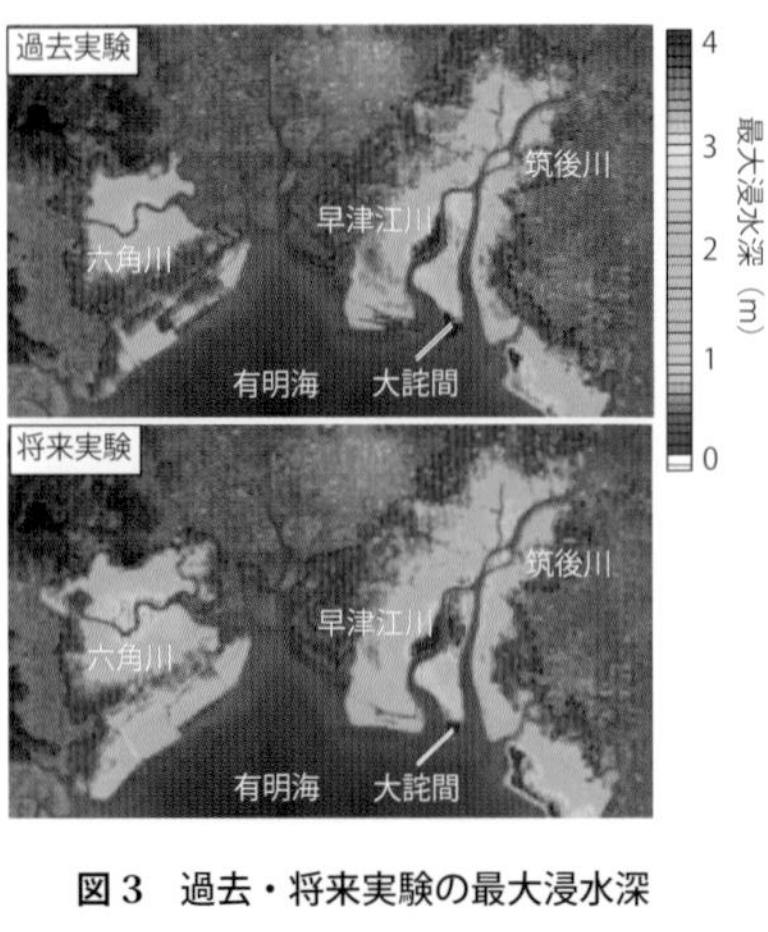

図3　過去・将来実験の最大浸水深

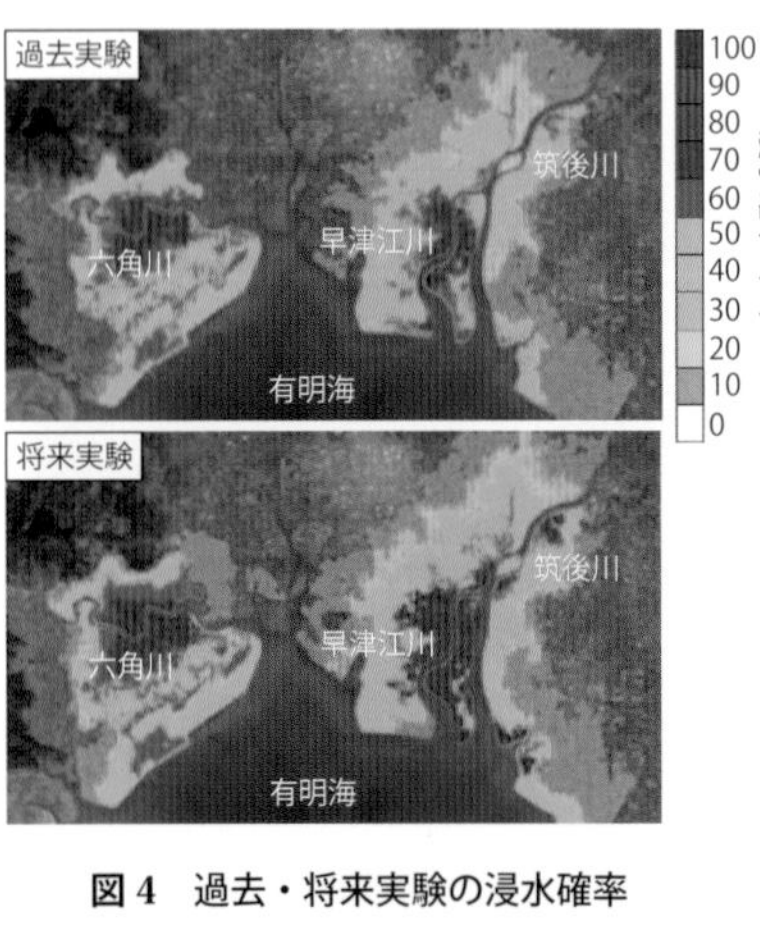

図4　過去・将来実験の浸水確率

い適応策を立案し、それらの効果について検討しました。ここではその一部を紹介します。なお、これらの検討には、将来実験から抽出した台風10ケースの中で、最も佐賀平野に浸水被害を及ぼした台風ケースをモデル台風として使用しています（**図1**にモデル台風の経路を示しています）。

【旧堤防・沿岸道路の二線堤としての機能】

佐賀平野は干拓によって広がってきた歴史を持つため、各所に旧堤防が残存しています。また、海岸線近くには有明海を囲むように沿岸道路の整備が進んでいます。これらの二線堤としての機能を検討しました。**図5**は、旧堤防および沿岸道路を考慮した場合の浸水深から考慮しない場合の浸水深を引いたものです。すなわち、旧堤防・沿岸道路があることによる減災効果を示しています。旧堤防前面（海域側）では、浸水深は深くなりますが（図中の白矢印）、旧堤防背後（内陸側）にある居住区では浸水深が浅くなっています（白枠）。したがって、人や構造物に対しての減災効果があることがわかりました。

【排水ポンプによる浸水からの復旧】

図6は高潮による浸水後に、佐賀平野に内水氾濫用として整備されている排水ポンプをすべて駆動した場合、ポンプを駆動しなかった場合と比べて24時間後にどの程度浸水深に違いが生じるかを示しています。排水ポンプの影響範囲や効果の地域差を把握することができました。その結果、浸水からの復旧に対して、排水ポンプを使用することは有効な手段であることがわかりました。

【河口堰閉門のタイミング】

図7は台風襲来時において、六角川河口にある河口堰を閉めるタイミングと浸水開始

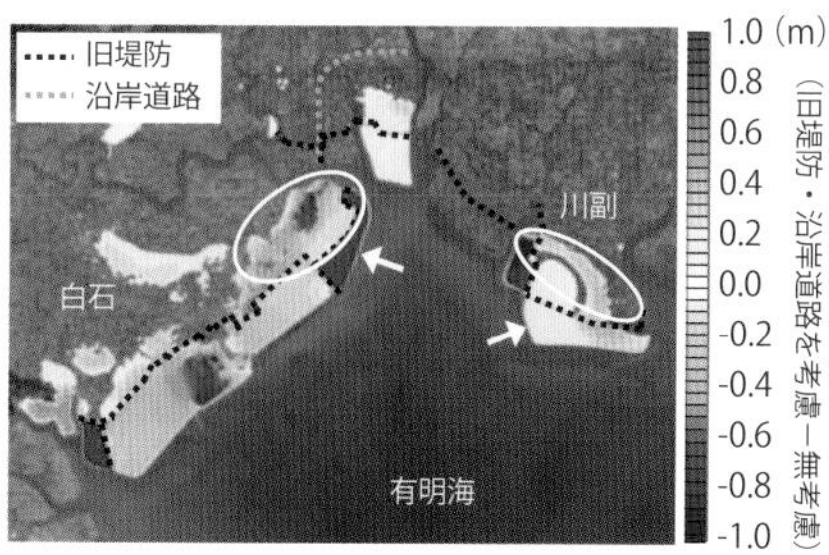

図5　旧堤防・沿岸道路による浸水深の変化

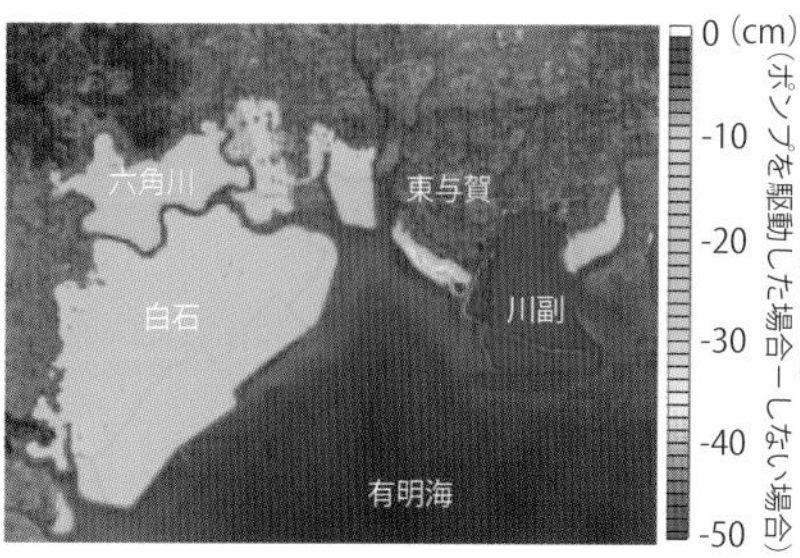

図6　排水ポンプによる浸水深の変化

時間の関係について検討した結果です。当然、水門を閉めるタイミングが遅れると高潮によって河川を遡上してきた海水が河川中流域から浸水し、被害が大きくなってしまいます（**図7a**）。一方、堰を早く閉め過ぎても台風襲来前に河川水が溢れだし浸水開始時刻が早まってしまいます（図**7c**）。これより、高潮被害を最小限に抑えるためには、台風の挙動やそれに伴う降水を正確に把握し、河口堰開閉のタイミングを的確に判断することが求められます。

（橋本典明・井手喜彦）

《参考文献》

（1）井手喜彦・鶴田友莉・山城賢・橋本典明「佐賀平野における各種高潮対策施設の効果に関する研究」『土木学会論文集B2（海岸工学）』第74巻第2号、I-565～I-570頁、2018

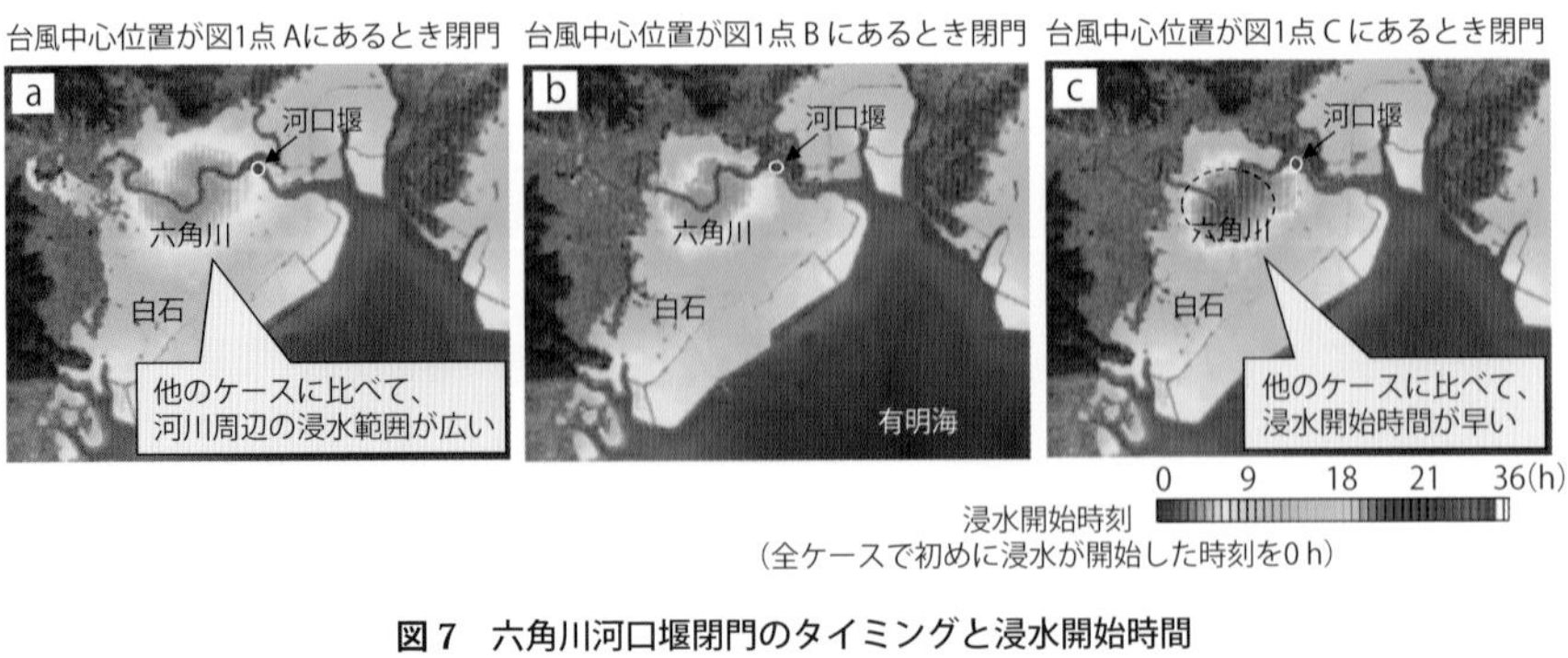

図7　六角川河口堰閉門のタイミングと浸水開始時間

22 将来の熱中症リスク評価

●熱中症リスク評価モデルの開発

熱中症がどの程度起こるのかというのは、気温や湿度に代表されるさまざまな気象要素と強く関連していると言われています。そのため、現在の気象要素と熱中症患者搬送者数の関係を調査してモデル化し、将来の気象要素を用いて予測を行うことで、将来の日本における熱中症になるリスク（救急搬送者数など）を評価することができます。例えば、日最高気温を例に挙げると、日最高気温と熱中症患者搬送者数は指数関数的な関係にあります。

また、気象要素と熱中症リスクの関係は、地域によって異なると考えられるため（例えば、夏季の平均的な気温が低い地域の住民は暑熱に対する耐性が低い可能性がある）、本課題では、都道府県ごとに異なるモデルを用いることで、地域的な差を考慮できるようにしました。

地域性に加えて、熱中症リスクには、夏季の中でも盛夏では搬送者数が多くなり、晩夏になると搬送者数が減るという季節性も見られます。そこで、筑波大学の課題では、この暑熱順化を考慮して、夏を複数の期間に分割し（初夏・盛夏・晩夏など）、それぞれ異なるモデルを推定することで、このような季節性も考慮しました。

将来の熱中症リスク評価

このような工夫を施し、日最高気温などの温熱指標を用いて熱中症患者搬送者数を推定する指数関数的なモデル（対数線形モデル）を開発し、観測値に対する実験で従来のモデルより高精度に熱中症リスクを再現することができました。

このようなモデルと、ＧＣＭの予測値（今回は日最高気温）を用いて現在（１９８１～２０００）、近未来（２０３１～２０５０）、21世紀末（２０８１～２１００）の熱中症リスクを評価しました。このとき、熱中症リスクは各都道府県の現在における熱中症リスクを１００％とした場合の熱中症リスクの増加量で表しました。近未来においては、全国合計搬送者数では、ＲＣＰ２・６シナリオ下では現在の約１・３～２・９倍、ＲＣＰ８・５シナリオ下では現在の２・０～３・１倍程度となりました。ただし、この増加率には地域差があり、北日本や九州を中心に熱中症リスクの増加量が多いことがわかりました（**図1**を参照）。21世紀末においては、ＲＣＰ２・６シナリオ下では現在の１・４～３・３倍、ＲＣＰ８・５シナリオ下では現在の３・２～13・５倍程度となり、非常に大きな増加率となっています。これは、気候変動に伴う平年値としての気温の上昇だけでなく、気温の大きな分散も原因の一つであると考えられます。そのため、特に21世紀末は、ベース気温の上昇や高温日の増加に伴う熱中症リスクの増加が見られると言えますが、同時に予測値のＧＣＭごと、日ごとや月ごとのばらつきの影響も大きくなるため、結果の解釈には注意が必要であると言えるでしょう。

（日下博幸）

※1981-2010年の値を100%とする

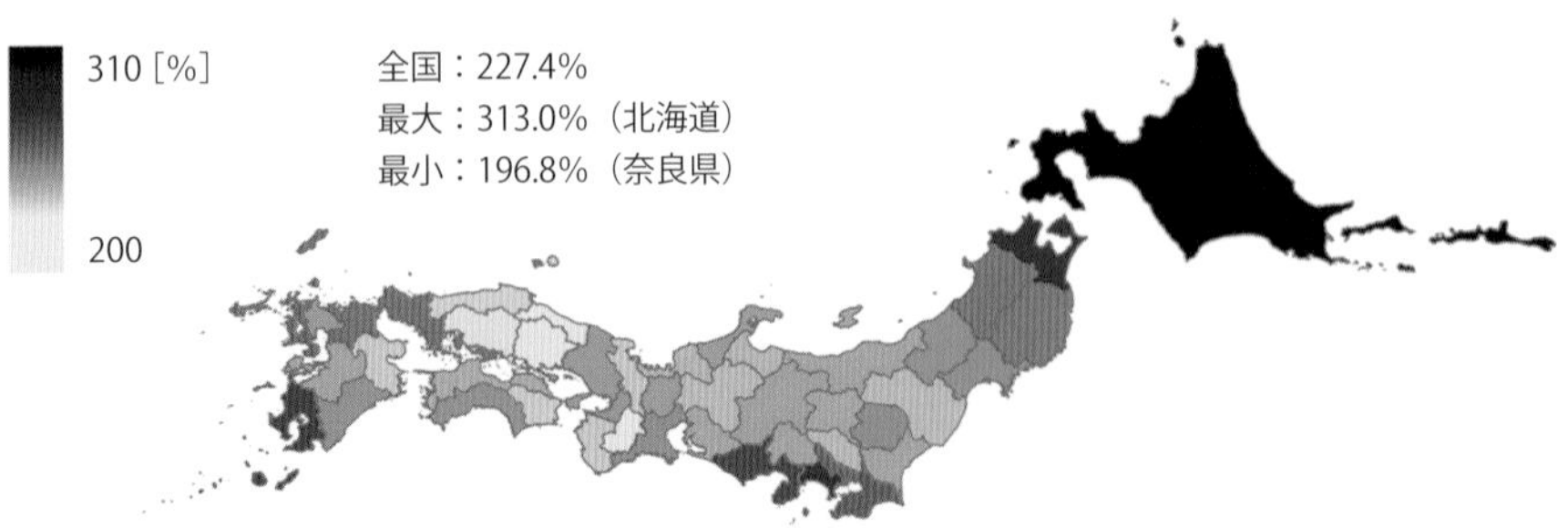

図1　近未来気候下におけるRCP8.5シナリオの熱中症リスクマップ（4GCMの平均値）

23 経済影響評価

●長野県スキー場への温暖化の影響と経済学的な評価

長野県は日本において北海道に次ぐスキー・スノーボードのメッカです。スキー場数は95か所（２０１８年度）を数え全国1位を誇り、スキー場来客数は５９１万人（２０１８年度）にも達します。特に北部においては３０００m前後の山々に囲まれ、北アルプスを越えた雲からは非常に冷たい冷気にさらされた良質の雪がもたらされます。

一方で**図1**にありますように、近年において県内スキー場への訪問客数は減少傾向にあります。このようなトレンドは全国でも同様なのですが、その根源的な理由については代表的に二つの仮説が考えられています。

一つは温暖化の影響です。最近においては雪の降りはじめが12月と遅くなっていることが目立っています。他方では、突然ドカ雪が降ることもあり、降雪パターンが極端です。標高の低いスキー場においては雪が降ってもゲレンデに定着せず、スキー場がオープンできないこともままあります。さらに気温の上昇は雪質に悪影響を与え、ゲレンデの広範囲に半分融けたべちゃ雪が目立つようでは、客足をさらに遠のかせることになりかねません。

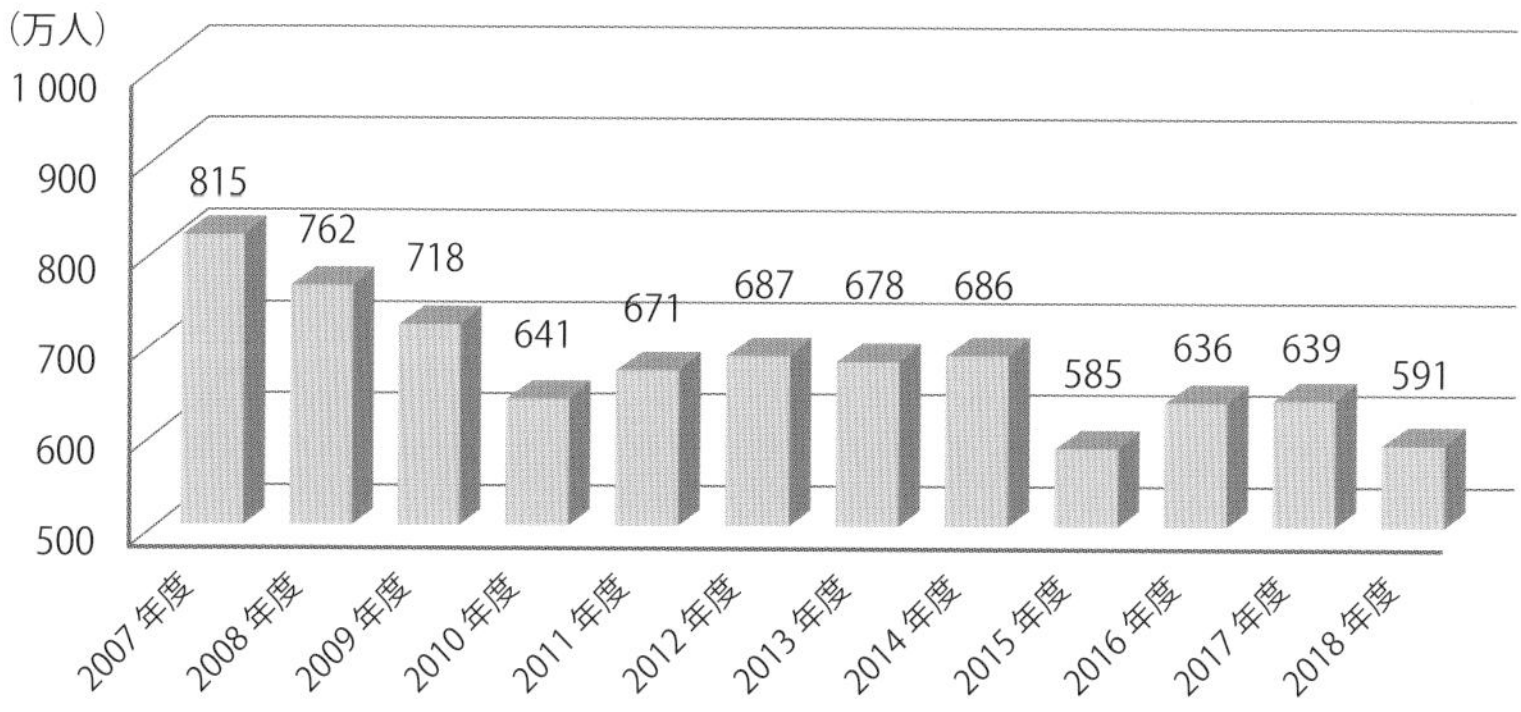

図 1　近年の長野県スキー場来客数の推移（2007 年度～ 2018 年度）

もう一つは社会的な影響です。スキー・スノーボード人口は長野オリンピックの1998年における1800万人をピークとして一貫して減少し続け、2016年には530万人と約3割にまで落ち込んでいます。その理由には、若者を中心としたアウトドアレジャー離れの影響や、ほかのレジャーと比べた場合のコストパフォーマンスの悪さなどが考えられています。

そこで本章では、近年の長野県スキー場における客数の変化にはどちらの影響が強いのかについて統計的な検証を試みた結果をご紹介します。

具体的には、まず長野県を北アルプス・長野・北信・松本・上田・佐久・諏訪・木曽、そして上伊那と南信州結合地域の計10エリアに分けます。次に、2007～2016年における冬季月別スキー場来客数を被説明変数とし、気象庁が設置した各エリアを代表するアメダス観測機器において得られた気温・降水量・積雪深・日照時間の観測値（ただし、すべて営業時間中の平均値）、および、それらの変数を掛け合わせて定義するクロス項を説明変数の候補群とします。なお積雪深に関しては、アメダスとスキー場の位置には標高差があるため、長野県が提供する計算式を元に補正を施しました。各エリアにおけるこれら時系列データに加えて、年度そのものを説明変数の一つとして加え、重回帰分析を行います。さらに、各変数の間の相関と統計量を鑑みながら、変数を加えたり外したりして適切な説明変数の選択を図ります。結果として、気温・降水量・積雪深・日照時間などの気象変数と年度が説明力の高い変数であると判断されました。

次に、前述の被説明変数と選定された説明変数について全データをプーリングし、パネルデータ分析【用語】を実行しました。結果を**表1**に示します。パネルデータ分析では、全個別主体が共通の定数項を持つような通常回帰モデル、個別主体が独自の定数項を持

表1　長野県におけるスキー場来客数変動の要因に関する推定結果

変数	通常回帰			固定効果			変量効果		
気温（℃）	−4.00×10	(−7.55)	＊＊＊	−3.32×10	(−12.09)	＊＊＊	−3.32×10	(−12.09)	＊＊＊
降水量（mm）	3.34	(4.19)	＊＊＊	2.04×10^{-1}	(0.56)		2.24×10^{-1}	(0.61)	
積雪深（cm）	6.42×10^{-1}	(1.85)	＊	7.06×10^{-2}	(3.39)	＊＊＊	7.25×10^{-2}	(3.505)	＊＊＊
日照時間（h）	2.63	(2.11)	＊＊	5.45	(7.76)	＊＊＊	5.40	(7.68)	＊＊＊
営業年度	-3.09×10^{-2}	(−1.97)	＊＊	-3.38×10^{-2}	(−5.23)	＊＊＊	3.38×10^{-2}	(−5.23)	＊＊＊
定数項	2.98×10^{-1}	(6.96)	＊＊＊	2.61×10^{2}～ 2.63×10^{2}	(13.33～ 13.46)	＊＊＊	2.65×10^{2}	(13.39)	＊＊＊
補正 R^2	0.30			0.88			0.18		
F 検定	P 値 =0.00								
Hausman 検定	P 値 =0.42								

（サンプル数：9×40）　　（ ）：t 値，＊… $p<0.1$，＊＊… $p<0.05$，＊＊＊… $p<0.01$

つような固定効果モデル、これに加えて誤差項の構成要素が互いに独立であるような変量効果モデル、いずれが推定に最も適するかが判定されます。

最終的に採用された固定効果モデルでは、気温の係数が負、積雪深の係数が正、日照時間の係数が正、年度の係数が負と推定され、いずれも高い統計的有意性を示しています。この結果は、私たちのイメージするスキー場に訪れる人たちの選好を、かなりうまく表現できていると思われます。気温の上昇は雪の量にも質にも悪影響を与えます。積雪深はゲレンデをオープンできる分水嶺を示す指標でもあり、基本的に大きいほうが良いでしょう。日照時間が長くなることは、スキー場においてより良好な滑降環境を意味しております。

最後に年度という説明変数です。固定効果モデルにおける年度変数に対する係数の推定値（マイナス３・38％）とは、気象の影響以外の要因によって、毎年平均的に訪問客数の減少がもたらされる大きさを意味しています。大雑把に言えば、社会経済的な要因による変動部分と言ってよいでしょう。ここで、説明変数を年度変数のみとして、再度パネルデータ分析を実行すると、その係数推定値は（マイナス２・95％）となります。この値は、各スキー場総じての来客数の年平均変化率を示します。これらの差分をとることで、対象期間におけるスキー場来客数の年平均変化率を、気象要因によるものとそれ以外とで分けることが可能となります。**図2**をご覧ください。気象要因はむしろ正として作用しています（プラス０・43％）。これは、分析対象期間の多くがハイエイタスと呼ばれる温暖化現象の停滞が支配的な時期であったこと、また目下、冬季の標高の高い山岳地帯ではそれほど温暖化が進行していないこと、などに基づくものと推察されます。

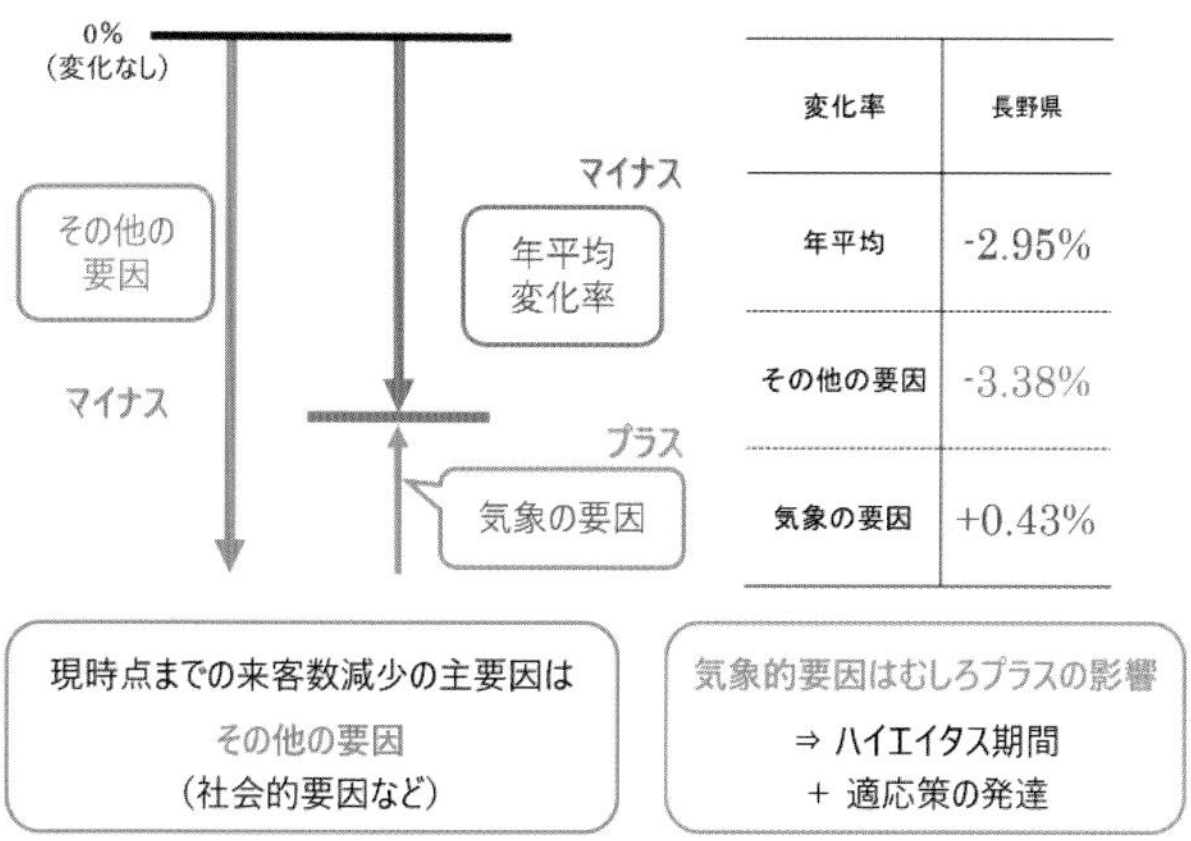

変化率	長野県
年平均	-2.95%
その他の要因	-3.38%
気象の要因	+0.43%

図２　年平均成長率の比較と近年の来客数の減少理由

では将来的にはどうなるのでしょうか？　また、長野県に与える経済的影響はどのようにして測られるべきでしょうか？　ＳＩ－ＣＡＴでは、旅行費用法（Travel Cost Method）を用いることで、スキー場の経営が長野県にもたらす経済的な恩恵を消費者余剰（用語）として算出します。その消費者余剰が温暖化によってどのように変化するかを見積り、その目減りを被害として換算します。

具体的には、全国都道府県を出発地、各地域の代表的なスキー場を目的地とするＯＤ（出発地‐目的地）交通データベースを独自に構築し、それぞれの訪問需要関数を推定します。この訪問需要関数には、先のパネルデータ分析結果で得られた気象による影響が組み込まれています。温暖化の予測については、代表的な全球気候モデル（ＧＣＭ）であるＭＩＲＯＣの出力を用い、また、代表濃度経路シナリオのＲＣＰ２・６とＲＣＰ８・５における気温や積雪深などの将来値を与えます。これらの将来の気象値が現在の値から変化することで、各地スキー場に対する訪問需要関数の下方シフトをもたらします。このことはひいては来客数や消費者余剰の減退となり、ここではそれを温暖化被害額として計上しているわけです。

結果を**図３**に示します。全エリアの平均としては、この50年でＲＣＰ２・６シナリオでは３・04億円／年、ＲＣＰ８・５では６・26億円／年、さらにこの１００年ではＲＣＰ２・６では４・９６億円／年、ＲＣＰ８・５では２４・43億円／年の減少として算定されます。特に最後の値は、長野県の冬季レジャーの有する消費者余剰の35・6％にも匹敵します。

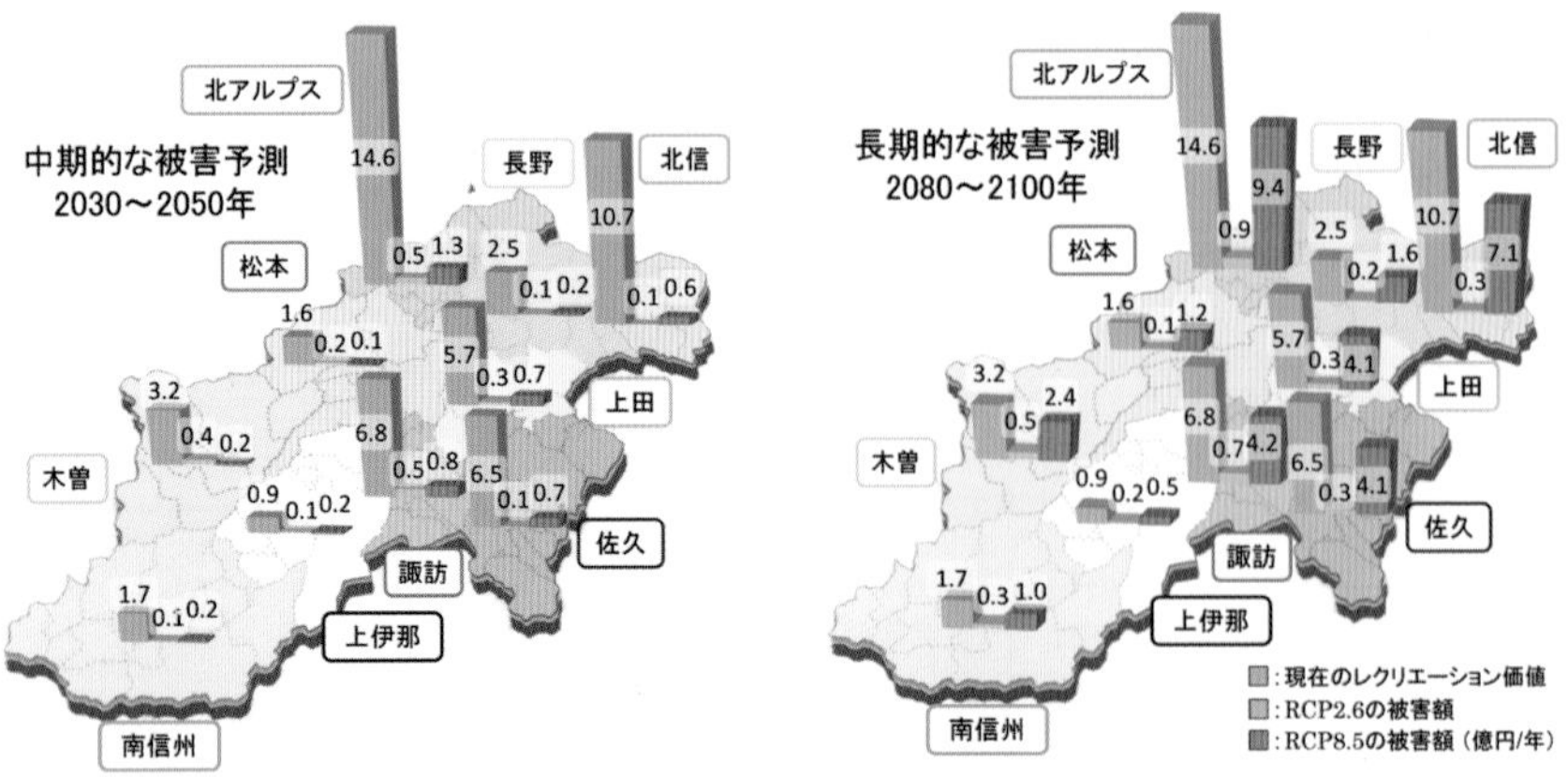

図３　中・長期的なエリア別被害額

●気候変動による砂浜侵食に関する適応策の費用便益分析

気候変動が自然環境、社会経済、人体など、さまざまな側面に影響を及ぼすことは、多くの研究成果によってすでに知られており、その影響の一つとして、海面上昇による砂浜侵食が挙げられます。三村ら[1]は日本全国の海岸線を対象に、２１００年までに起こりうる海面上昇レベルを30 cm、65 cm、１００ cmとして砂浜侵食の予測を行っています。また、有働ら[2]はＭＩＲＯＣ５と呼ばれる気候モデルによる海面水位の予測データを用いて、２０３１年から２０５０年および２０８１年から２１００年の20年平均の海面上昇量に対する全国の砂浜侵食の予測を行っています。日本において、これらの研究のように気候変動による砂浜侵食の影響を物理的に評価した研究は数多くありますが、砂浜侵食やその適応策の経済的影響を評価した研究は未だ多くありません（**表2**参照）。

そこで本章では、砂浜侵食による日本全国および都道府県別の経済的被害額の計測、および砂浜回復を目的とした仮想的な適応策の費用便益分析を行った結果をご紹介します。

具体的には、経済活動におけるすべての財・サービスや生産要素を扱った応用一般均衡モデルと呼ばれる経済モデルに、砂浜侵食によるレクリエーション需要の変化を捉えることができるモジュールを組み込んだモデルを構築し、有働ら[2]による砂浜の物理的将来予測データを砂浜侵

表２　既存研究による砂浜侵食の経済的被害の比較

（単位：億円／年）

研究			大野ら（2009）	坂本・中嶌（2012）Nakajima & Sakamoto（2013）	佐尾ら（2013）	佐尾ら（2017）	中嶌ら（2018）
方法			Travel Cost Method（TCM）	CGE＋TCM	CGE＋TCM	TCM	CGE＋TCM
将来予測			三村ら（1994）	三村ら（1994）	三村ら（1994）	有働ら（2013）	有働ら（2013）
気候シナリオ			–	–	–	MIROC5	**MIROC5**
海面上昇量	30cm	(A)	**522**	**522**	**290**	–	–
		(B)	56.6%	56.6%	56.5%-97.0%	–	–
	65cm	(A)	**753**	**753**	**530**	–	–
		(B)	81.7%	81.7%	53.9%-100.0%	–	–
	100cm	(A)	**832**	**832**	–	–	–
		(B)	90.3%	90.3%	–	–	–
(A) 被害費用／(B) 砂浜浸食率	RCP2.6 2031-2050	(A)	–	–	–	**254**	116-**147**-184
		(B)	–	–	–	11.9%-74.6%	11.9%-74.6%
	RCP2.6 2081-2100	(A)	–	–	–	**426**	335-402-**440**
		(B)	–	–	–	25.6%-100.0%	25.6%-100.0%
	RCP4.5 2031-2050	(A)	–	–	–	–	**142**-150-197
		(B)	–	–	–	–	11.8%-69.2%
	RCP4.5 2081-2100	(A)	–	–	–	–	410-462-**471**
		(B)	–	–	–	–	28.0%-100.0%
	RCP8.5 2031-2050	(A)	–	–	–	**284**	174-**179**-252
		(B)	–	–	–	13.9%-83.8%	13.9%-83.8%
	RCP8.5 2081-2100	(A)	–	–	–	**494**	615-**644**-644
		(B)	–	–	–	36.1%-100.0%	36.1%-100.0%

表中における（A）は砂浜浸食の被害費用（億円／年）を，（B）は砂浜浸食率（%）を表す

食シナリオとして用いることによって、シミュレーション分析を行いました。ここで、本章では二つの対象期間（２０３１年～２０５０年および２０８１年～２１００年）、三つの気候モデル（ＭＩＲＯＣ５、ＭＲＩ-ＣＧＣＭ３、ＨａｄＧＥＭ２-ＥＳ）、三つのＲＣＰシナリオ（ＲＣＰ２・６、ＲＣＰ４・５、ＲＣＰ８・５）の合計18とおりのシナリオを評価しました。なお、本章では紙面の都合上、ＭＩＲＯＣ５による結果のみを示し、これ以外の結果については割愛します。また、砂浜侵食に関する仮想的な適応策シナリオについて、本章では海面上昇による砂浜侵食後、養浜事業のような適応策の実施によって砂浜を侵食前の状態に修復すると仮定しました。ここで、この仮想的な養浜事業の費用に関して、33都道府県92事業のデータを収集し、利用可能なデータから砂浜に関する適応策の単位面積あたりの平均事業費用を２万１５９６円／m^2と仮定しました。このように本章では、砂浜侵食シナリオによる、気候変動に伴う砂浜侵食の経済的被害額（砂浜侵食による砂浜のレクリエーション価値の喪失と、砂浜のレクリエーション需要の減少によるほかの経済活動への波及的影響の合計）と、費用便益分析として、経済的被害額を養浜事業の費用で除した砂浜侵食に対する仮想的な適応策の経済的効率性を、それぞれ評価しました。

図４はＭＩＲＯＣ５による期間別・ＲＣＰ別の都道府県の20年平均の砂浜侵食の経済的被害額を表しています。いずれの期間およびＲＣＰにおいて、沖縄県、神奈川県、新潟県、兵庫県の４県の被害額の合計が、日本全体における総被害額のうちの約40％から45％を占めました。さらに、２０３１年から２０５０年におけるＲＣＰ２・６では、沖縄県で31・８億円／年、神奈川県で13・２億円／年、新潟県で11・８億円／年、兵庫県で９・１億円／年と推定されました。また、ＲＣＰ８・５では、沖縄県で39・５億

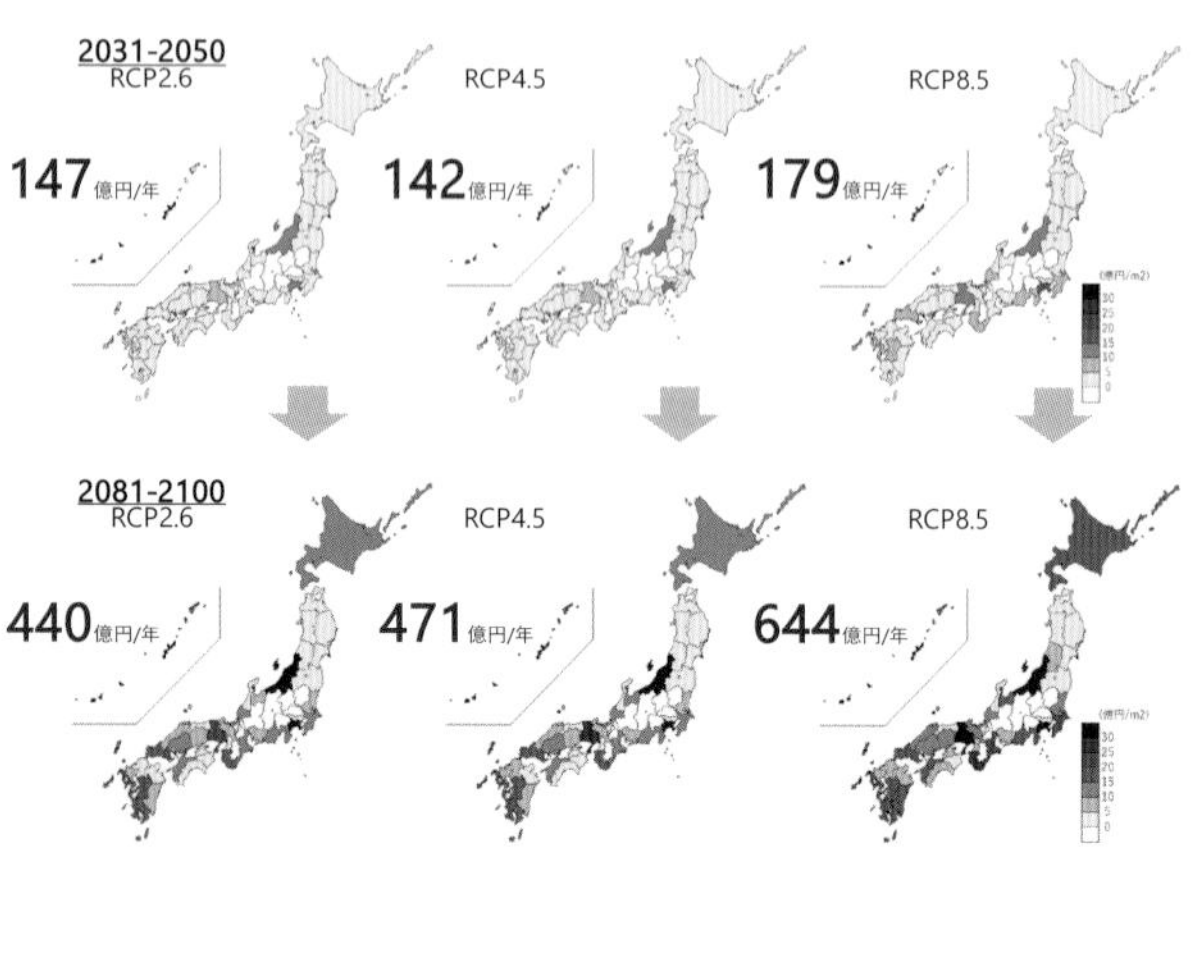

図４　期間別・シナリオ別の都道府県の砂浜侵食の経済的被害（億円 / 年）

円／年、神奈川県で16・4億円／年、新潟県で13・4億円／年、兵庫県で11・3億円／年と推定されました。一方、2081年から2100年におけるRCP2・6では、沖縄県で87・7億円／年、神奈川県で41・0億円／年、新潟県で31・1億円／年、兵庫県で24・8億円／年と推定されました。また、RCP8・5では、沖縄県で87・7億円／年、神奈川県で79・2億円／年、新潟県で61・4億円／年、兵庫県で33・3億円／年と推定されました。このように、近未来および将来のどちらの期間でも、気温変化が大きくなるほど、砂浜侵食による被害費用は大きくなることがわかります。

図5はMIROC5による期間別・シナリオ別の適応策に関する費用便益分析の結果を表しており、赤は費用便益比（＝砂浜侵食の経済的被害額を適応策に要する費用で除した値）が1・0を超えることを示します。つまり、赤色の地域では、砂浜侵食の適応策に要する費用よりも、砂浜侵食の適応策を講じることによる便益のほうが大きく、砂浜侵食の適応策が経済的に効率的であることを意味します。結果から、2031年から2050年において、適応策が効率的である都道府県は、RCP2・6、RCP4・5、RCP8・5のすべてのケースにおいて、神奈川県、大阪府、佐賀県、熊本県の4府県でありました。一方、2081年から2100年において、適応策が効率的である都道府県は、RCP2・6、RCP4・5のケースにおいて、神奈川県、大阪府、兵庫県、広島県、佐賀県、熊本県の6府県でありましたが、RCP8・5において富山県と岡山県が加わり、8府県となりました。このように、気温上昇が大きくなるほど、適応策が効率的である都道府県が増えることがわかります。特に、瀬戸内海に面する都府県（大阪府、兵庫県、岡山県、広島県）では養浜事業としての適応策は効率的であることが示唆されます。

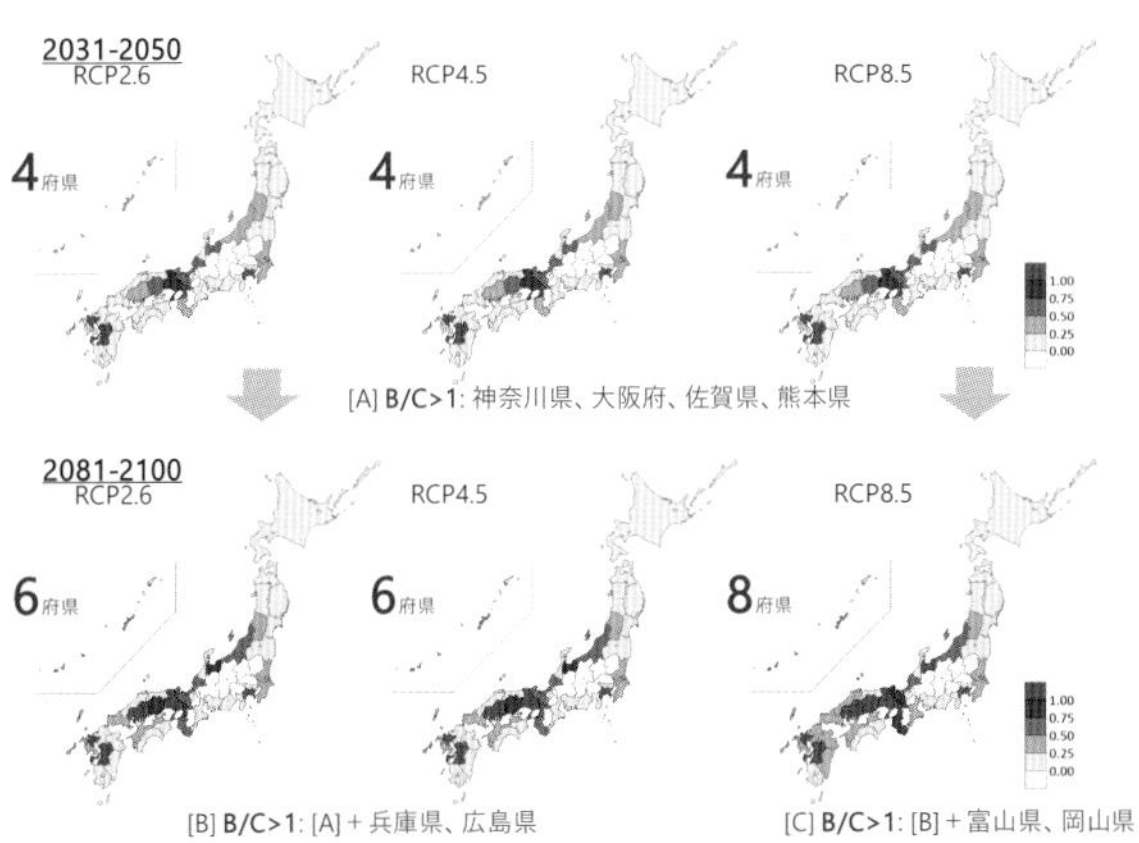

図５　期間別・シナリオ別の適応策に関する費用便益分析

1999年に改正された海岸法では第1条（目的）において、「この法律は、津波、高潮、波浪その他海水又は地盤の変動による被害から海岸を防護するとともに、海岸環境の整備と保全及び公衆の海岸の適正な利用を図り、もつて国土の保全に資することを目的とする。」とされ、防護・利用・環境の観点から総合的に海岸を管理することになり、砂浜の重要性が高まっています。これに即して言えば、本章は砂浜の「利用」の観点から、砂浜のレクリエーション需要に着目し、砂浜の保全や修復を目的とした適応策の経済評価を行ったことになります。一方、国土交通省で開かれた「津波防災地域づくりと砂浜保全のあり方に関する懇談会」が示すように、砂浜保全の効果は「利用」の観点以外に「防護」や「環境」の観点においても重要です。例えば、防護の観点から、南海トラフ地震や温暖化による海面上昇が懸念されるなか、砂浜保全による浸水防止効果（津波、高潮の被害軽減効果など）や侵食防止効果（土地、資産など、重要文化財などの保全効果や交通遮断防止効果など）の重要性は高いと考えられます。また、環境の観点から、自然景観やウミガメの産卵環境の確保といった生態系の保全などによる効果や、砂浜そのものの存在価値も重要であると考えられます。しかしながら、これらの砂浜保全効果の多くは十分な定量的評価がなされているとは言い難く、それゆえ、本章で取り扱うことができなかった砂浜のレクリエーション利用以外の防護・利用・環境の観点に着目した定量評価が急務であると考えられます。

（森杉雅史・中嶌一憲）

《参考文献》

（1）三村信男・井上馨子・幾世橋慎・泉宮尊司・信岡尚道「砂浜に対する海面上昇の影響

評価（2）—予測モデルの妥当性の検証と全国規模の評価」『海岸工学論文集』第41巻、１１６１～１１６５頁、１９９４

（2）有働恵子・武田百合子・吉田惇・真野明「最新の海面水位予測データを用いた海面上昇による全国砂浜侵食量の将来予測」『土木学会論文集Ｇ（環境）』第69巻第５号、Ⅰ‐２３９～Ⅰ‐２４７頁、２０１３

（3）中嶌一憲・坂本直樹・大野栄治・森杉雅史・森龍太「気候変動による砂浜侵食に関する適応策の費用便益分析」『土木学会論文集Ｇ（環境）（地球環境研究論文集第26巻）』第74巻第５号、Ⅰ‐４２５～Ⅰ‐４３６頁、２０１８

（4）国土交通省「第１回津波防災地域づくりと砂浜保全のあり方に関する懇談会（平成29年９月６日開催）資料３‐２砂浜の保全に関する現状と課題」２０１７
http://www.mlit.go.jp/river/shinngikai_blog/tsunamiKondankai/dai01kai/pdf/doc_3_2.pdf（最終アクセス日：２０１８年６月21日）

24

SEAL（SI-CAT 気候実験データベースシステム）

●大容量データの利用における問題

地球温暖化対策に資するアンサンブル気候予測データベース（d4PDF）は、データ統合・解析システム（DIAS：次章参照）からダウンロードして利用することができます。しかしその総データ量は約3ペタバイトと膨大です。防災や適応策策定のためにd4PDFのデータを活用したいと思っても、ダウンロードやデータ処理に途方もない時間がかかるのでは、データの活用に二の足を踏んでしまうかもしれません。

利用者が欲しいのは、たいていの場合d4PDFのごく一部分です。それだけダウンロードしたり加工したりするならたいして時間はかからないのでは、と思うかもしれませんが、実際そう単純ではありません。例えば「北海道で日降水量が100mm以上となる日の降水量と日平均気温のデータが欲しい」というケースを考えてみましょう。利用者にとって必要なのは日降水量や日平均気温のような日別値（1日ごとの値）ですが、d4PDFの各種データは基本的には時別値（1時間ごとの値）で定義されています。目的を果たすにはそれぞれの量を時別値から日別値へ変換する必要があります。そのため利用者は、はじめにd4PDFの北海道地域に該当する全降水量データ（データ容量は約160ギガバイト*）をDIASから取得し、それを日降水量データ（こ

*約160ギガバイト
d4PDF（領域モデル・4℃上昇実験）のアンサンブル（5490年分）のうち、北海道領域に該当する1変数分のデータの総量

こでは降水量の時別値を24時間分ごとに積算）に変換したうえで、値が１００mm以上となる日をリストアップしておきます。そして次にｄ４ＰＤＦの同地域の全気温データ（同様に１６０ギガバイト）をＤＩＡＳから取得し、それを日平均気温データ（ここでは気温の時別値を24時間分ごとに平均）に変換したうえで、前述のリストに従い該当日の気温をそこから抽出する、という一連の手順を踏むことになります。結局ＤＩＡＳから取得するデータ容量は、降水量、気温合わせて約３２０ギガバイトにもなります。このデータをインターネット経由でダウンロードすると、（通信回線の速度によりますが）数時間から、最悪数日かかることさえあります。

さらに注意すべきは、ｄ４ＰＤＦで提供されるデータはバイナリ形式（ＧＲＩＢ形式）のため、ＭＳ-Ｅｘｃｅｌなどの表計算ソフトウェアで時別値を日別値に直接変換したり、該当日の日降水量と日平均気温をグラフにして解析したりすることも容易ではありません。データをＧＲＩＢ形式からテキスト形式（ＣＳＶ形式など）へ変換したりデータを加工したりするには、適切なデータ処理ソフトウェアを利用するか、またはプログラムを自作するなどの工夫が必須です。

ｄ４ＰＤＦのどの物理量を利用するか、どういう条件で利用するかにもよりますが、このようなデータの取得、変換、およびグラフ化処理などの方法を、データ処理技術に精通した研究者や技術者を除き、利用者（自治体などの防災、環境問題の担当者など）が自身で行うことは非現実的と言えるでしょう。

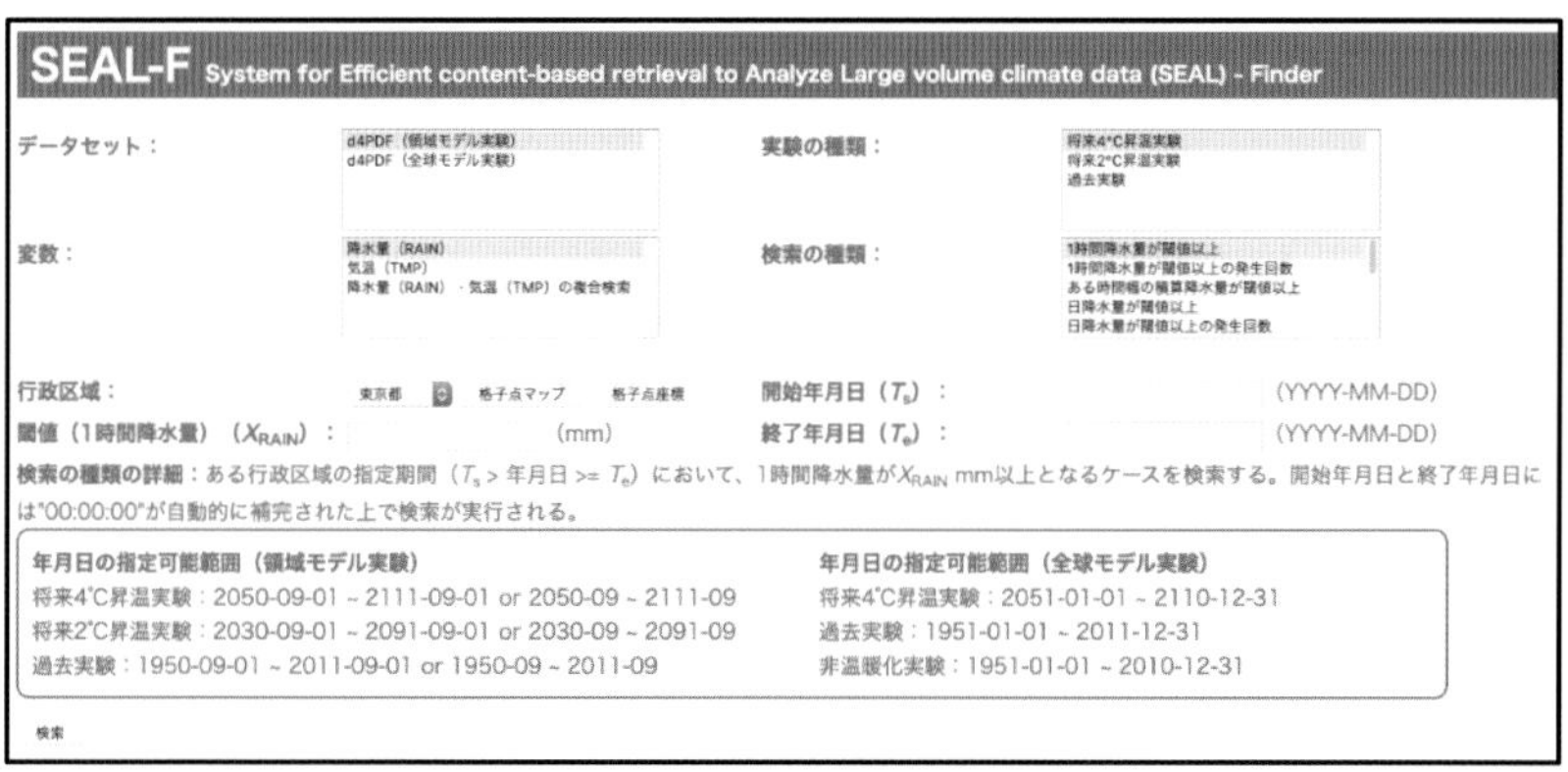

図１　データ検索機能（SEAL-F）の外観

●SEALとそのデザイン

そこで私たちは、d4PDF（および関連データセット）から高速かつ効率的に必要なデータを絞り込み、そのデータのみをダウンロードできるしくみ、「SI-CAT 気候実験データベースシステム（System for Efficient content-based retrieval to Analyze Large volume climate data; SEAL）」を開発しました。

開発に際し注目したのは、利用者がd4PDFをどのような形で何に活用したいのかという細かなニーズでした。d4PDFや関連技術の開発に携わった研究者や技術者は、計算科学やデータ処理の専門家ではあっても、必ずしも環境への影響評価や防災減災の専門家とは限りません。データ解析の方法論や専門用語についても、データを作成する側と利用する側の双方で必ずしも統一されているわけではありません。例えば、データベースからのデータ抽出方法については、データファイル単位や、緯度経度それぞれについて何番目から何番目までの格子点上の数値を、SQLコマンド*を駆使して切り出してくるというのではなく、「ある行政区域の指定期間における、3日間積算降水量の上位から順番に、指定したケース数だけ抽出する」というような複雑なデータの検索、取得方法が望まれていました。私たちは最初にこうしたデータの実利用におけるニーズを調査することで、データの作成者と利用者の間の溝をできるだけ埋められるようにSEALをデザインしました。

図1はSEALのデータ検索機能（SEAL-F）の外観です。SEAL-Fでは、データファイルの中身（気温や降水量などの物理量）を使用した検索が可能で、ダウンロードするデータを細かく絞り込むことができます。また気象分野で頻繁に使用する「検索

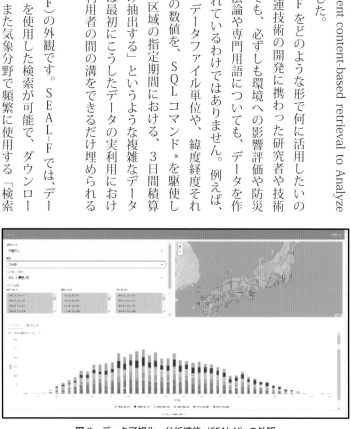

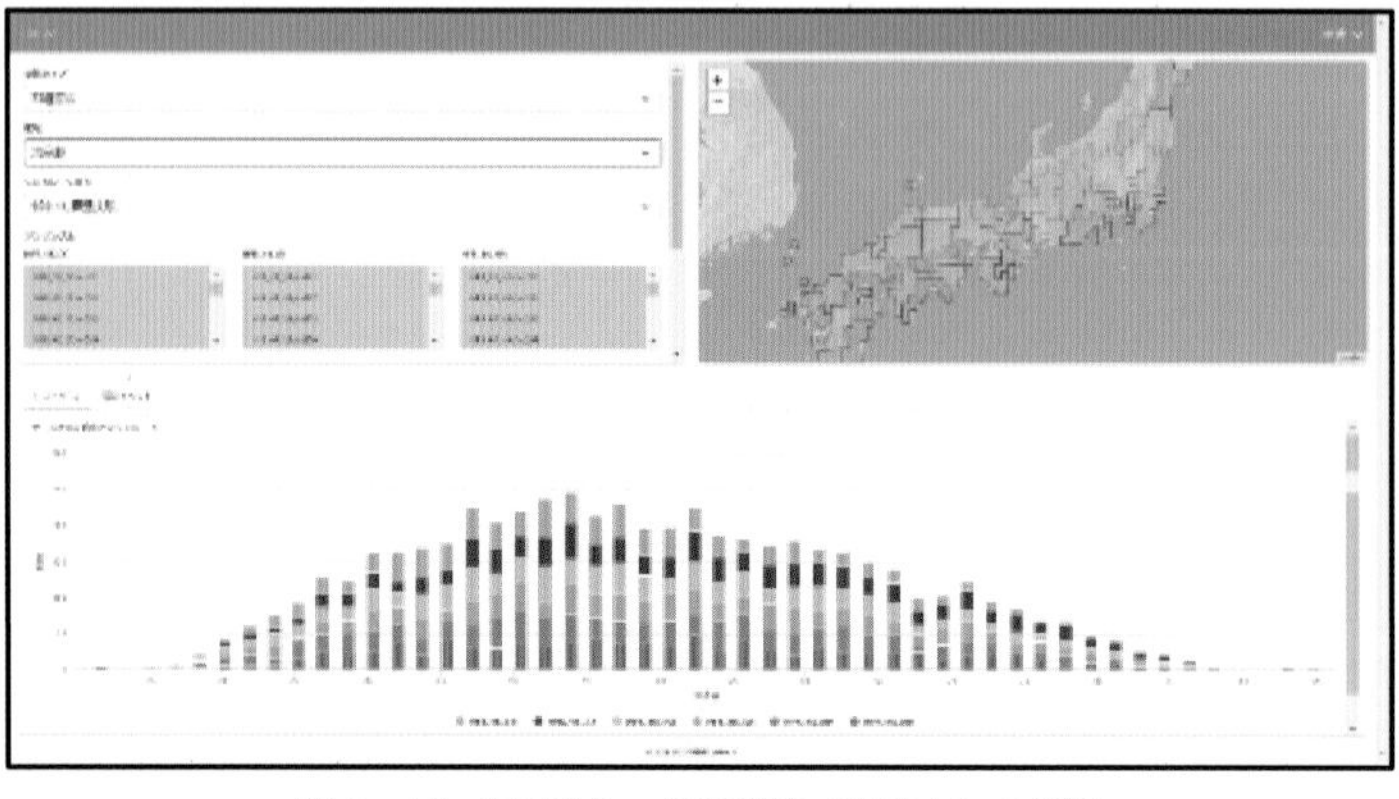

図２　データ可視化・分析機能（SEAL-V）の外観

の種類」をあらかじめひな形にして準備してあるため、「検索の種類」を選択して「検索の条件」を入力するだけで、ダウンロードするデータを簡単に絞り込むことができます。

また、ＳＥＡＬはデータ可視化・分析機能（ＳＥＡＬ-Ｖ）を備えています。**図２**はＳＥＡＬ-Ｖの外観です。ＳＥＡＬ-Ｖではデータのヒストグラムを作成したり時系列グラフを作成したりするなど、簡易的なデータ可視化・分析ができます。

●SEALの利用について

ＳＥＡＬでは、ｄ４ＰＤＦ中のデータの検索ができる以外にも、台風トラックデータや機械学習を用いて抽出された停滞前線データの検索など、いくつかの有用な機能を持っています。ＳＥＡＬはＤＩＡＳ上でＷｅｂ公開されています（http://si-cat.diasjp.net/seal/）。また、ＳＥＡＬの操作方法や具体的な活用例も含めてまとめた「ＳＩ-ＣＡＴ気候実験データベースシステム利用の手引き」（**図３**）を作成しました。利用の手引きのＰＤＦ版はＳＥＡＬのＷｅｂページからダウンロードすることができます。ｄ４ＰＤＦを使用する際には、ＳＥＡＬをぜひご活用ください。

（荒木文明）

＊ＳＱＬコマンド
コマンドラインでデータベースにアクセスするための命令群。ＳＥＡＬの本体はPostgreSQLをベースに設計されており、ＳＱＬコマンドによる操作も可能。詳細は「ＳＩ-ＣＡＴ気候実験データベースシステム利用の手引き」を参照。

図３　SI-CAT 気候実験データベースシステム利用の手引き

25 社会実装を支援する情報基盤 データ統合・解析システム（DIAS）

● DIAS：Data Integration and Analysis System について

気候変動をはじめ、自然災害や食料生産など、今後の経済・社会に大きな影響を与えうる地球規模課題に効果的・効率的に対処するためには、衛星、航空機、船舶、地上などの地球観測情報および気候変動予測情報などの地球環境ビッグデータを有効に活用する必要があります。

文部科学省では、2006年度より、地球環境ビッグデータを蓄積・統合解析し、気候変動などの地球規模課題の解決に資する情報システムとして、「データ統合・解析システム（DIAS）」を開発・運用しています。（**写真1**）

DIASは、地球観測情報、気候変動予測情報などを統合的に組み合わせ、水循環や農業などの分野における気候変動の影響評価や気候変動への対策（適応策）立案に資する科学的情報を提供するプラットフォームとして、国内外のさまざまなユーザーに活用されています。（ユーザー数は、この4年間で5倍に増加、約5000名（2018年度末））（**図1**）

写真1　DIAS 外観図

● DIASの機能について

DIASは超大容量データのアーカイブと解析およびシミュレーションを行うため、超大容量ストレージや解析空間を有しています。また、各地のデータセンターやスーパーコンピュータ保有機関との間で高速にデータを転送するため、国立情報学研究所（NII）の学術情報ネットワーク（SINET）に接続しています。

また、高度な耐障害性や信頼性を備えたデータベースと巨大な解析空間を有するDIASには、多種多様な地球環境ビッグデータが蓄積されているだけでなく、さまざまなデータ処理アプリケーションや解析ツールも用意されています。

● DIASの活用について

DIASは、気候変動影響評価に必要となる気候変動予測情報を提供しています。例えば、気候変動適応技術社会実装プログラム（SI-CAT）や統合的気候モデル高度化研究プログラム（文科省）において作成された情報はもちろん、地球温暖化予測情報第９巻（気象庁）のデータセットやｄ４PDF（地球温暖化対策に資するアンサンブル気候予測データベース）（文科省）などがあります。これらの情報は、DIASにユーザー登録することにより、誰でも簡単に入手することができます。また、SI-CATで開発された、適応策検討を支援するアプリケーション（前述のSEALなど）もDIASを通じて利用可能です。（**図２**）

さらに、環境省の気候変動適応情報プラットフォーム（A-PLAT）とも連携し、

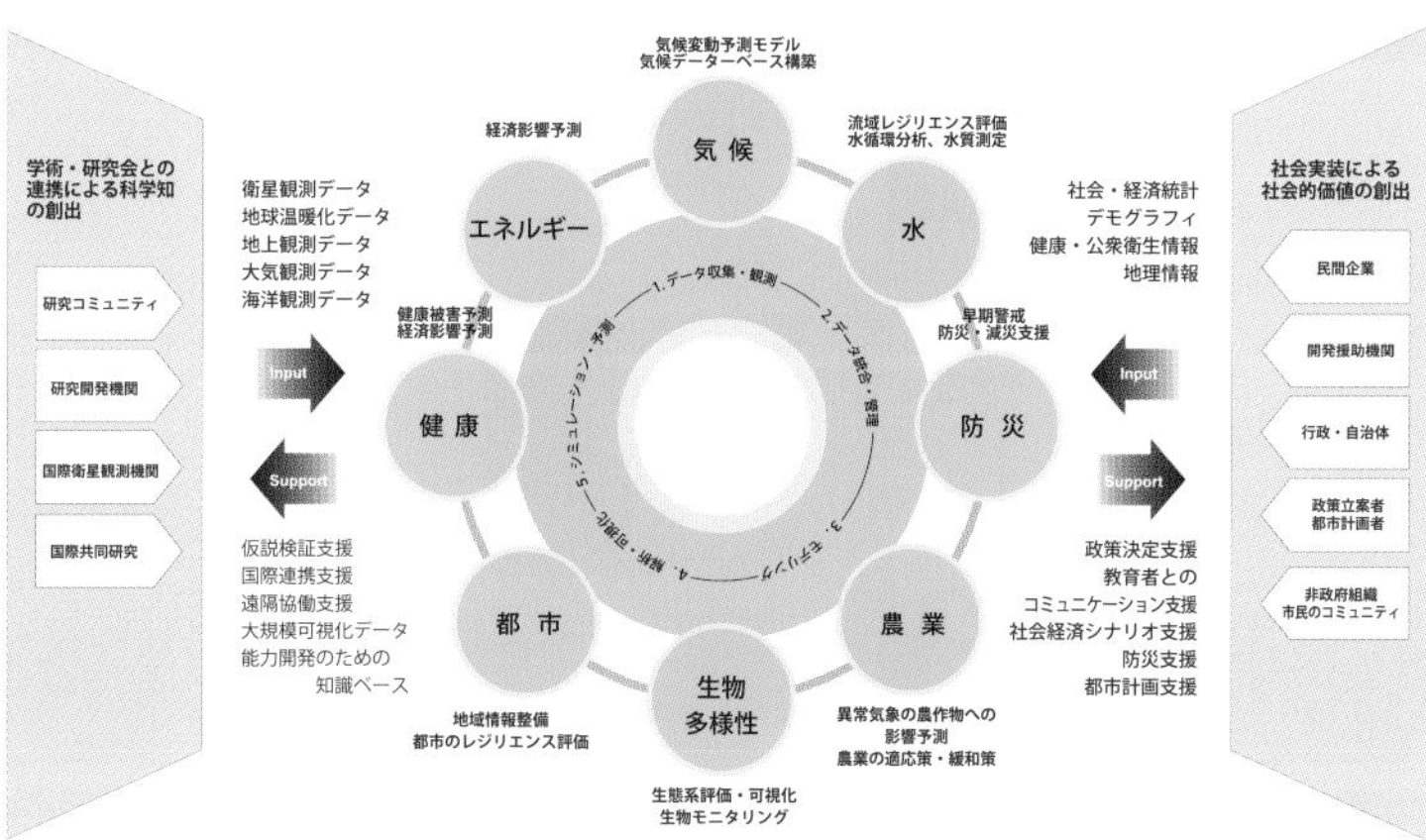

図１　DIAS（全体像）

気候変動への対策（適応策）を検討する基となる科学的知見の提供に役立っています。

今後、気候変動適応法に基づき、地方公共団体においても適応策の策定に向けた検討が進みます。この際、ＤＩＡＳは社会実装を支援する情報基盤として期待されています。

（葛谷暢重）

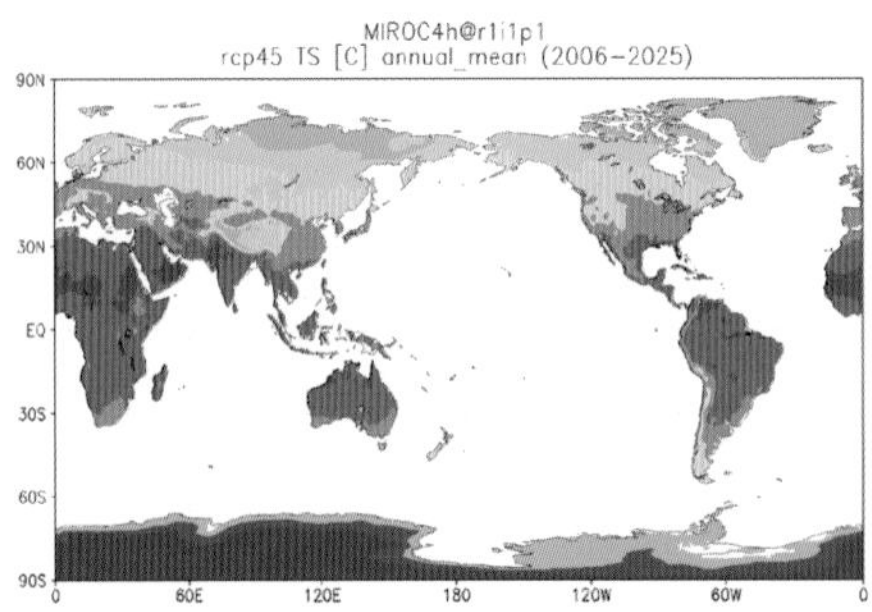

CMIP5 データ解析ツール
（全球の気候変動予測結果を表示・解析）

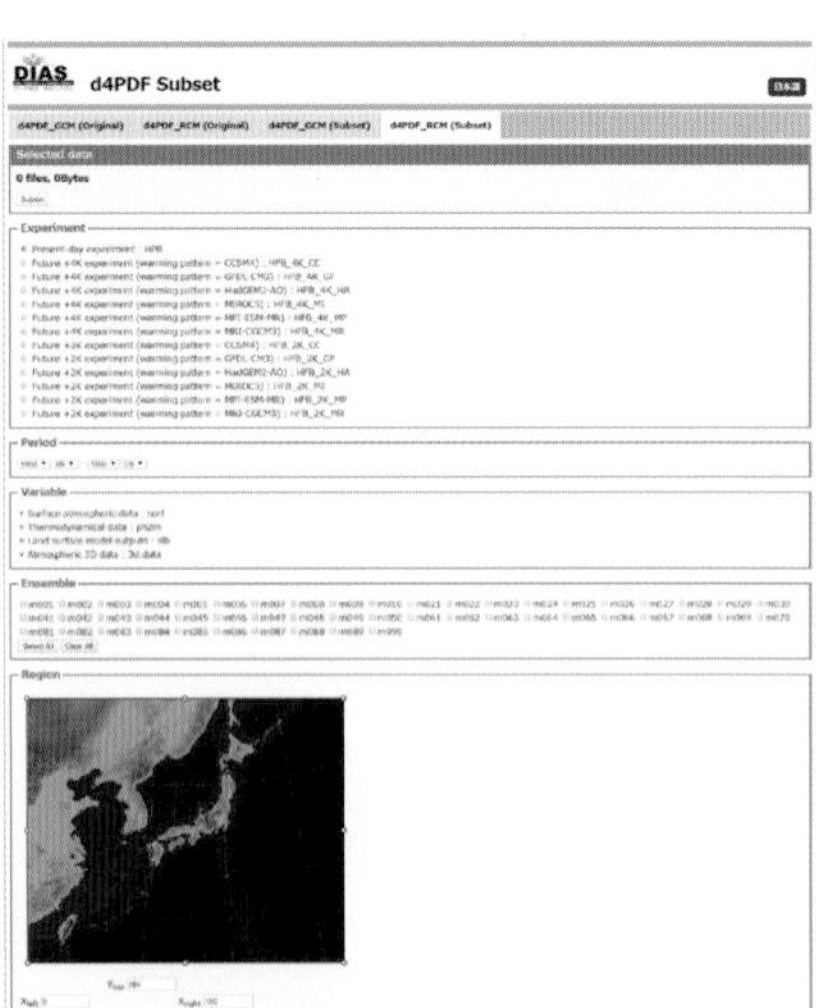

d4PDF データダウンロードシステム

図２　データ統合・解析システム（DIAS）が展開するデータ例

26 気候変動適応への取り組み促進のための情報プラットフォーム（A-PLAT）

情報プラットフォーム設置の背景

2015年11月に我が国の適応計画である「気候変動の影響への適応計画」が閣議決定されました。この計画は、気候変動の影響による被害の最小化や回避を目指して五つの基本戦略を示すとともに、分野ごとの適応の基本的な施策を示しています。なお、この基本戦略の一つとして「気候リスク情報などの共有と提供を通じた理解と協力の促進」が挙げられており、適応を行う地方公共団体や、事業者、国民など各主体が必要な情報を容易に入手、利用できるよう、関係府省庁が連携し、効率的に気候リスク情報などを体系的に整理する必要があることなどが謳われています。この中核的な取り組みとして、2016年8月に関係府省庁が連携して「気候変動適応情報プラットフォーム（A-PLAT）」*が設置（事務局：国立環境研究所）されました（**図1**）。

A-PLATの開発

A-PLATの設置を目指して、国立環境研究所では、2016年2月にその取り

図1　A-PLATのトップ画面

組みを開始しました。その6か月後に設置されたA-PLATでは、まずは地域での活用を念頭に、「気候変動の影響への適応計画」に示された影響評価結果や、環境省S-8プロジェクトの影響評価結果などの情報提供を主としていました。その後、地方公共団体や研究者らの関係者との意見交換や、所内での検討結果などに基づき、地方公共団体の適応の取り組みを支えるための情報をさらに充実してきました。また、2016年12月には事業者に関するサイトを新規開設しました。2017年4月には気候予測情報や影響予測情報をWEB-GISと呼ばれるインターネットで地図を操作することのできるシステムの実装などの機能強化を行いました（**図2**）。さらに2018年3月には個人を対象としたサイトの新規開設に至っています。現在では次に示すような情報の提供に至っています。

● A-PLATが提供する情報

A-PLATは、気候変動の影響への適応に関する情報を一元的に発信するためのポータルであり、各主体による適応の検討を支援することを目的として、科学的知見や関連情報を収集・整備し、利用者に応じた情報の提供や共有を行っています。以下にA-PLATが提供する情報事例を示します。

① 科学的知見

◎観測データ、気候予測・影響予測、適応策データベース、気候変動に関する統計データ集、文献情報など

② 利用者に応じた情報

＊A-PLAT
気候変動の影響への適応に関する情報を一元的に発信するためのプラットフォーム。地方公共団体や事業者、国民による適応の検討を支援することを目的に、科学的知見や関連情報を収集・整備し、利用者に応じた情報の提供や共有を行う。国立環境研究所が管理・運営。

◎地方公共団体：地域の適応計画の策定状況、地域の適応計画／適応策に関するインタビュー記事、気候変動適応ｅ－ラーニング、適応計画策定マニュアルなど
◎事業者：気候リスク管理や適応ビジネスに関する取り組み、適応取り組みに関する参考資料など
◎国民：気候変動による影響と適応についての解説、個人でできる適応取り組みなど

●各主体の役割とＡ－ＰＬＡＴ

気候変動適応の法的位置づけを明確化し、一層強力に適応に関する取り組みを推進していくことを目的に、２０１８年12月に「気候変動適応法」＊＊が施行されました。この法では、地方公共団体や、事業者、国民など各主体が以下のような役割などを担うことが謳われています。

◎地方公共団体：その区域における自然的経済的社会的状況に応じた適応に関する施策の推進を図るため地域気候変動適応計画を策定するよう努める
◎事業者：事業活動の内容に即した気候変動適応に努める
◎国民：気候変動適応の重要性に対する関心と理解を深めるよう努める

このような各主体による適応の取り組みを支えるポータルとして、Ａ－ＰＬＡＴの役割がますます重要となります。ＳＩ－ＣＡＴなどの研究で得られた気候予測・影響予測に関する最新の科学的知見の実装をはじめ、各主体とのコミュニケーションを通じたニーズ把握に基づく情報の充実など、Ａ－ＰＬＡＴのさらなる利便性の向上を目指しています。

（岡　和孝）

＊＊気候変動適応法
気候変動の影響への適応を推進することにより、現在及び将来の国民の健康で文化的な生活の確保に寄与することを目的に策定された法律。

図２　WEB-GISによる気候予測情報の表示例

《参考文献》

（1）日本国政府「気候変動の影響への適応計画」２０１５
（2）気候変動適応情報プラットフォーム（A-PLAT）http://www.adaptation-platform.nies.go.jp/
（3）環境省「環境省環境研究総合推進費S-8温暖化影響評価・適応政策に関する総合的研究（２０１０～２０１４）」（S8プロジェクト）http://www.nies.go.jp/s8_project/
（4）日本国政府「気候変動適応法」２０１８

27 気候変動適応技術の社会実装を支える社会技術

●社会実装の考え方

SI-CATでは、これまで紹介されてきたさまざまな適応技術の社会実装を**図1**に示す4段階で捉えています。①技術の社会実装は、技術開発を契機に始まります（A技術革新）。②開発された技術は、政策に組み込まれ政策変容・政策革新を引き起こします（B政策変容）。以上の二つの過程と到達点が、政策実装と呼ばれるプロセスになります。そして③技術が実装された新たな政策の実施は、制度をはじめ社会システムの変化をもたらし、住民の意識や活動様式、企業の活動などを支える社会の諸制度などが変化します（C社会制度変容）。④さらに技術革新、政策変容、社会システムの変容の最終的なゴールとして社会のハード・ソフト面全体が気候変動に適応する社会へと変化し、適応社会が実現します（D社会変革）。

すなわち、広義の「社会実装」としては、AからDに至る全体プロセスを指すものと考えています。しかしより狭義には、AからBへ、そして可能な範囲でCを実現することを意図しています。第1部を中心に、これまでの章で語られてきた多くのケースがAからBへの具現化を意図したものだったと言えるでしょう。以下では、さらにBからCへの具現化を企図したいくつかの社会技術について紹介します。

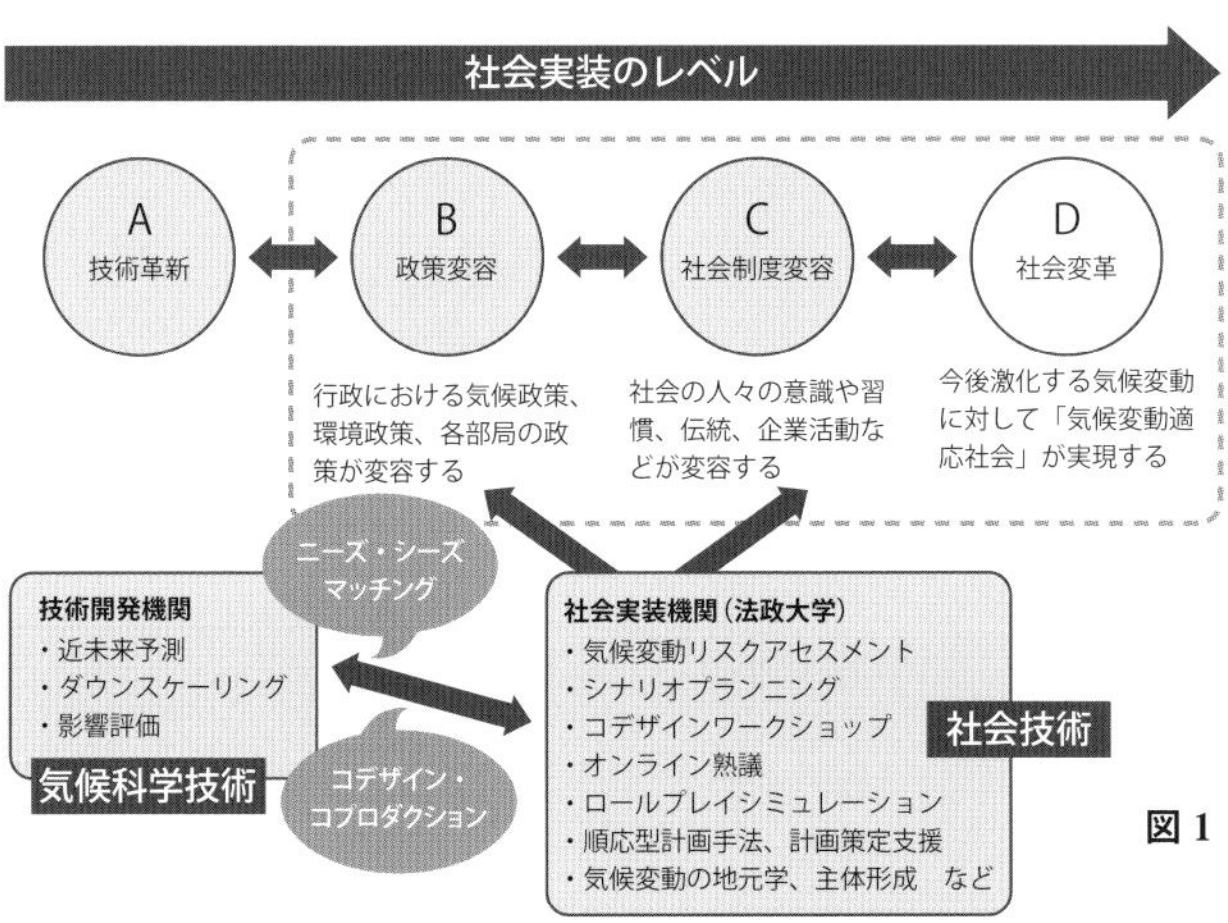

図1　社会実装に向けたコデザインと社会実装の活用

その前提として、メインストリーム化と個別施策・事業への組み込みについてまとめておきます。SI-CATでは、自治体政策への具体的な実装プロセスをどのように設定するかについて、大別して、（a）メインストリーム化と（b）個別施策・事業への組み込み、という二つの課題が存在すると仮定しています。

（a）メインストリーム化とは、自治体政策の総体に気候変動影響評価と適応の視点や方針を組み込むことを意味します。具体的には、環境基本計画や地球温暖化対策実行計画などよりも、行政計画の中で最も包括的かつ長期的である基本構想・基本計画（総合計画）の策定に際し、そのような視点や方針を組み込むことを想定しています。（b）個別施策・事業への組み込みとは、例えば農業分野では、高気温耐用品種の開発など、適応策とみなされる「潜在的適応策」は既存施策で実施されており、さらに新たな科学的知見を基に、一層の掘り込みや新規分野の展開を図るなどの「追加的適応策」を立案していくことを想定しています。自然環境・生態系保全、農業、防災、水環境、健康（熱環境、感染症）などの各分野での追加的適応策については、SI-CATで開発されるこれまで紹介されてきたさまざまな適応技術が、これをさらに促進・拡大、補強する役割を果たし、政策実装の一部を実現していくことが期待されます。

しかし、自治体の「政策変容」が実効性の高い形で進められ、「社会制度変容」に至るまでの広義の「社会実装」が進められるためには、単純にSI-CATで開発される科学的知見を一方的に提供するだけでは十分ではありません。例えば、多様な関係者（ステークホルダー）との合意形成やリスクコミュニケーション、長期を見据えた計画策定手法などといったさまざまな「社会技術」を実装プロセスに広く活用していくことが必要です。

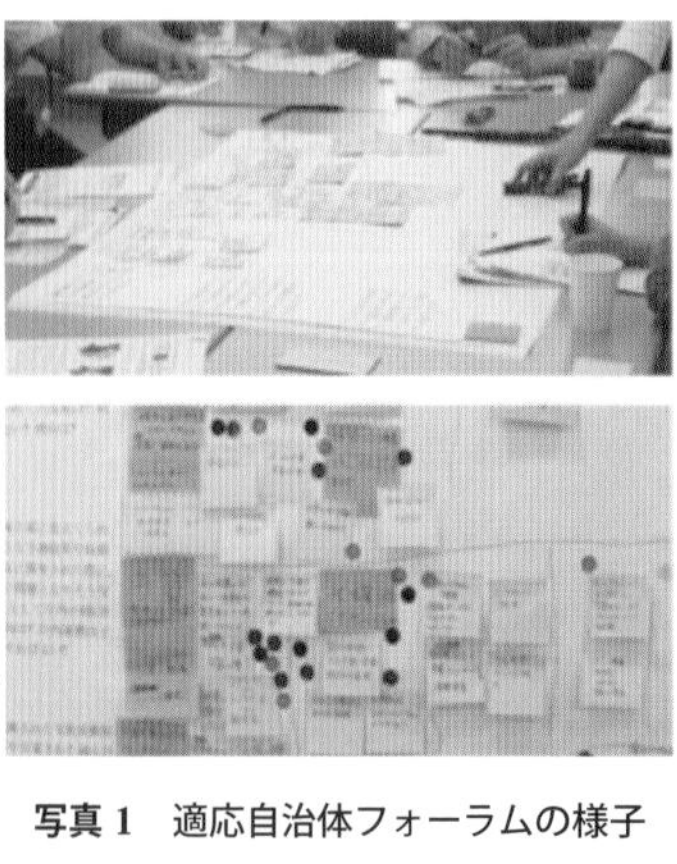

写真 1　適応自治体フォーラムの様子

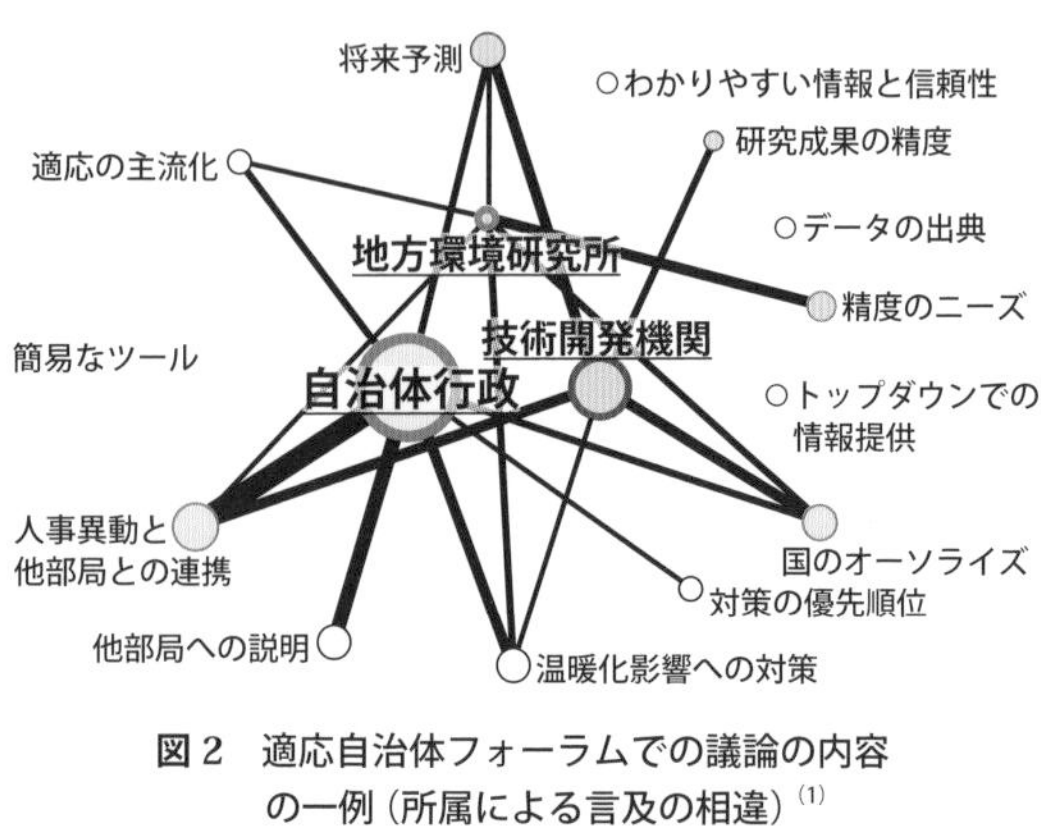

図 2　適応自治体フォーラムでの議論の内容の一例（所属による言及の相違）[1]

以上の考え方に基づき、さまざまな社会実装のための調査研究や実験が実施されました。以下では、このうち三つの結果についてご紹介します。

●コデザインワークショップ

気候変動影響や適応策に関する科学的知見と、適応策を立案、実施する行政が持つニーズのマッチングを目指したコデザインワークショップとして「適応自治体フォーラム」を毎年1回、終日のイベントとして4年にわたって開催しました。内容としては、関係する部局に所属する全国の自治体行政職員と、地方環境研究所およびＳＩ-ＣＡＴ技術開発機関の研究者に参加していただき、気候変動適応技術や政策動向に係わる最新の話題提供や直接意見交換を行うワークショップ（ＷＳ）を行いました（**図２・写真１**）。

文科省はもとより、環境省や国交省、農水省、気象庁、また自治体の環境部局だけでなくさまざまな部局からの参加も年を追って増えています。なおＷＳは、環境、河川・防災、農業、健康の分科会を設定し、それぞれの分野別に関係する行政職員３～６名、地方環境研究所から数名ずつとＳＩ-ＣＡＴ技術開発機関から３～６名ずつ程度のファシリテーターで一つのグループを構成し、残りの参加者は周囲から傍聴するような形態を取っています。**表１**に記されているとおり、各回の目的やＷＳの討論テーマも変遷しています。

参加者からは、今後も適応自治体フォーラムの開催の継続を望む声が非常に多く寄せられています。全体を通しての感想や要望として、「自治体・研究者

表１　適応自治体フォーラムの開催要領

	第１回	第２回	第３回	第４回
日　時	2016年8月31日午後	2017年8月30日終日	2018年8月28日終日	2019年8月28日終日
参加者	環境省、自治体、SI-CATメンバー計76名	環境省、国交省、自治体、SI-CATメンバー計109名	環境省、農水省、国交省、気象庁、自治体、地方環境研究所、コンサルタント、SI-CATメンバー計150名	環境省、農水省、国交省、気象庁、自治体、地方環境研究所、コンサルタント、SI-CATメンバー計140名
議事次第	●話題提供 ▷ SI-CAT技術開発動向 ▷ 自治体ニーズ動向 ▷ 環境省の政策紹介 ▷ 自治体の政策紹介 ●小グループ（環境、防災、農業）でのWS ▷ お題：自治体の適応計画立案に役立つ技術開発とは？　適応策についてわからないこと、困っていること、悩んでいること　など	●話題提供 ▷ SI-CAT技術開発動向 ▷ 社会技術開発動向 ▷ 環境省の政策紹介 ▷ 自治体の政策紹介 ●小グループ（環境、防災、農業、暑熱）でのWS ▷ お題：興味を持てた気候変動適応技術は？　その技術が役立ちそうな行政実務は？　立案された適応計画の情報を市民・ステークホルダーにどう伝える？　など	●話題提供 ▷ SI-CAT技術開発動向 ▷ 社会技術開発動向 ▷ 環境省の政策紹介 ▷ 自治体の政策紹介 ●小グループ（環境、防災、農業、暑熱）でのWS ▷ お題：現在の影響・ニーズとシーズの相互理解、2℃昇温時（今世紀中ごろ）を想定した場合の影響想定と課題の検討、仮想的な適応策（計画）案の検討　など	●話題提供 ▷ SI-CAT技術開発動向 ▷ 社会技術開発動向 ▷ 環境省の政策紹介 ▷ 自治体の政策紹介 ●小グループ（環境、防災、農業、暑熱）でのWS ▷ お題：気候変動影響の予測・評価の課題、適応目標の設定と進捗管理の課題、地域適応センターの設置・整備の課題、国と地方との役割分担　など

相互の連携の構築」「研究者情報のデータベース化（SI-CATの専門家＋α）」「多様な地方環境研究所のレベルに応じた地域適応センターのあるべき姿の提示」といったご意見もいただいています。これから自治体の適応計画の策定・改定が進み、地域適応センターの設置が本格化するなかで、専門家と行政をつなぐプラットフォームとして、コデザインワークショップとなる適応自治体フォーラムをより効果的に機能させるにはどうすればよいのかについて、引き続き考えていきたいところです。

●地域適応シナリオづくり

地方自治体における気候変動適応策については、地域特有の気候変動の影響を考慮するとともに、ステークホルダーに意向聴取や関与協働をいただくことで、理解や協力を得ながら実効性の高い政策を立案することが期待されています。私たちは、これまで**図3**のようなフローで、気候変動を入り口とした地域社会の将来像（地域適応シナリオ）を、専門家と行政、さまざまなステークホルダーの皆さんとともに描き、共有することを試みてきました。気候変動のようにじわじわと迫りくる長期的なリスクを「自分事」として捉えることは難しいものです。この手法は、さまざまな立場の参加者が科学的知見（専門知）を共有しながら、地元のステークホルダーが持つ経験的知見（現場知）も持ち寄り、地域社会が直面するであろう気候変動や高齢化をはじめとする社会的変動も含めたさまざまなリスクとその対応方法について、わかりやすく表現された地域社会の将来像を協働で構築することにより、「自分事」として捉えられるようにしようとするものです。

図3　地域適応シナリオの作成手順（文献2，3より改変）

岐阜県長良川流域における気候変動を入り口とした将来の社会像について、26団体37名を対象に聞き取り調査を行ったところ、①全グループで共通の関心事項は気候変動の影響や、長良川のアユや漁業者の減少、今後の仕事や地域との関わりであること、②例えば漁業と観光事業、河川管理のグループ間では長良川のアユなど、事業や活動の分野が異なっていても共有されている関心事項や問題意識があること、が明らかになりました。次に、このようなステークホルダーの利害関心に対して、河川の氾濫による災害、アユを中心とする河川生態系や漁業、地域社会全体の将来像それぞれについて専門家の評価を求め、その結果から、洪水や土砂災害に適応した社会、長良川の水産資源の維持管理と漁業の持続発展した社会、人口減などの社会の変化に対応した経済活動・暮らしが実現した社会という三つの理想的な将来シナリオと、それぞれについて適応できない三つのなりゆきシナリオの合計六つのシナリオを作成しました（**写真２**）。

●気候変動の地元学を起点にして

地域社会からのボトムアップによる適応策の検討、つまりコミュニティ・ベースド・アダプテーション（Community Based Adaptation: ＣＢＡ）の入り口段階で実施されるプログラムとして、「気候変動の地元学」があります。「気候変動の地元学」は、「地域住民を中心とする地域主体が、地域で発生している気候変動の影響事例調べを行い、気候変動の地域への影響事例やそれを規定する地域の社会経済的要因を抽出し、それを共有し、影響に対する具体的な適応策を話し合うことで、気候変動問題を地域の課題あるいは自分の課題として捉え、適応策への行動意図を高め、適応能力（具体的な備えや知

写真２　岐阜県長良川流域における地域適応シナリオのパンフレット

識）の形成や適切な適応策の実施につなげるプログラム」のことです。「気候変動の地元学」は、愛知県、鳥取県、宮崎県、沖縄県の地球温暖化防止活動推進センターの地球温暖化防止活動推進員研修などで実施し、影響事例およびその社会経済的な要因に関する現場知の抽出に有効であり、同時に参加者の気候変動に対する意識変化をもたらす効果があることが確認されました。

「気候変動の地元学」をさらに発展させ、長野県高森町で干し柿（市田柿）について、CBAの実践を行いました。高森町は南信州の中心である飯田市の北隣に位置し、天竜川西岸、河岸段丘にある農村です。市田柿は高森町の市田地区が発祥であり、現在では南信州（飯田・下伊那地方）の特産品となっています。この市田柿において、気温上昇によるカビの被害が問題となっていることが「気候変動の地元学」により明らかになりました。そこで私たちが高森町に共同研究を提案し、3年間の事業協定を結んで、市田柿農家などへのインタビュー調査、アンケート調査、ワークショップを実施してきました。高森町では、安定的な市田柿生産の一助と先行的な競争力やブランド力の向上につながるとして、適応策を能動的に捉えていたからこそ、ボトムアップによる適応策の検討をスタートすることができました。

検討の積み重ねの結果、「将来の気候変動を見通した市田柿の適応策計画」を、高森町と法政大学地域研究センターの連名で作成しました（**表2**）。この計画は、適応技術の開発と普及にとどまらず、その

表2　将来の気候変動を見通した市田柿の適応策計画の概要

大分類	中分類	小分類	時期の方針
1　柿の栽培・加工技術の改善	1.1　生柿の栽培の改善	1.1.1　従来の栽培技術の改善	中長期を先取りする新たな方法の開発・試行による備え
		1.1.2　革新的な栽培技術の開発・導入	
	1.2　干柿の加工の改善	1.2.2　革新的な栽培技術の開発・導入	
	1.3　技術の蓄積・共有	1.3.1　生産・加工技術の共有	当面の高温化に対する従来の対策の強化と改善・普及
		1.3.2　経営規模を考慮した情報の共有	
2　生産・経営形態の改善	2.2　生産・出荷の共同化	2.2.1　会社組織による共同加工・共同経営	中長期的な先を見越した基盤づくりの漸進
		2.2.2　農家間での共同加工・共同経営・共同出荷	
	2.3　新たなビジネスモデルの構築	2.3.3　より買ってもらい易い商品開発	
3　市田柿を活かす地域づくり	3.1　高森での体験の工夫	3.1.2　高森に来て、食べてもらう工夫	
	3.3　若手生産者への支援		

普及を可能とする農家経営の基盤づくり、さらに市田柿の将来の市場づくりを適応策として捉えた、全国に類例を見ない先進的な計画となっています。カビ被害を規定する要因として、農家経営形態や規模、市田柿生産に対する農家の思いが関係することを、積み重ねの中で明らかにしてきたからこそ、この計画が策定できました。

（田中　充・馬場健司・白井信雄・小杉素子・岩見麻子・稲葉久之）

《参考文献》

（1）岩見麻子・木村道徳・松井孝典・馬場健司「地方自治体の適応策立案における行政ニーズと課題の抽出―行政職員と専門家とのコデザインワークショップの実践を通して」『土木学会論文集Ｇ（環境）』第74巻第5号、Ⅱ-93～Ⅱ-101頁、2018
（2）岩見麻子・馬場健司「岐阜県長良川流域の社会・気候変動をめぐるステークホルダーの関心事項の可視化の試み」『環境情報科学学術研究論文集』第31巻、29～34頁、2017
（3）馬場健司・土井美奈子・田中　充「気候変動適応策の実装化を目指した叙述的シナリオの開発―農業分野におけるコミュニティ主導型ボトムアップアプローチと専門家デルファイ調査によるトップダウンアプローチの統合」『地球環境』第21巻第2号、113～128頁、2016
（4）白井信雄・中村　洋・田中　充「気候変動の市田柿への影響と適応策―長野県高森町の農家アンケートの分析」『地域活性研究』第9巻、2018

用語解説（五十音順）

NHRCM20：NHRCMは、2004年から気象庁が運用している非静力学モデル（NHM）を改良した非静力学地域気候モデルである。NHRCM20は格子間隔が20kmのモデルのことである。（佐々木秀孝・村田昭彦・川瀬宏明・花房瑞樹・野坂真也・大泉三津夫・水田　亮・青柳曉典・志藤文武・石原幸司「気象研究所非静力学地域気候モデルによる日本付近の将来気候変化予測について」『気象研究所技術報告』気象庁気象研究所、第73号、2015）

RCPシナリオ・気候シナリオ：気候予測・影響評価予測を行う際に外的なパラメータ・データなどの条件をまとめたセットをしばしばシナリオと呼ぶ。RCPシナリオは温室効果ガスの排出量の将来予測として気候予測のための外力に用いられている（第2部01）。また影響評価を行う際には気候変動モデルによって予測・推定された気温・降水量データセットのことを気候シナリオと呼ぶこともある。

2℃上昇年代・4℃上昇年代（〜じょうしょうねんだい）：産業革命（1850年ごろ）以前の気候と比べ、現在地表面平均気温は約1℃上昇している。RCP8・5シナリオにおいて、2050年ごろの気候では産業革命以前と比べて2℃上昇、今世紀末には4℃上昇すると予想されており、それぞれの気温上昇に相当する年代のことを指し示している。

アンサンブルシミュレーション：計算条件をわずかに変えながら、ある期間の気候シミュレーションを繰り返し行うこと。例えば1951〜2010年の60年間の場合、1例（「1メンバー」と数える）のシミュレーションで得られるデータは60年分だが、100メンバーに増やせば6000年分のデータが得られることになり、「30年に一度の大雨」といった統計量を評価する際の信頼度が大きく向上する。

移動補助（いどうほじょ）**assisted migration**：絶滅の危機にある動植物を保全するために、もとの生息地からより適した生息地に移住させる試み。温暖化により多くの野生生物種が絶滅することが予測されており、その有効な手段として考えられている。かつて一度も分布したことがない地域への移動も含み、その地域では外来種であるため、その影響が懸念される。中央アルプスのライチョウは約50年前に絶滅したとされていたが、２０１８年に北アルプスから移動してきたとみられる雌1羽が確認された。２０１９年、環境省はその雌の抱卵中に、その雌が産んだ無精卵を乗鞍岳から採卵した有精卵に交換することを実施した。卵は無事に孵化したが、その後なんらかの原因によりヒナは消失した。これも移動補助の一つの形と考えられる。

気象庁55年長期再解析値ダウンスケーリング情報（きしょうちょう55ねんちょうきさいかいせきち～じょうほう）**（DSJRA-55）**：日本域の細かい地形を反映した現象を適切に再現できるように、気象庁により作成された水平分解能５km格子の気候データセット。数値解析予報システムと過去の観測データから作成した長期再解析データ（気象庁55年長期再解析JRA-55）をダウンスケーリングすることで作成されている。（DSJRA-55公式ホームページ）

希少野生動植物保護条例（きしょうやせいどうしょくぶつほごじょうれい）：地方自治体が希少野生動植物種を保全するため、個体の捕獲・採取及び生息地等の保護に関する規制や保護回復事業等に関して必要な事項を定めたもの。

グリッド・メッシュ・解像度（～かいぞうど）：気候モデルでは大気・海洋の状態を3次元格子構造で表し（第２部01図１参照）、格子点ごとの気温・風速などの物理量を求めている。この格子のことをグリッド・メッシュと呼び、その間隔を解像度と呼ぶ。

渓流水の電気伝導度（けいりゅうすいのでんきでんどうど）：電気伝導度は渓流水中の溶存イオンの総量であり、地下水が流動する過程で岩石から溶出するイオンを取り込むことから、多量の地下水が湧出している流域は渓流水の電気伝導度が高くなる。また、電気伝導度が大きいほど地下水としての流動時間が長く、深い地層を流れてきたと考えることができる。

現在気候・将来気候（げんざいきこう・しょうらいきこう）：気候とは「ある地域の時間的に平均的な大気の状態」（第２部01）を意味しており、現在における平均的な状態、将来における平均的な状態をそれぞれ現在気候・将来気候と呼ぶ。

洪水吐き（こうずいばき）：流入する洪水を適切に通過させるためのダムの放流設備。（財団法人国土技術研究センター編『改訂　解説・河川管理施設等構造令』技報堂出版、２０００）

消費者余剰（しょうひしゃよじょう）：ある財に関して、消費者が支払ってもよいと考える金額（支払許容額）からその財の価格を差し引いた金額を表す。すなわち、消費者余剰は、消費者が払ってもよいと感じる金額からその商品の価格を差し引いたものであるということから、言わば消費者が得をしたと感じられる程度を示していると捉えることができる。（「瞬時に分かる経済学」ホームページ）

生物多様性ホットスポット（せいぶつたようせい〜）：多様な生物が生息しているにもかかわらず、絶滅に瀕した種も多い、生物多様性重要地域を指す用語。国際的な環境保全団体であるコンサベーション・インターナショナルが、世界的に重要な生物多様性ホットスポットを36か所特定しており、そのなかに日本も含まれている。日本国内では、本州中部山岳の高山帯は、島嶼地域と並び固有性の高い植物が集中して分布する場所となっており、固有植物の分布密度からみた国内の生物多様性ホットスポットと考えられている。

積雲対流条件（せきうんたいりゅうじょうけん）：数値予報モデルにおいて、格子間隔より小さいスケールの現象（この場合は積雲対流）を考慮するために、積雲対流パラメタリゼーションが行われている。パラメタリゼーションとは、格子間隔以下のスケールの現象を表現する手法のことである。積雲対流パラメタリゼーションにおける条件（手法）を積雲対流条件といい、モデルの格子あたり一つの積雲を考えたり、いろいろな高さの積雲があると考えたりなどのいくつかの手法が提案されている。（気象庁予報部「第10世代数値解析予報システムと数値予報の基礎知識」『平成30年度数値予報研修テキスト』第51巻、２０１８）

雪田植物群落（せつでんしょくぶつぐんらく）：高山帯（森林限界より上部）で遅くまで残雪のある凹地・平坦地等に分布する矮生低木群落および草原。残雪により涵養される場所のため、湿性地を好む矮生低木のチングルマ、アオノツガザクラや草本のミヤマキンバイ、イワイチョウ、ハクサンコザクラ、ショウジョウスゲ等が生育する。雪融けにともなって、これらの植物が次々と開花する。

ダウンスケーリング：粗い解像度のデータセットから細かい解像度のデータセットを作成するための手法。数値モデルを用いる力学的ダウンスケーリングと、統計的な関係式を用いる統計的ダウンスケーリングがある。第2部01、04、07などを参照のこと。

但し書き操作（ただしがきそうさ）：計画を超える洪水の流入によりダムが満水になると予想される場合に、安全性を考慮してダムからの放流量を一時的に増やすダム操作のこと（異常洪水時防災操作）。（末次忠司『実務に役立つ総合河川学入門』鹿島出版会、2015）

段波（だんぱ）：水門の急な開閉やダムの決壊などにより発生する水面の急変部分が波として伝播する現象のこと。段波のような洪水波が発生する場合、中・下流域の人々が避難するための時間的な猶予がなく、非常に危険な災害事象となる。（土木学会編『土木用語大辞典』技報堂出版、1999）

堤防の破壊危険度評価（ていぼうのはかいきけんどひょうか）：不飽和浸透流解析によって算定した被覆土層底面に生じる過剰間隙水圧Wと被覆土層重量Gの比G／Wに基づいて、堤防基礎地盤のパイピング破壊に対する危険度を評価することができる。G／Wが1より小さくになると、堤防のり尻付近の地盤の浮き上がり（盤ぶくれ）が発生して、堤外からの水道が形成される危険性が高まる。

年超過確率（ねんちょうかかくりつ）：事象の発生する確率を表した指標。例えば本文中で使用している「1／150年の年超過確率の大雨」は年最大の降雨量が150年に1回の確率でその規模を上回る降雨量を意味する。これは毎年、1年間にその規模を超える洪水が発生する確率が1／150（約0・7％）であることを示しており、必ずしも150年に1回発生するというわけではなく150年間で複数回発生する可能性があることを意味する。

バイアス補正（～ほせい）：CMIPにおける気候予測相互比較実験では、将来の予測とともに、現在の気候再現を行っている。現在の再現結果は必ずしも完全に観測データから得られる気候と同一ではないため、その違いをバイアスと呼び、補正する必要があります。このバイアスが気候モデルの「くせ」による場合には将来予測にもそれが反映されていると考え、現在気候で得られたバイアスをもとに将来の予測結果も補正する必要がある。

パネルデータ分析（～ぶんせき）：パネルデータとは、統計学や計量経済学などにおいて使用される用語で、時系列データとクロスセクションデータを合わせたデータのことであり、同一の個人・地域・事業所などに対して、複数期間において観察したものである。パネルデータに対して回帰分析を応用した統計的解析手法を総じてパネルデータ分析と呼ぶ。同手法は単純にサンプル数が増えるだけではなく、時系列データやクロスセクションデータには表れない個体別の多様性を知りえたり、多重共線性の問題を軽減し、自由度を増して推計の不偏性は向上させるといった統計学上の効能がある。

被覆土層重量（ひふくどそうじゅうりょう）：表層（被覆土層）地盤の重量によって、直下の地盤層（透水層）に作用している土被り圧のこと。

風衝矮性低木群落（ふうしょうわいせいていぼくぐんらく）：高山帯（森林限界より上部）で、冬季の風当たりが非常に強い稜線風上側の斜面に分布する矮生木からなる群落。背が低くカーペット状に地表を覆い、主に風当たりや乾燥に強いミネズオウ、コメバツガザクラ、ウラシマツツジ等の矮生低木からなる。

不飽和浸透流（ふほうわしんとうりゅう）：地盤内を浸透する水の流れを浸透流といい、このうち間隙中に気相が存在し水が部分的にしか流れていない場合を不飽和浸透流という。（地盤工学会地盤工学用語辞典改訂編集委員会編『地盤工学用語辞典』丸善出版、２００６）

保護増殖事業計画（ほごぞうしょくじぎょうけいかく）：１９９３年4月に施行された「絶滅のおそれのある野生動植物の種の保存に関する法律」（種の保存法）により国内希少野生動植物種に指定されている種のうち、その種の保全を図るために、個体の繁殖促進や生息地整備等の事業の推進をする必要がある場合に策定するもの。ライチョウについては、２０１２年8月にレッドリストのランクが絶滅危惧II類からIB類にランクアップし、同年10月にライチョウ保護増殖事業計画が作成されている。

レッドリスト：絶滅のおそれのある野生生物のリスト。生物学的な観点から、個々の種について絶滅危機の度合いを科学的・客観的に評価し、その度合いに応じて一覧にしたもの。国際的には国際自然保護連合（ＩＵＣＮ）が作成し、国内では、環境省のほか、地方公共団体やＮＧＯなどが異なるスケールで作成している。

【編集委員会】

委員長・編集統括	馬場健司	東京都市大学／法政大学
委員	田中　充	法政大学
委員	三上正男	（一財）気象業支援センター
委員	栗栖　聖	東京大学
委員	石川洋一	海洋研究開発機構
委員	渡辺真吾	海洋研究開発機構
委員	杉山　徹	海洋研究開発機構
委員	肱岡靖明	国立環境研究所
委員	岡　和孝	国立環境研究所
委員・編集副統括	小杉素子	静岡大学
編集副統括	工藤泰子	（一財）日本気象協会
編集副統括	岩見麻子	法政大学
アドバイザー	木村富士男	筑波大学
アドバイザー	太田俊二	早稲田大学
アドバイザー	亀井雅敏	（一財）リモート・センシング技術センター
事務局	浅野光基	科学技術振興機構
事務局	大部裕史	科学技術振興機構
事務局	山内悦子	科学技術振興機構
事務局	佐藤利香	科学技術振興機構

【執筆者】

荒木文明	海洋研究開発機構	第2部24
石川洋一	海洋研究開発機構	序論02・第2部03
石郷岡康史	農業・食品産業技術総合研究機構	第2部12
井手喜彦	九州大学	第1部05・第2部21
稲葉久之	法政大学	第2部27
岩見麻子	法政大学	第2部27
大西　領	海洋研究開発機構	第2部09
岡　和孝	国立環境研究所	第2部26
押川英夫	佐賀大学	第2部18
尾関雅章	長野県環境保全研究所	第1部09・第2部16
風間　聡	東北大学	第2部17
鼎信次郎	東京工業大学	第2部05
川越清樹	福島大学	第2部20
日下博幸	筑波大学	第2部22

葛谷暢重　文部科学省　第2部25
小杉素子　静岡大学　第2部27
小松利光　九州大学　第2部18
嶋田知英　埼玉県環境科学国際センター　第1部08
島津秀雄　NECソリューションイノベータ株式会社　第1部07
白井信雄　山陽学園大学／法政大学　第2部27
杉浦俊彦　農業・食品産業技術総合研究機構　第2部14
杉原裕司　九州大学　第2部18
田井　明　九州大学　第2部18
髙野（竹中）宏平　長野県環境保全研究所　第2部16
武若　聡　筑波大学　第1部03
田中賢治　京都大学　第2部15
田中　充　法政大学　序論04・第2部27
田村　誠　茨城大学　第1部06
津守博通　SOMPOリスクマネジメント株式会社　第1部10
津山幾太郎　森林研究・整備機構　第2部16
増冨祐司　茨城大学　第2部13
中尾勝洋　森林研究・整備機構　第2部16
中嶌一憲　兵庫県立大学　第2部23

中津川誠　室蘭工業大学　第2部06
那須清吾　高知工科大学　第1部04・第2部19
西川史朗　海洋研究開発機構　第2部03
西森基貴　農業・食品産業技術総合研究機構　第2部04
信田正志　NECソリューションイノベータ株式会社　第1部07
橋本彰博　福岡大学　第2部18
橋本典明　九州大学　第1部05・第2部21
馬場健司　東京都市大学／法政大学　序論04・第2部27
浜田　崇　長野県環境保全研究所　第1部09
原田守啓　岐阜大学　第1部02
原　政之　埼玉県環境科学国際センター　第1部08
肱岡靖明　国立環境研究所　序論03
平田晶子　国立環境研究所　第2部16
堀田昌伸　長野県環境保全研究所　第1部09・第2部16
松井哲哉　森林研究・整備機構　第2部16
松橋彩衣子　農業・食品産業技術総合研究機構　第2部16
三上正男　（一財）気象業務支援センター　はじめに・序論01・序論04・第2部01
村田淳夫　NECソリューションイノベータ株式会社　第1部07

森　信人　京都大学　第2部10
森杉雅史　名城大学　第2部23
山崎　剛　東北大学　第2部07
山田朋人　北海道大学　第1部01・第2部08
横山天宗　SOMPOリスクマネジメント株式会社　第1部10
吉川沙耶花　東京工業大学　第2部05
吉村耕平　高知工科大学　第1部04・第2部19
若月泰孝　茨城大学　第2部11
若松　剛　ナンセン環境リモートセンシングセンター　第2部03
渡辺真吾　海洋研究開発機構　序論02・第2部02

【レビュー協力者】

岐阜県県土整備部河川課
滋賀県琵琶湖環境部温暖化対策課
河野郷史　神奈川県環境農政局環境部環境計画課
吉川　実　みずほ情報総研株式会社
大西弘毅　みずほ情報総研株式会社
前田芳恵　（一財）日本気象協会
工藤泰子　（一財）日本気象協会
渡邊　茂　（一財）日本気象協会
林　宏典　（一財）日本気象協会
横溝　要　相模原市環境経済局環境共生部環境政策課
山平秀典　北海道建設部土木局河川砂防課
眞部　徹　茨城県農業総合センター
安本善征　鳥取県中部総合事務所
高橋浩司　福岡県保健環境研究所
桝元慶子　大阪市立環境科学研究センター
神谷貴文　静岡県経済産業部産業革新局新産業集積課
橋本慎一　国土交通省北海道開発局建設部河川計画課
木村道徳　滋賀県琵琶湖環境科学研究センター
河瀬玲奈　滋賀県琵琶湖環境科学研究センター
金　再奎　滋賀県琵琶湖環境科学研究センター
篠原才司　神奈川県横須賀三浦地域県政総合センター
鈴木　賢　三重県熊野農林事務所紀州地域農業改良普及センター
竹田将一朗　三重県熊野農林事務所紀州地域農業改良普及センター
三河和彦　徳島県石井町危機管理課

索　引

【あ行】

【か行】

【さ行】

【た行】

【ら行】

本書は、SI-CAT 委託事業成果を活用して刊行しました。

気候変動適応技術の
社会実装ガイドブック

定価はカバーに表示してあります。

2020年10月1日　1版1刷発行　ISBN978-4-7655-3477-2 C3030

編　者　SI-CATガイドブック編集委員会
発行者　長　滋彦
発行所　技報堂出版株式会社
〒101-0051　東京都千代田区神田神保町1-2-5
電　話　営　業（03）（5217）0885
　　　　編　集（03）（5217）0881
　　　　F A X（03）（5217）0886
振替口座　00140-4-10
U R L　http://gihodobooks.jp/

日本書籍出版協会会員
自然科学書協会会員
土木・建築書協会会員

Printed in Japan

装丁：田中邦直　印刷・製本：愛甲社

落丁・乱丁はお取り替えいたします。